全彩图解变频空调器维修从入门到精通

第2版

李志锋　主编

机械工业出版社

本书作者有超过10年的维修经验，并且一直工作在维修第一线，书中很多内容都源于实际的操作经验，非常有价值。本书采用电路原理图和实物照片相结合，并在图片上增加标注的方法来介绍变频空调器基本维修技术和方法，主要内容包括变频空调器基础知识，变频空调器电控系统元器件，变频空调器室内机、室外机电路，变频空调器制冷系统故障，变频空调器单元电路故障，变频空调器室内机、室外机和通信电路故障。

本书适合初学、自学空调器维修人员阅读，也适合空调器维修售后服务人员、技能提高人员阅读，还可以作为职业院校、培训学校空调器相关专业学生的参考书。

图书在版编目（CIP）数据

全彩图解变频空调器维修从入门到精通/李志锋主编．—2版．—北京：机械工业出版社，2018.5（2024.8重印）
（电工电子名家畅销书系）
ISBN 978-7-111-59653-0

Ⅰ.①全…　Ⅱ.①李…　Ⅲ.①变频空调器-维修-图解　Ⅳ.①TM925.107-64

中国版本图书馆CIP数据核字（2018）第073243号

机械工业出版社（北京市百万庄大街22号　邮政编码100037）
策划编辑：刘星宁　责任编辑：朱　林
责任校对：郑　婕　封面设计：马精明
责任印制：李　昂
北京捷迅佳彩印刷有限公司印刷
2024年8月第2版第5次印刷
184mm×260mm・13.25印张・313千字
标准书号：ISBN 978-7-111-59653-0
定价：49.80元

凡购本书，如有缺页、倒页、脱页，由本社发行部调换

电话服务	网络服务
服务咨询热线：010-88361066	机 工 官 网：www.cmpbook.com
读者购书热线：010-68326294	机 工 官 博：weibo.com/cmp1952
010-88379203	金 书 网：www.golden-book.com
封面无防伪标均为盗版	教育服务网：www.cmpedu.com

Preface

前言

变频空调器由于具有明显的节能性和舒适性，目前已经成为市场的主流产品，各种新机型、新技术不断涌现。而市面上关于变频空调器的维修资料较少，尤其是最近几年新出现的新机型、新技术的资料就更少。广大维修人员急需来自一线的最新的变频空调器维修资料，以解决当前维修工作中遇到的问题。

本书是《全彩图解变频空调器维修从入门到精通》一书的修订版。基本上对原有的所有章节都进行了修改和重新组合，当然了，改动最大的部分是第5~7章，主要针对的是维修实例部分，将原有的老机型全部删除，增加了新机型，使得提供的维修实例更加新颖和有针对性，能够切实解决当前维修人员所遇到的实际问题。

本书作者有超过10年的维修经验，并且一直工作在维修第一线，书中很多内容都源于实际的操作经验，非常有价值。本书采用电路原理图和实物照片相结合，并在图片上增加标注的方法来介绍变频空调器基本维修技术和方法，主要内容包括变频空调器基础知识，变频空调器电控系统元器件，变频空调器室内机、室外机电路，变频空调器制冷系统故障，变频空调器单元电路故障，变频空调器室内机、室外机和通信电路故障。

需要注意的是，为了与电路板上实际元器件的文字符号保持一致，书中部分元器件文字符号未按国家标准修改。本书测量电子元器件时，如未特别说明，均使用数字万用表测量。

本书由李志锋主编。参与本书编写并为本书编写提供帮助的人员有李殿魁、李献勇、周涛、李嘉妍、李明相、李佳怡、班艳、王丽、殷大将、刘提、刘均、金闯、李佳静、金华勇、金坡、李文超、金科技、高立平、辛朝会、王松、陈文成、王志奎等。 值此成书之际，对他们所做的辛勤工作表示衷心的感谢。

由于编者能力水平所限加之编写时间仓促，书中错漏之处难免，希望广大读者提出宝贵意见。

编　者

目 录 CONTENTS

498
R-S阻值

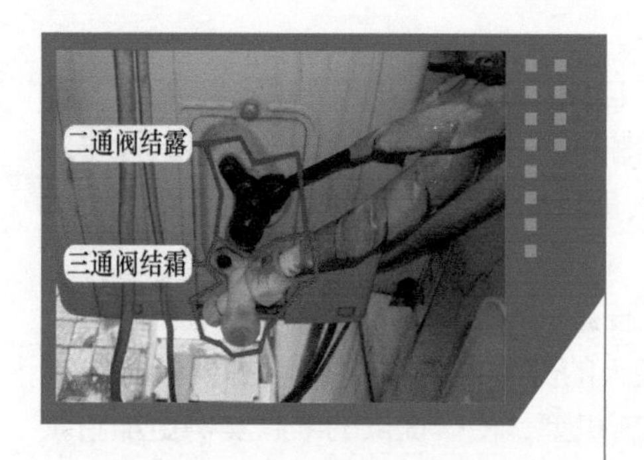
二通阀结露
三通阀结霜

系统运行压力约0.4MPa

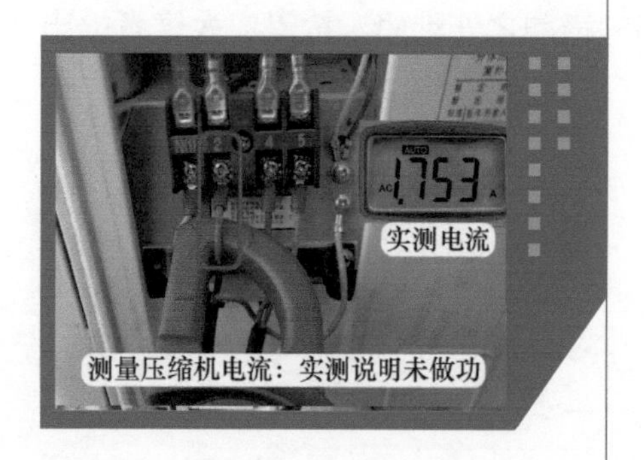
1.753
实测电流
测量压缩机电流：实测说明未做功

第一章 Chapter 1

变频空调器基础知识

第一节　变频空调器与定频空调器硬件的区别

本节选用定频和变频空调器的两款典型机型，比较两类空调器硬件之间的相同点与不同点，使读者对变频空调器有初步的了解。定频空调器选用格力 KFR-23GW/(23570)Aa-3，变频空调器选用海信 KFR-26GW/11BP。

一、　室内机

1. 外观

室内机外观对比见图1-1，两类空调器的进风格栅、进风口、出风口、导风板、显示板组件设计形状或作用基本相同，部分部件甚至可以通用。

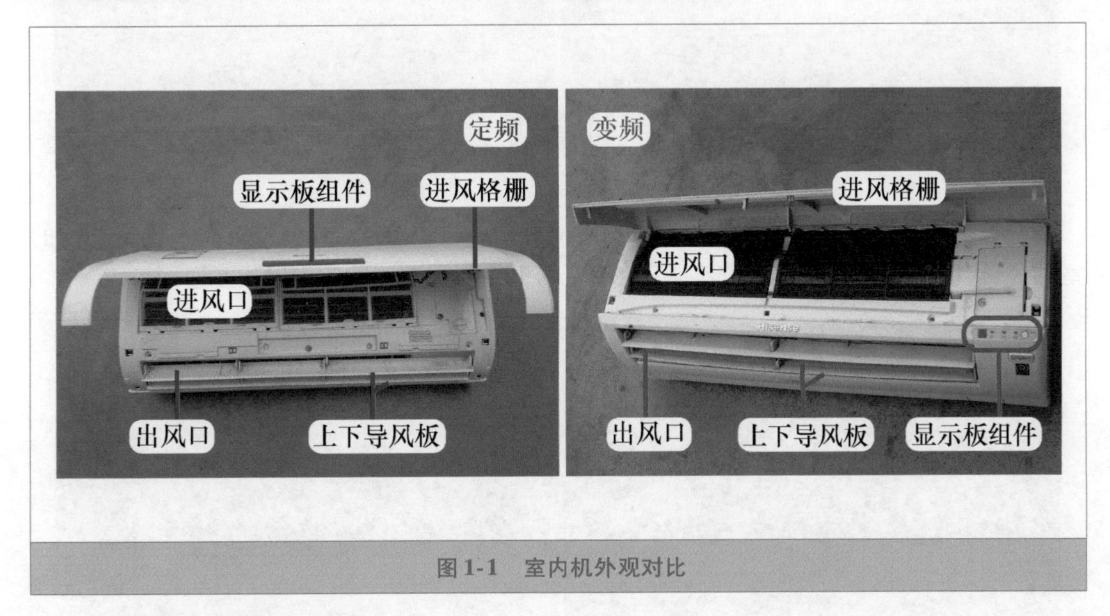

图1-1　室内机外观对比

2. 主要元器件设计位置

两类空调器的主要元器件设计位置基本相同，见图1-2，包括蒸发器、电控盒、接水盘、步进电机、导风板等。

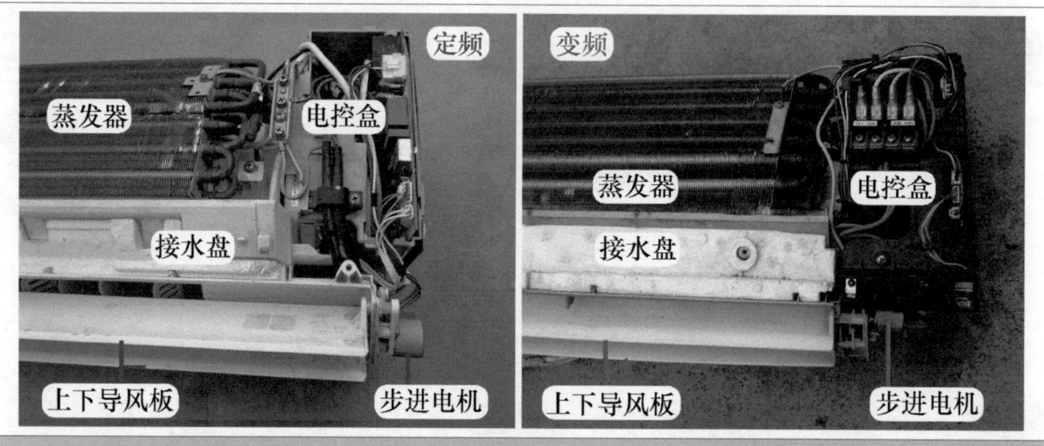

图1-2 主要元器件设计位置对比

3. 制冷系统部件

室内机制冷系统中的部件见图1-3，两类空调器设计相同，只有蒸发器。

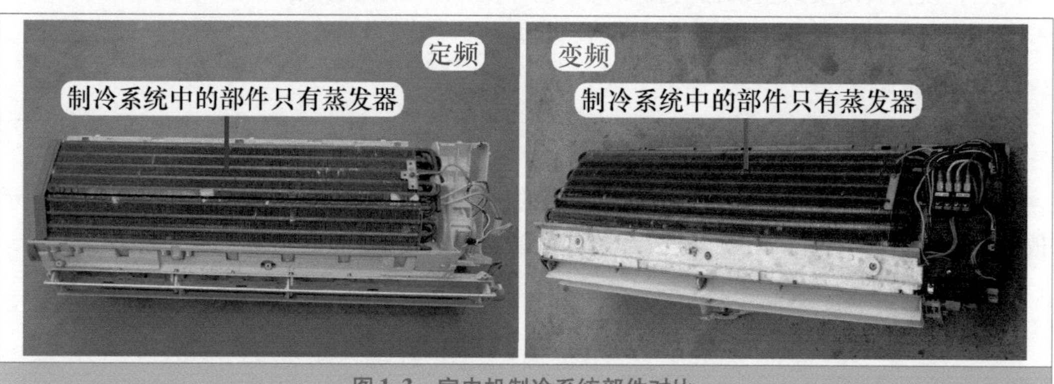

图1-3 室内机制冷系统部件对比

4. 通风系统

两类空调器通风系统使用相同形式的贯流风扇，见图1-4，均由带有霍尔反馈功能的室内风机（PG电机）驱动，贯流风扇和PG电机在两类空调器中可以相互通用。

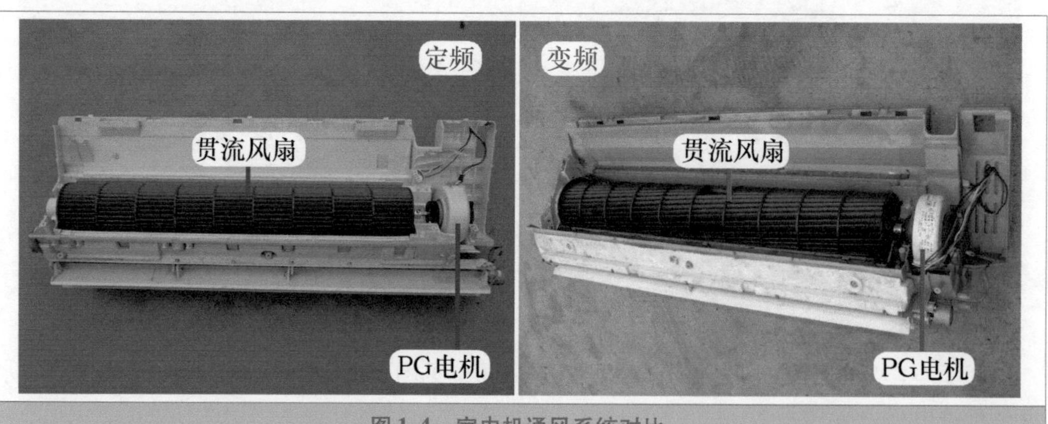

图1-4 室内机通风系统对比

5. 辅助系统

接水盘和导风板在两类空调器的设计位置与作用相同。

6. 电控系统

两类空调器的室内机主板，在控制原理方面最大的区别在于，定频空调器的室内机主板是整个电控系统的控制中心，对空调器整机进行控制，室外机不再设置电路板；变频空调器的室内机主板只是电控系统的一部分，工作时处理输入的信号，处理后传送至室外机主板，才能对空调器整机进行控制，也就是说室内机主板和室外机主板一起才能构成一套完整的电控系统。

（1）室内机主板

由于两类空调器的室内机主板单元电路相似，在硬件方面有许多相同的地方。其中不同之处见图 1-5，定频空调器室内机主板使用 3 个继电器为室外机的压缩机、室外风机、四通阀线圈供电；变频空调器的室内机主板只使用 1 个继电器为室外机供电，并增加通信电路与室外机主板传递信息。

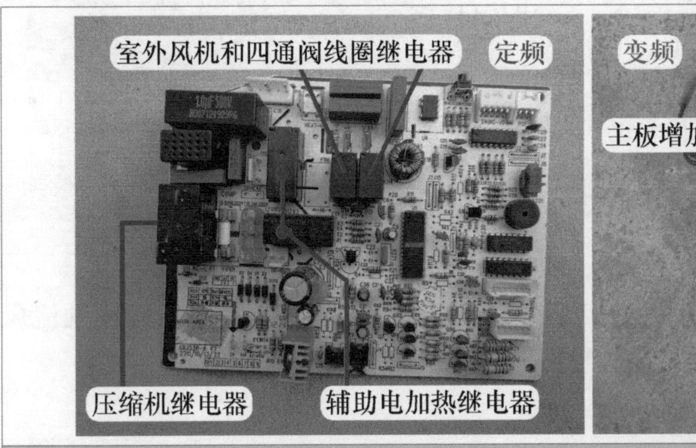

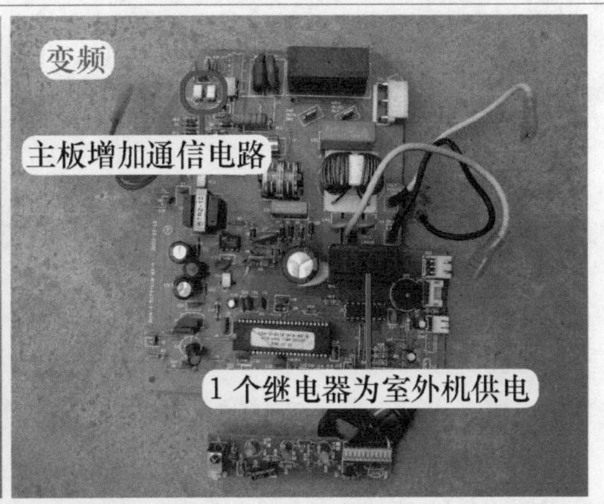

图 1-5　室内机主板对比

（2）接线端子

从两类空调器接线端子上也能看出控制原理的区别，见图 1-6，定频空调器的室内机、室外机连接线端子上共有 5 根引线，功能分别是地线、零线、压缩机引线、室外风机引线、四通阀线圈引线；而变频空调器则只有 4 根引线，功能分别是相线、零线、地线、通信线。

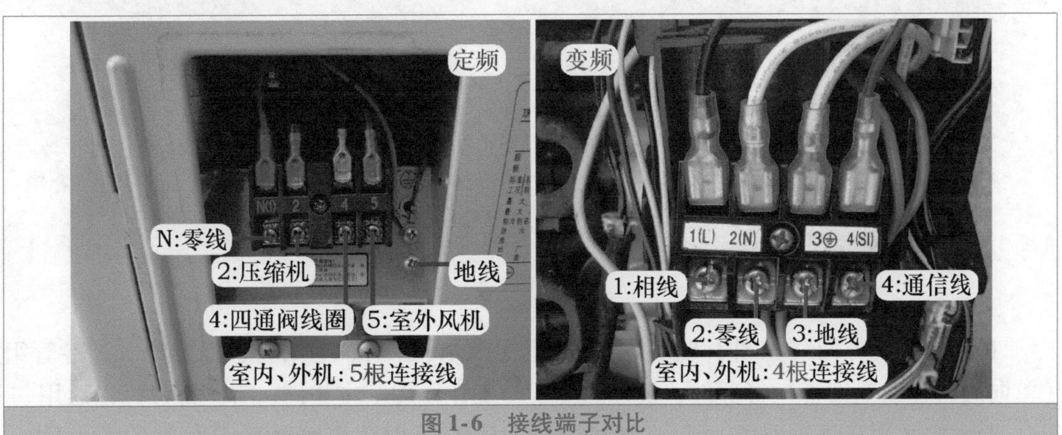

图 1-6　接线端子对比

二、室外机

1. 外观

从外观上看（见图1-7），两类空调器进风口、出风口、管道接口、接线端子等部件的位置与形状基本相同，没有明显的区别。

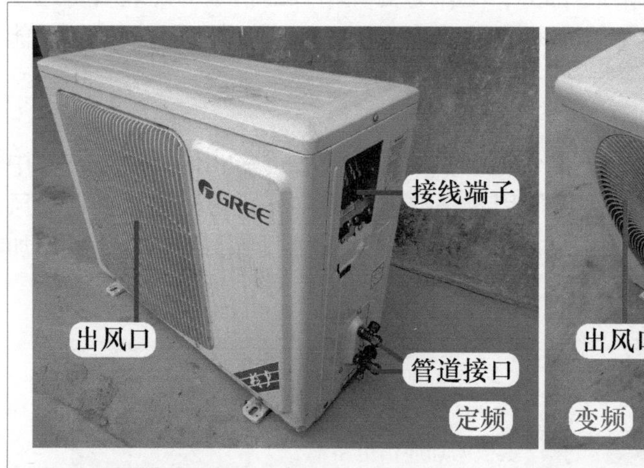

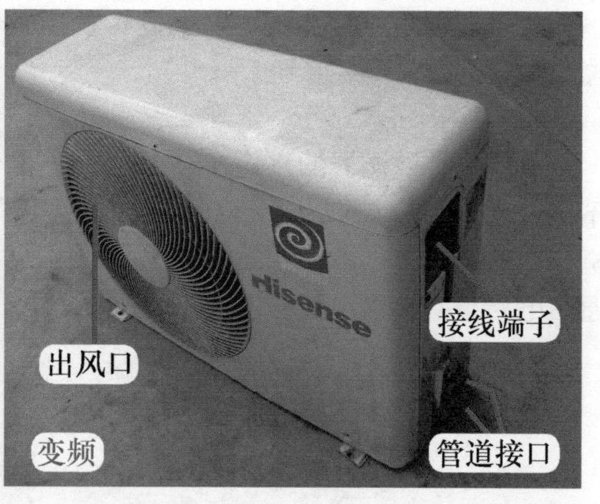

图1-7　室外机外观对比

2. 主要部件设计位置

室外机的主要部件见图1-8，如冷凝器、室外风扇（轴流风扇）、室外风机（轴流风机）、压缩机、毛细管、四通阀、电控盒的设计位置也基本相同。

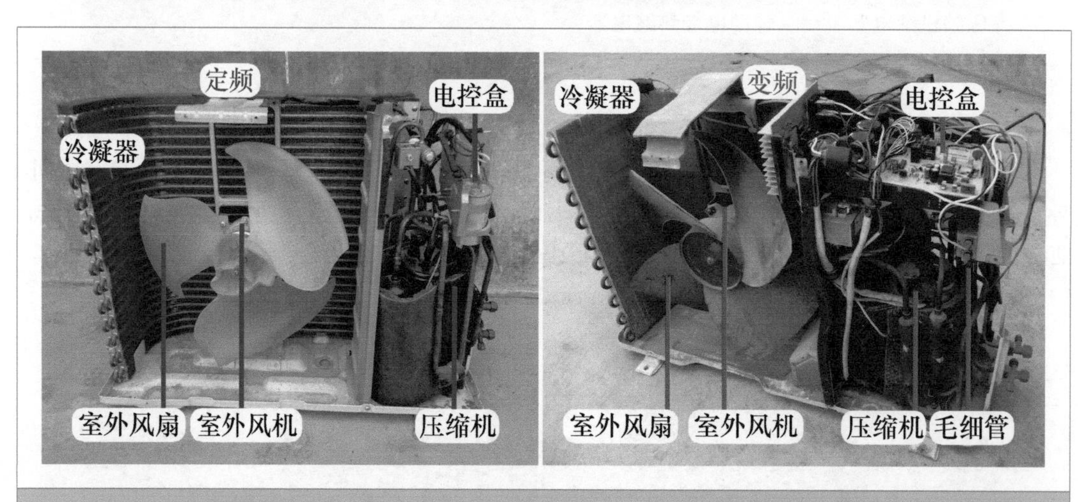

图1-8　室外机主要元件设计位置对比

3. 制冷系统

在制冷系统方面（见图1-9），两类空调器中的冷凝器、毛细管、四通阀、过冷管组（单向阀与辅助毛细管）等部件，设计的位置与工作原理基本相同，有些部件可以通用。

最大的区别在于压缩机，其设计位置和作用相同，但工作原理（或称为方式）不同，定频空调器供电为输入的市电交流 220V，由室内机主板提供，转速、制冷量、耗电量均为额定值，而变频空调器压缩机的供电由模块提供，运行时转速、制冷量、耗电量均可连续变化。

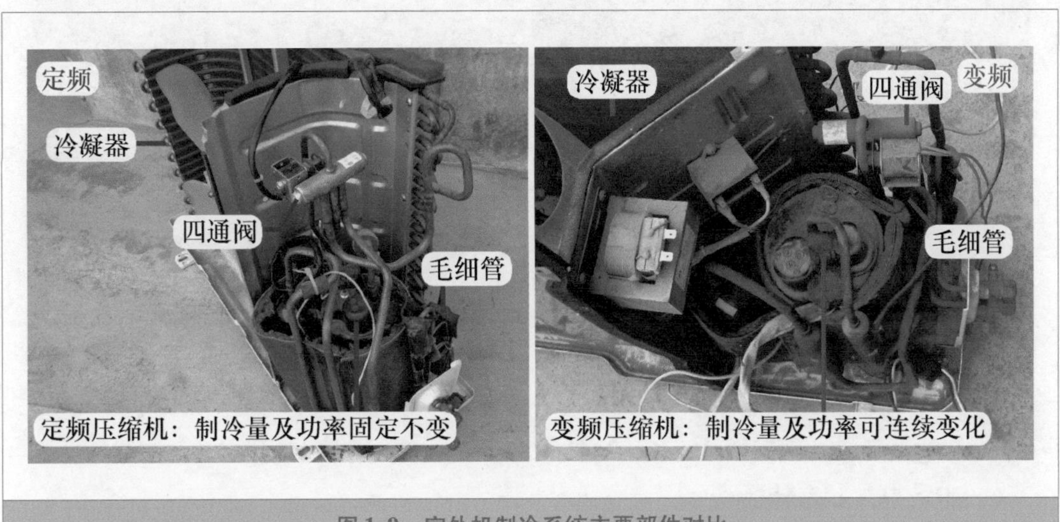

图 1-9 室外机制冷系统主要部件对比

4. 节流方式

节流方式对比见图 1-10，定频空调器的制冷系统节流方式通常使用毛细管，而大部分变频空调器制冷系统的节流方式也通常使用毛细管，只有部分高档的全直流变频空调器使用电子膨胀阀。

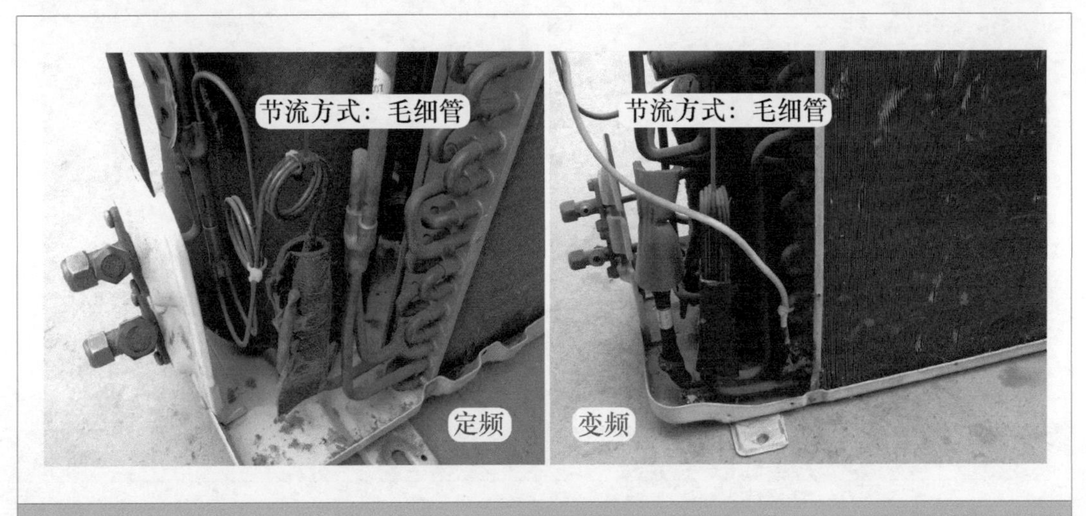

图 1-10 节流方式对比

5. 通风系统

两类空调器的室外机通风系统部件均为室外风扇（轴流风扇）和室外风机，见图 1-11，工作原理和外观基本相同，室外风机均使用交流 220V 供电，不同之处是，定频空调器由室内机主板供电，变频空调器由室外机主板供电。

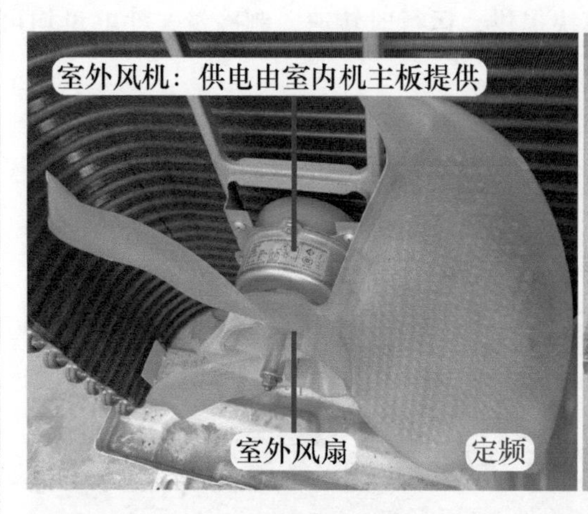

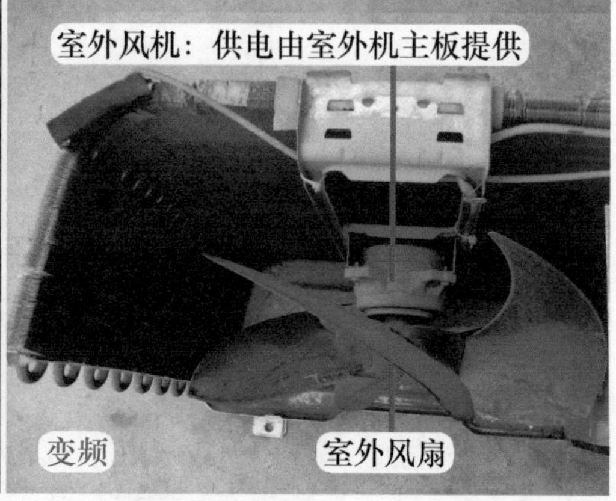

图 1-11 室外机通风系统对比

6. 制冷/制热状态转换

两类空调器的制冷/制热模式转换部件均为四通阀，见图 1-12，工作原理和设计位置相同，四通阀在两类空调器中也可以通用，四通阀线圈供电均为交流 220V，不同之处是，定频空调器由室内机主板供电，变频空调器由室外机主板供电。

图 1-12 室外机制冷/制热转换部件对比

7. 电控系统

两类空调器硬件方面最大的区别是室外机电控系统，区别如下。

（1）室外机主板和模块

室外机电控系统主要元件对比见图 1-13。

定频空调器室外机未设置电控系统，只有压缩机电容和室外风机电容，而变频空调器则设计有复杂的电控系统，主要部件是室外机主板和模块等。

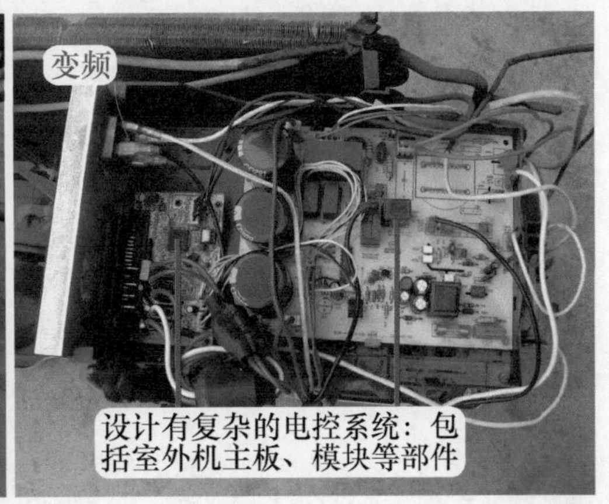

图 1-13 室外机电控系统主要元件对比

（2）压缩机起动方式

压缩机起动方式对比见图 1-14。

定频空调器压缩机由电容直接起动运行，工作电压为交流 220V、频率为 50Hz、转速约为 2900r/min。

变频空调器压缩机由模块供电，工作电压为交流 30～220V、频率为 15～120Hz、转速为 1500～9000r/min。

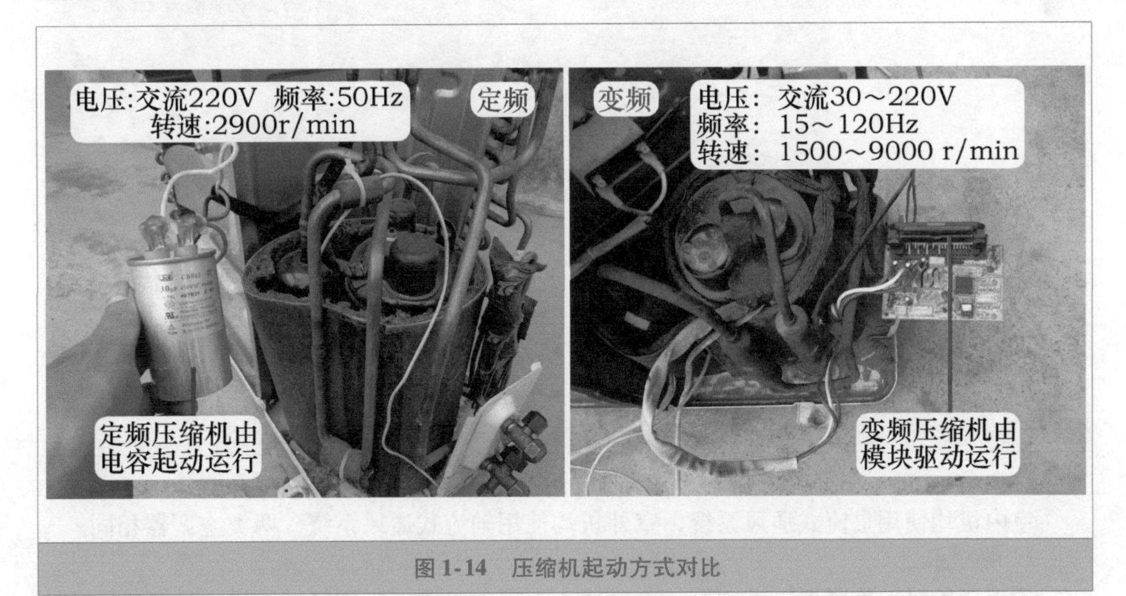

图 1-14 压缩机起动方式对比

（3）电磁干扰保护

电磁干扰保护对比见图 1-15。

变频空调器由于模块等部件工作在开关状态，使得电路中电流谐波成分增加，降低功率因数，因此增加了滤波电感等部件，定频空调器则不需要设计此类部件。

定频

无

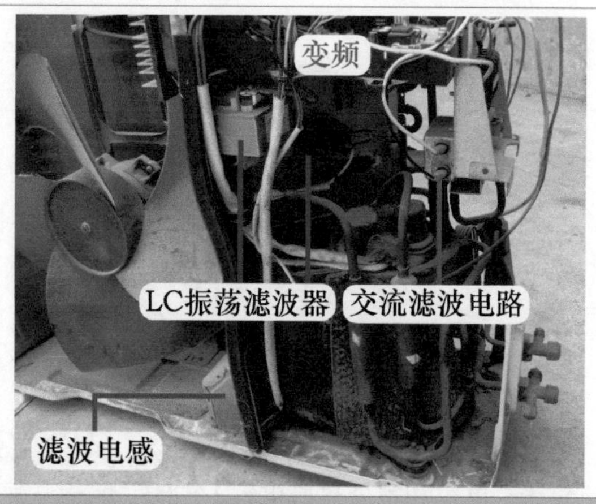

图 1-15　电磁干扰保护对比

（4）温度检测

温度检测元件对比见图 1-16。

变频空调器为了对压缩机运行时进行最好的控制，设计了室外环温传感器、室外管温传感器、压缩机排气传感器，定频空调器一般没有设计此类元件（只有部分机型设置有室外管温传感器）。

定频

无

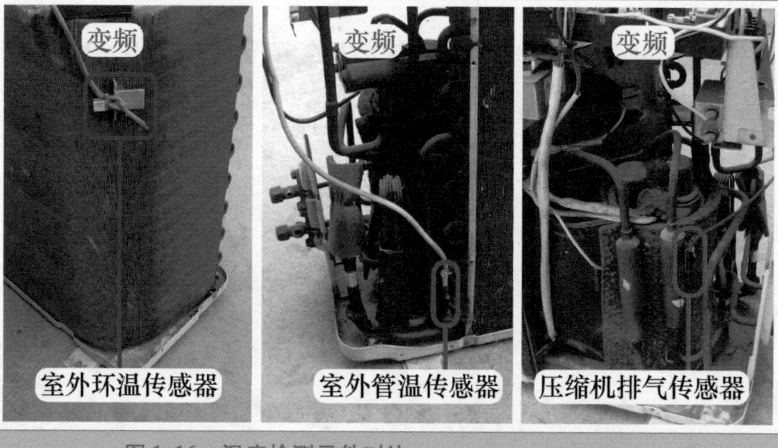

变频　变频　变频

室外环温传感器　室外管温传感器　压缩机排气传感器

图 1-16　温度检测元件对比

三、结论

1. 通风系统

室内机均使用贯流式通风系统，室外机均使用轴流式通风系统，两类空调器相同。

2. 制冷系统

均由压缩机、冷凝器、毛细管、蒸发器 4 大部件组成，区别是压缩机工作原理不同。

3. 主要部件设计位置

两类空调器基本相同。

4. 电控系统

两类空调器电控系统工作原理不同，硬件方面室内机有相同之处，最主要的区别在于室外机电控系统。

5. 压缩机

这是定频空调器与变频空调器最根本的区别，变频空调器的室外机电控系统就是为控制变频压缩机而设计。也可以简单地理解为，将定频空调器的压缩机换成变频压缩机，并配备与之配套的电控系统（方法是增加室外机电控系统，更换室内机主板部分元件），那么这台定频空调器就可以改称为变频空调器。

第二节 变频空调器的节电原理、工作原理和分类

一、变频空调器的节电原理和工作原理

1. 节电原理

最普通的交流变频空调器和典型的定频空调器相比，只是压缩机的运行方式不同，定频空调器压缩机供电由市电直接提供，电压为交流 220V，频率为 50Hz，理论转速为 3000r/min，运行时由于阻力等原因，实际转速约为 2900r/min，因此制冷量也是固定不变的。

变频空调器压缩机的供电由模块提供，模块输出的模拟三相交流电，频率可以在 15 ~ 120Hz 变化，电压可以在 30 ~ 220V 之间变化，压缩机转速可以在 1500 ~ 9000r/min 的范围内变化。

压缩机转速升高时，制冷量随之加大，制冷效果变好，制冷模式下房间温度迅速下降，相对应此时空调器耗电量也随之上升；当房间内温度下降到设定温度附近时，电控系统控制压缩机转速降低，制冷量下降，维持房间温度，相对应的此时耗电量也随之下降，从而达到节电的目的。

2. 工作原理

图 1-17 为变频空调器工作原理框图，图 1-18 为实物图。

室内机主板 CPU 接收遥控器发送的设定模式和设定温度，与室内环温传感器温度相比较，如达到开机条件，控制室内机主控继电器触点闭合，向室外机供电；室内机主板 CPU 同时根据室内管温传感器温度信号，结合内置的运行程序计算出压缩机的目标运行频率，通过通信电路传送至室外机主板 CPU，室外机主板 CPU 再根据室外环温传感器、室外管温传感器、压缩机排气传感器、市电电压等信号，综合室内机主板 CPU 传送的信息，得出压缩机的实际运行频率，输出 6 路控制信号至 IPM 模块。

IPM 模块是将直流 300V 转换为频率和电压均可调的三相变频装置，内含 6 只大功率 IGBT 开关管，构成三相上下桥式驱动电路，室外机主板 CPU 输出的控制信号使每只IGBT 导通 180°，且同一桥臂的 2 只 IGBT 1 只导通时，另 1 只必须关断，否则会造成直流 300V 直接短路。且相邻两相的 IGBT 导通相位差在 120°，在任意 360°内都有 3 只 IGBT 开关管导通以接通三相负载。在 IGBT 导通与截止的过程中，输出的三相模拟交流电中带有可以变化的频率，且在一个周期内，如 IGBT 导通时间长而截止时间短，则输出的三相交流电的电压相应就会升高，从而达到频率和电压均可调的目的。

IPM 模块输出的三相模拟交流电，加在压缩机的三相感应电机，压缩机运行，系统工作在制冷或制热模式。如果室内温度与设定温度的差值较大，室内机主板 CPU 处理后送至室

外机主板CPU，输出控制信号使IPM模块内部的IGBT导通时间长而截止时间短，从而输出频率和电压均相对较高的三相模拟交流电加至压缩机，压缩机转速加快，单位制冷量也随之加大，达到快速制冷的目的；反之，当房间温度与设定温度的差值变小时，室外机主板CPU输出的控制信号，使得IPM模块输出较低的频率和电压，压缩机转速变慢，降低制冷量。

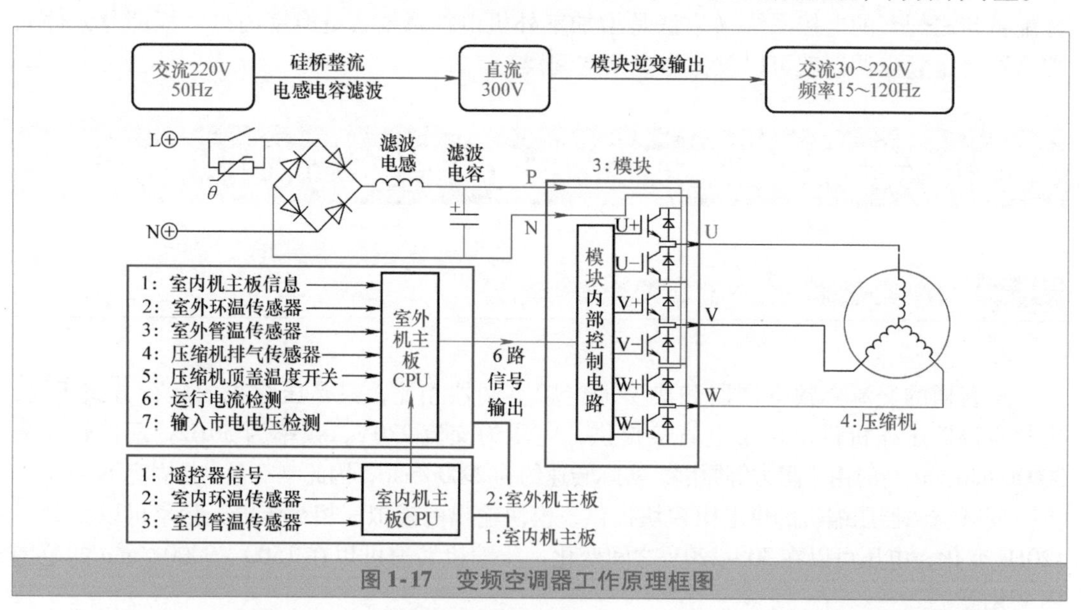

图1-17 变频空调器工作原理框图

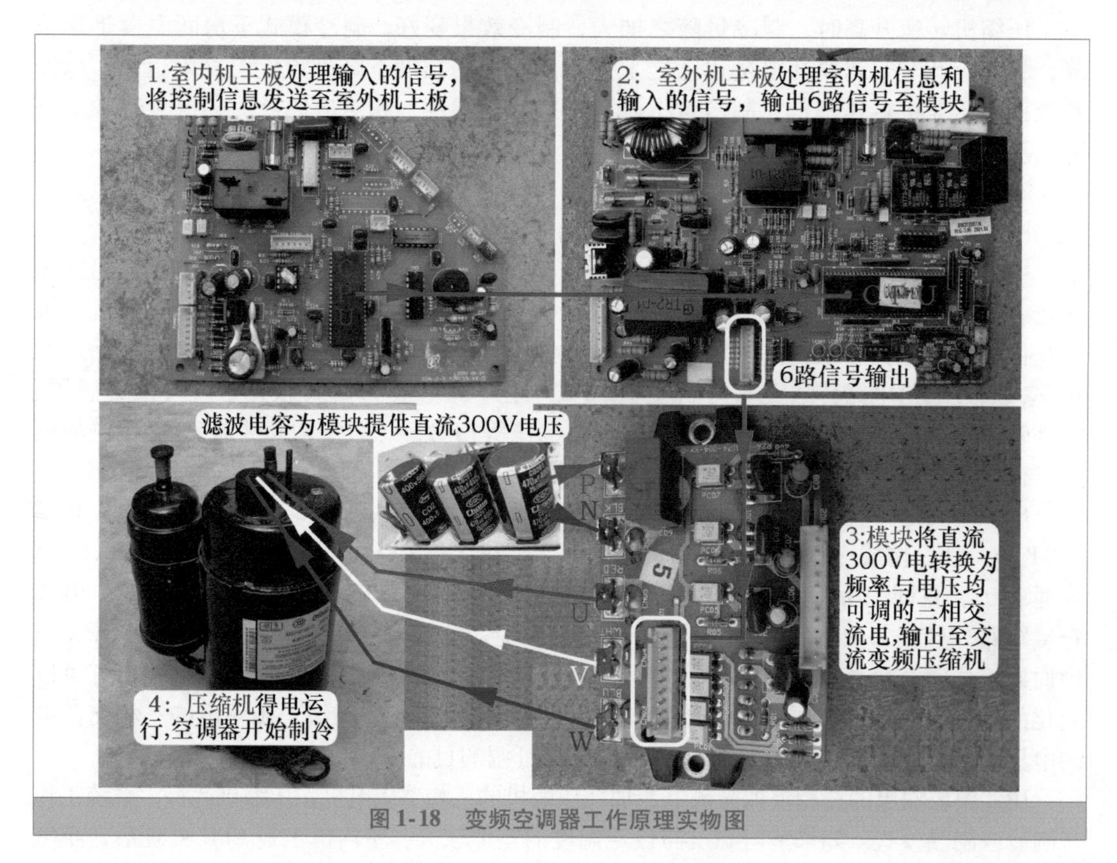

图1-18 变频空调器工作原理实物图

二、变频空调器的分类

变频空调器根据压缩机工作原理和室内外风机的供电状况可分为3种类型，即交流变频空调器、直流变频空调器、全直流变频空调器。

1. 交流变频空调器

交流变频空调器见图1-19，是最早的变频空调器类型，也是目前市场上拥有量最大的类型，现在一般通常已经进入维修期或淘汰期。

室内风机和室外风机与普通定频空调器上相同，均为交流异步电机，由市电交流220V直接起动运行。只是压缩机转速可以变化，供电为IPM模块提供的模拟三相交流电。

制冷剂通常使用和普通定频空调器相同的R22，一般使用常见的毛细管作为节流部件。

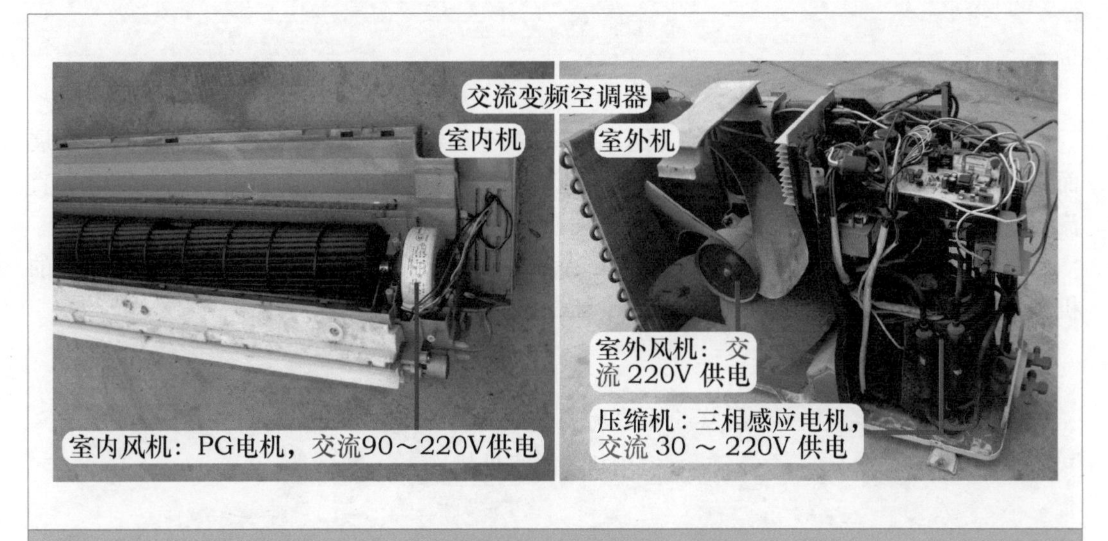

图1-19 交流变频空调器

2. 直流变频空调器

把普通直流电机由永磁铁组成的定子变为转子，将普通直流电机需要换向器和电刷提供电源的线圈绕组（转子）变成定子，这样省掉普通直流电机所必需的电刷，称为无刷直流电机。

使用无刷直流电机作为压缩机的空调器称为直流变频空调器，其在交流变频空调器基础上发展而来，整机的控制原理和交流变频空调器基本相同，只是在室外机电路板上增加了位置检测电路。

直流变频空调器见图1-20，室内风机和室外风机与普通定频空调器上的相同，均为交流异步电机，由市电交流220V直接起动运行。

制冷剂早期机型使用R22，目前生产的机型多使用新型环保制冷剂R410A，节流部件同样使用常见且价格低廉但性能稳定的毛细管。

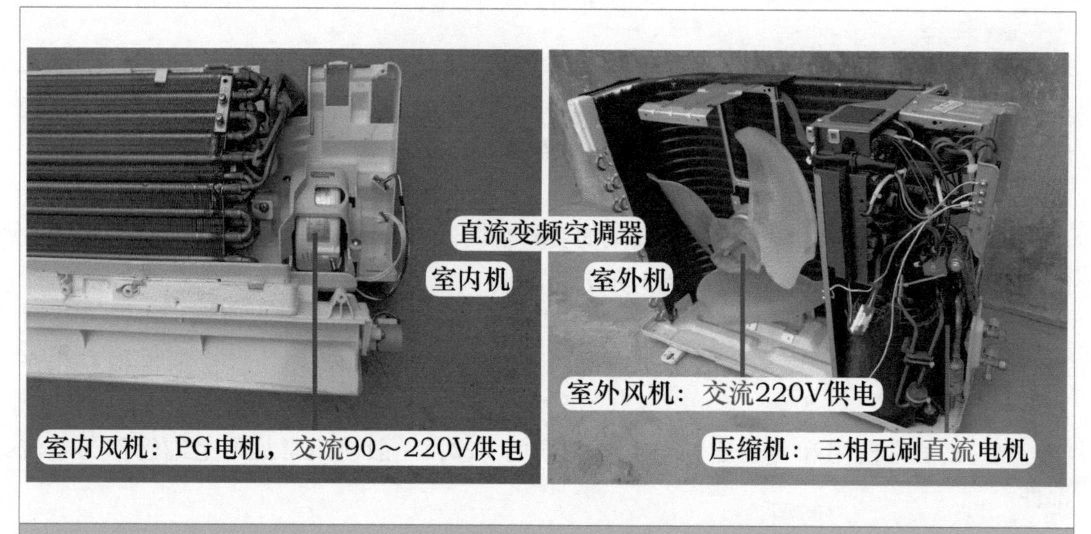

图1-20 直流变频空调器

3. 全直流变频空调器

全直流变频空调器见图1-21，属于目前高档空调器，在直流变频空调器基础上发展而来，与之相比最主要的区别是，室内风机和室外风机均使用直流无刷电机，供电为直流300V电压，而不是交流220V，同时压缩机也使用无刷直流电机。

制冷剂通常使用新型环保的R410A，节流部件也大多使用毛细管，只有少数品牌的机型使用电子膨胀阀，或电子膨胀阀和毛细管相结合的方式。

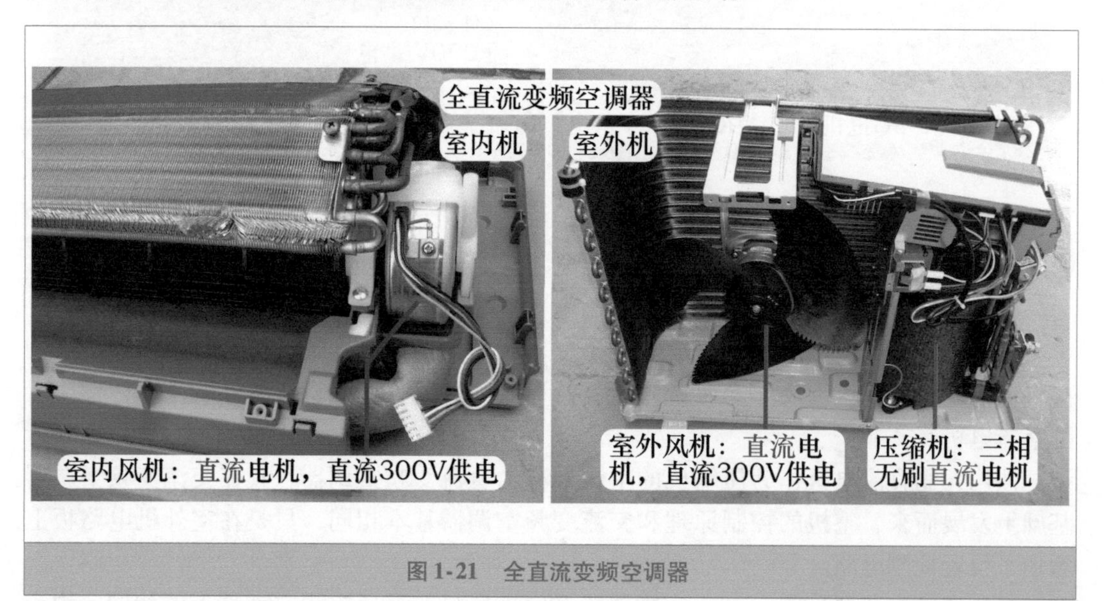

图1-21 全直流变频空调器

三、交、直流变频空调器的区别

1. 相同之处

1）制冷系统：定频空调器、交流变频空调器、直流变频空调器的工作原理基本相同，区别是压缩机工作原理与内部结构不同。

2）电控系统：交流变频空调器与直流变频空调器的控制原理、单元电路、硬件基本相同，区别是室外机 CPU 对模块的控制原理不同［即脉冲宽度调制（PWM）方式或脉冲幅度调制（PAM）方式］，但控制程序内置在室外机 CPU 或存储器之中，实物看不到。

2. 整机不同之处

1）压缩机：交流变频空调器使用三相感应式电机，直流变频空调器使用无刷直流电机，两者的内部结构不同。

2）模块输出电压：交流变频空调器模块输出频率与电压均可调的模拟三相交流电，频率与电压越高，转速就越快。直流变频空调器的模块输出断续、极性不断改变的直流电，在任何时候，只有两相绕组有电流通过（余下绕组的感应电压当作位置检测信号），电压越高，转速就越快。

3）位置检测电路：直流变频空调器设有压缩机转子位置检测电路，交流变频空调器则没有。

第二章 Chapter 2

变频空调器电控系统的主要元器件

第一节　模　块

IPM为智能功率模块（简称模块），是变频空调器电控系统中最重要的元器件之一，也是故障率较高的一个元器件，属于电控系统主要元器件之一，由于知识点较多，因此单设一节进行详细说明。

一、基础知识

1. 模块板组件

（1）接线端子

图2-1左图为海尔早期某款交流变频空调器使用的模块板组件，主要接线端子功能如下：

ACL和ACN：共2个端子，为交流220V输入，接室外机主板的交流220V。

RO和RI：共2个端子，接外置的滤波电感。

N－和P＋：共2个端子，接外置的滤波电容。

U、V、W：共3个端子为输出，接压缩机线圈。

右下角白色插座共4个引针为信号传送，接室外机主板，使室外机主板CPU控制模块板组件以驱动压缩机运行。

从图2-1右图可以看出，用于驱动压缩机的IGBT开关管，使用分立元件形式。

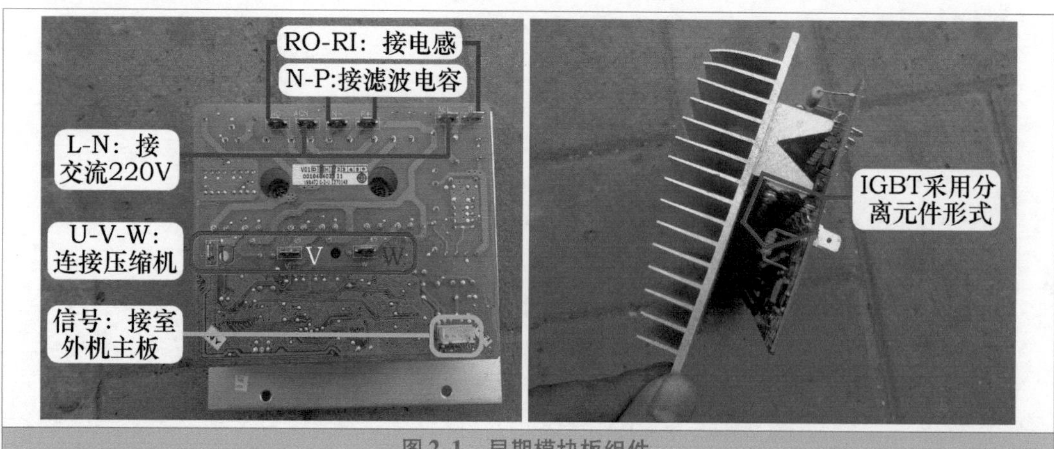

图2-1　早期模块板组件

（2）单元电路

取下模块板组件的散热片，查看电路板单元电路，见图2-2，主要由以下几个单元电路组成：整流电路（整流硅桥）、PFC电路（改善电源功率因数）、电流检测电路、开关电源电路（提供直流15V、3.3V等电压）、控制电路（模块板组件CPU）、驱动电路（驱动IGBT开关管）、6只IGBT开关管等电路组成。

由于分立元件形式的IGBT开关管故障率和成本均较高，且体积较大，如果将6只IGBT开关管、驱动电路、电流检测等电路单独封装在一起，见图2-2右图，即组成常见的IPM。

➡ 说明：图2-2左图中，控制电路使用的集成块为东芝公司生产的微处理器，型号为TMG88CH40MG；驱动电路使用的集成块为IR公司生产，型号为2136S，功能是三相桥式驱动器，用于驱动6只IGBT开关管。

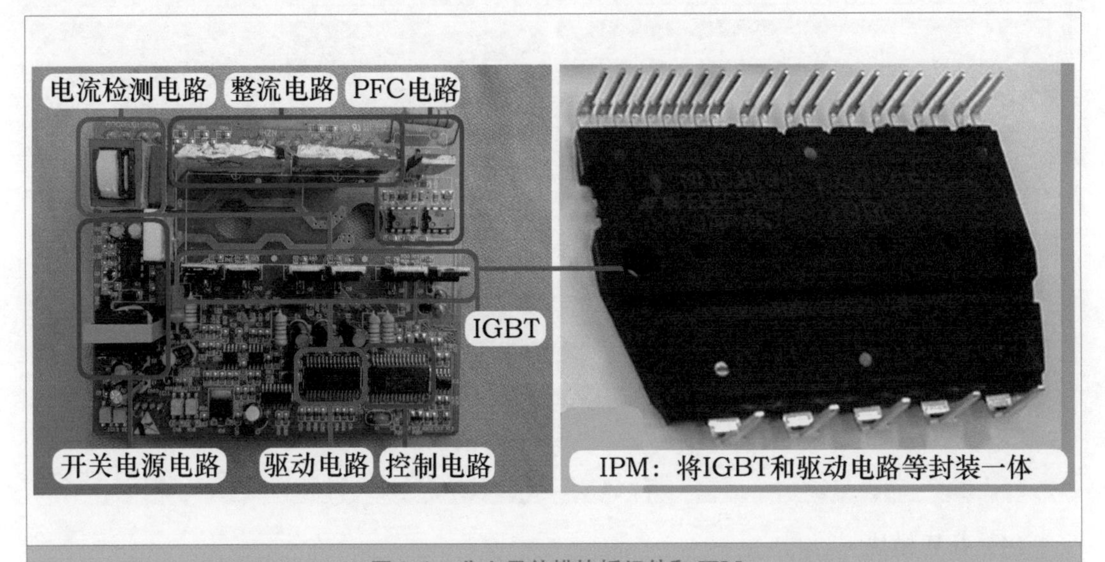

图2-2　分立元件模块板组件和IPM

（3）IGBT开关管

模块内部开关管框图见图2-3，实物图见图2-4。模块最核心的部件是IGBT开关管，压缩机有3个接线端子，模块需要3组独立的桥式电路，每组桥式电路均由上桥和下桥组成，因此模块内部共设有6只IGBT开关管，分别称为U相上桥（U+）和下桥（U-）、V相上桥（V+）和下桥（V-）、W相上桥（W+）和下桥（W-），由于工作时需要通过较大的电流，6只IGBT开关管固定在面积较大的散热片上面。

图2-4中IGBT开关管型号为东芝GT20J321，为绝缘栅双极型晶体管，共有3个引脚，从左到右依旧为G（控制极）、C（集电极）、E（发射极），内部C极和E极并联有续流二极管。

室外机CPU（或控制电路）输出的6路信号（弱电），经驱动电路放大后接6只IGBT开关管的控制极，3只上桥的集电极接直流300V的正极P端子，3只下桥的发射极接直流300V的负极N端子，3只上桥的发射极和3只下桥的集电极相通为中点输出，分别为U、V、W接压缩机线圈。

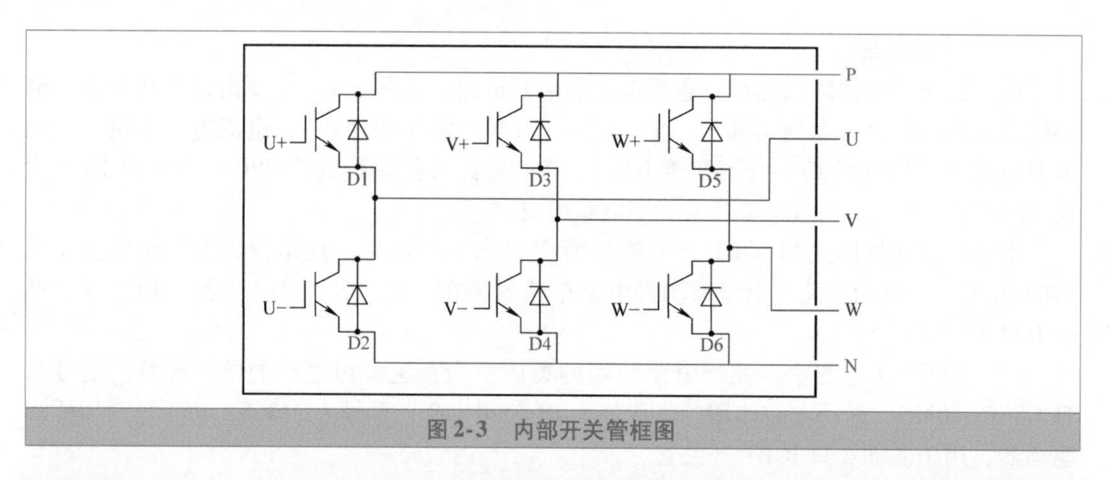

图2-3 内部开关管框图

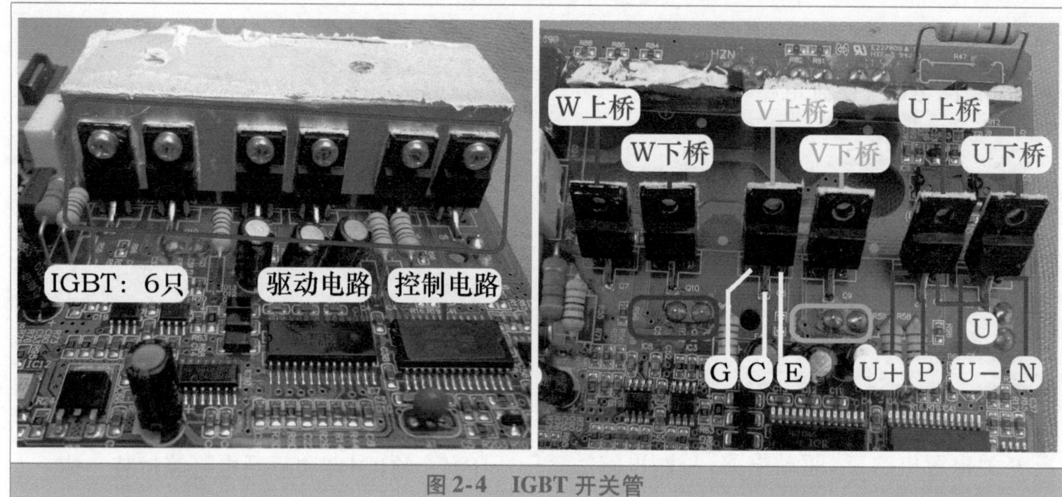

图2-4 IGBT开关管

（4）IPM模块

严格意义的IPM见图2-5，是一种智能的模块，将IGBT连同驱动电路和多种保护电路封装在同一模块内，从而简化了设计，提高了稳定性。IPM只有固定在外围电路的控制基板上，才能组成模块板组件。

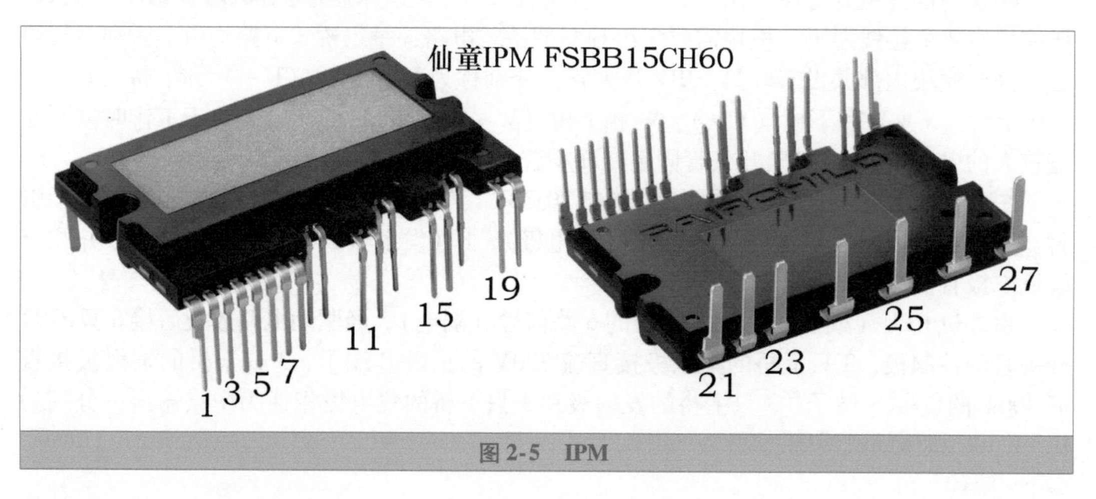

图2-5 IPM

2. 工作原理

模块可以简单地看作是电压转换器。室外机主板 CPU 输出 6 路信号，经模块内部驱动电路放大后控制 IGBT 开关管的导通与截止，将直流 300V 电压转换成与频率成正比的模拟三相交流电（交流 30～220V、频率 15～120Hz），驱动压缩机运行。

三相交流电压越高，压缩机转速及输出功率（即制冷效果）也越高；反之，三相交流电压越低，压缩机转速及输出功率（即制冷效果）也就越低。三相交流电压的高低由室外机 CPU 输出的 6 路信号决定。

3. 安装位置

由于模块工作时产生很高的热量，因此设有面积较大的铝制散热片，并固定在上面，见图 2-6，模块设计在室外机电控盒里侧，室外风扇运行时带走铝制散热片表面的热量，间接为模块散热。

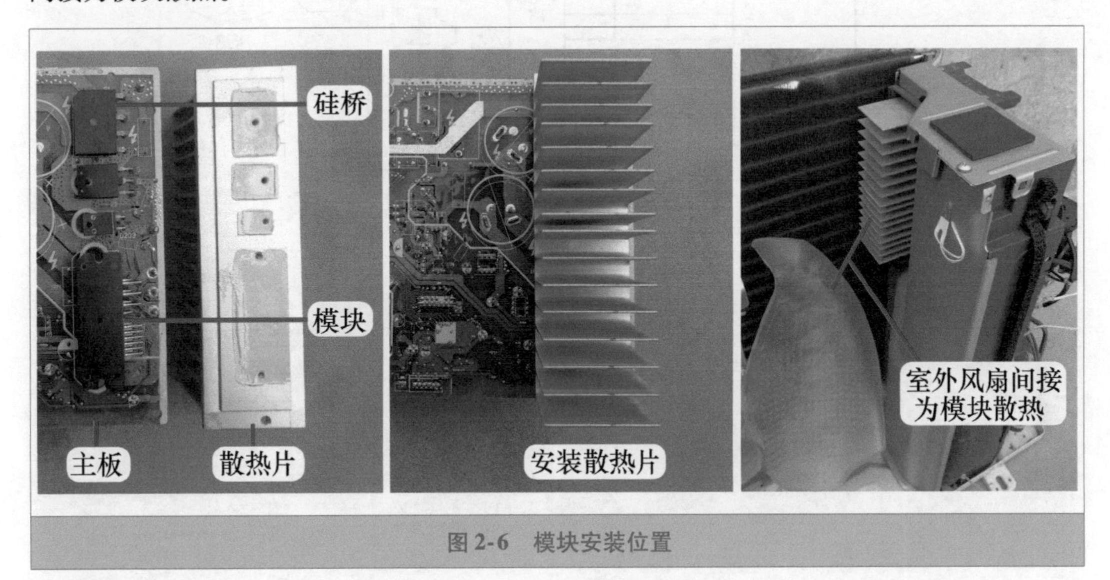

图 2-6　模块安装位置

二、模块输入与输出电路

图 2-7 为模块输入与输出电路框图，图 2-8 为实物图。

➡ 说明：直流 300V 供电回路中，在实物图上未显示 PTC 电阻、室外机主控继电器、滤波电感等器件。

1. 输入部分

① P、N：由滤波电容提供直流 300V 电压，为模块内部 IGBT 开关管供电，其中 P 外接滤波电容正极，内接上桥 3 只 IGBT 开关管的集电极；N 外接滤波电容负极，内接下桥 3 只 IGBT 开关管的发射极。

② 15V：由开关电源电路提供，为模块内部控制电路供电。

③ 6 路信号：由室外机 CPU 提供，经模块内部控制电路放大后，按顺序驱动 6 只 IGBT 开关管的导通与截止。

2. 输出部分

① U、V、W：即上桥与下桥 IGBT 开关管的中点，输出与频率成正比的模拟三相交流电，驱动压缩机运行。

② FO（保护信号）：当模块内部控制电路检测到过热、过电流、短路、15V 电压低 4 种故障，输出保护信号至室外机 CPU。

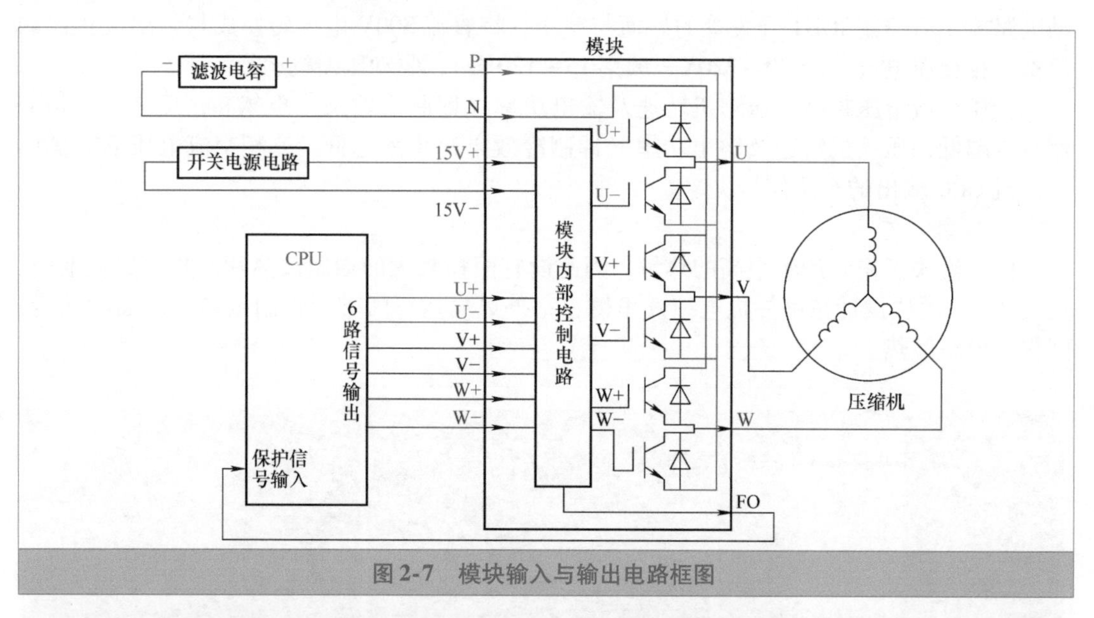

图 2-7　模块输入与输出电路框图

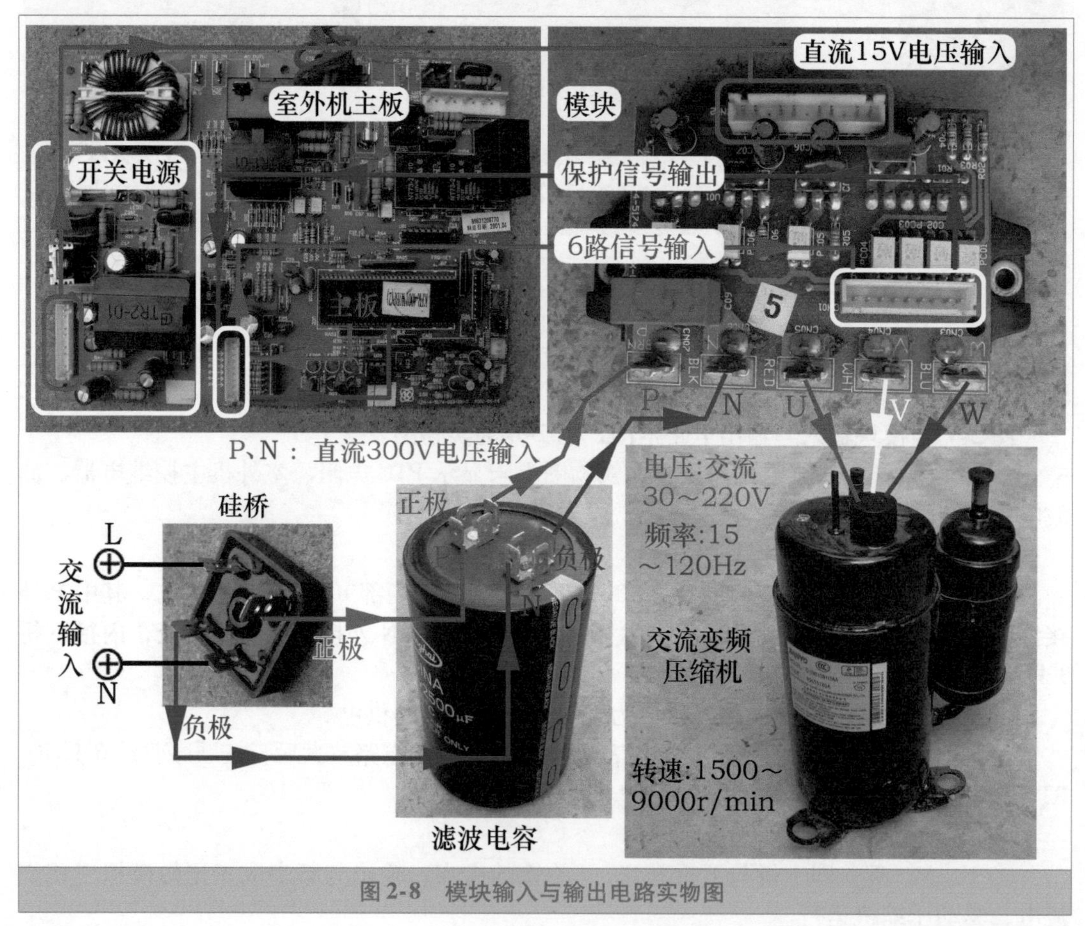

图 2-8　模块输入与输出电路实物图

三、常见模块形式与特点

国产变频空调器从问世到现在大约有15年的时间，在此期间出现了许多新改进的机型。模块作为重要部件，也从最初只有模块的功能，到集成CPU控制电路，再到目前常见的模块控制电路一体化，经历了很多技术上的改变。

1. 只有模块功能的模块

代表有海信KFR-4001GW/BP、海信KFR-3501GW/BP等机型，实物见图2-9，此类模块多见于早期的交流变频空调器。

使用光耦传递6路信号，直流15V电压由室外机主板提供（分为单路15V供电和4路15V供电2种）。

模块常见型号为三菱PM20CTM060，可以称其为第二代模块，最大负载电流20A，最高工作电压600V，铝制散热片，目前已经停止生产。

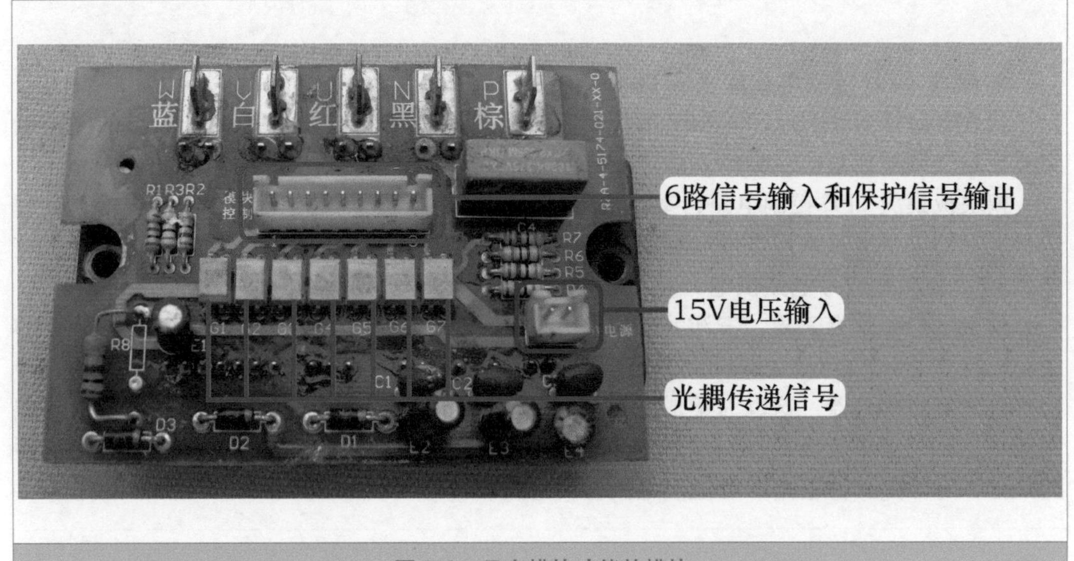

图2-9　只有模块功能的模块

2. 带开关电源电路的模块

代表有海信KFR-2601GW/BP、美的KFR-26GW/BPY-R等机型，实物见图2-10，此类模块多见于早期的交流变频空调器，在只有模块功能的模块板基础上改进而来。

模块板增加开关电源电路，二次绕组输出4路直流15V和1路直流12V两种电压，直流15V电压直接供给模块内部控制电路，直流12V电压输出至室外机主板7805稳压块的①脚输入端，为室外机主板提供5V电压，室外机主板则不再设计开关电源电路。

模块常见型号同样为三菱PM20CTM060，由于此类模块停止生产，而市场上还存在大量使用此类模块的变频空调器，为供应配件，目前有改进的模块作为配件出现，使用东芝或三洋的模块，东芝型号为IPMPIG20J503L。

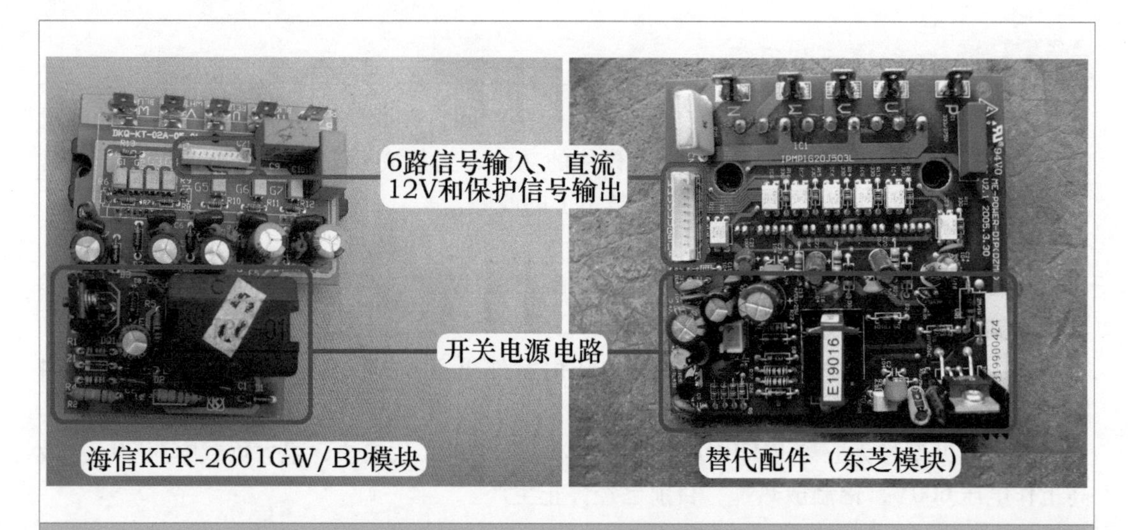

图2-10　带开关电源功能的模块

3. 集成CPU控制电路的模块

代表有海信KFR-26GW/18BP等机型，实物见图2-11，此类模块多见于目前生产的交流变频空调器或直流变频空调器。

模块板集成CPU控制电路，室外机电控系统的弱电信号控制电路均在模块板上处理运行。室外机主板只是提供模块板所必需的直流15V（模块内部控制电路供电）、5V（室外机CPU和弱电信号电路供电）电压，和传递通信信号、驱动继电器等功能。

模块生产厂家有三菱、三洋、仙童（也译作飞兆）等，可以称其为第三代模块。与使用三菱PM20CTM060系列模块相比，有着本质的区别。一是6路信号为直接驱动，中间不再需要光耦合器，这也为集成CPU提供了必要的条件；二是成本较低，通常为非铝制散热片；三是模块内部控制电路使用单电源直流15V供电；四是内部可以集成电流检测元件，与外围元件电路即可组成电流检测电路。

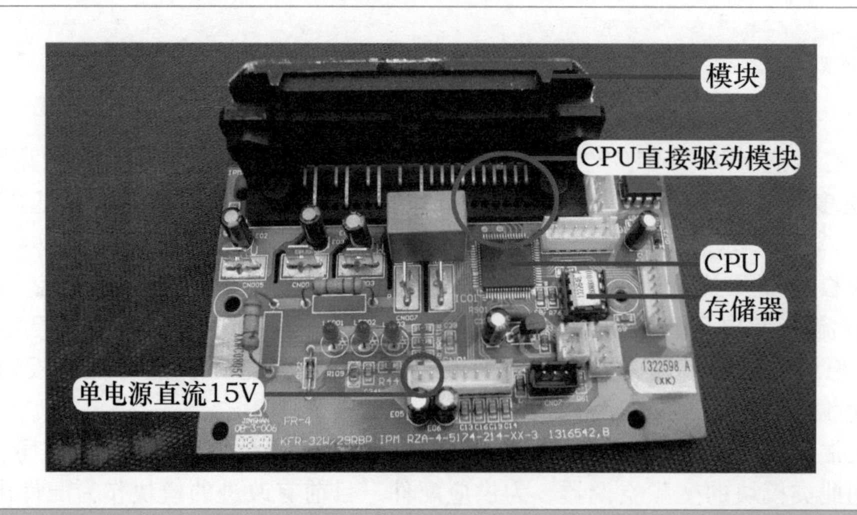

图2-11　集成CPU控制功能的模块

4. 控制电路一体化的模块

代表有格力 KFR-35GW/(32556) FNDe-3、三菱重工 KFR-35GW/AIBP 等机型，实物见图 2-12，此类模块多见于目前生产的交流变频空调器、直流变频空调器与全直流变频空调器，也是目前比较常见的一种类型，在集成 CPU 控制电路模块的基础上改进而来。

模块、室外机 CPU 控制电路、弱电信号处理电路、开关电源电路、滤波电容、硅桥、通信电路、PFC 电路、继电器驱动电路等，也就是说室外机电控系统所有电路均集成在一块电路板上，只需要配上传感器、滤波电感等少量外围元件即可以组成室外机电控系统。

模块生产厂家有三菱、三洋、仙童等，可以称其为第四代模块，是目前最常见的控制类型，由于所有电路均集成在一块电路板上，因此在出现故障后维修时也是最简单的一类空调器。

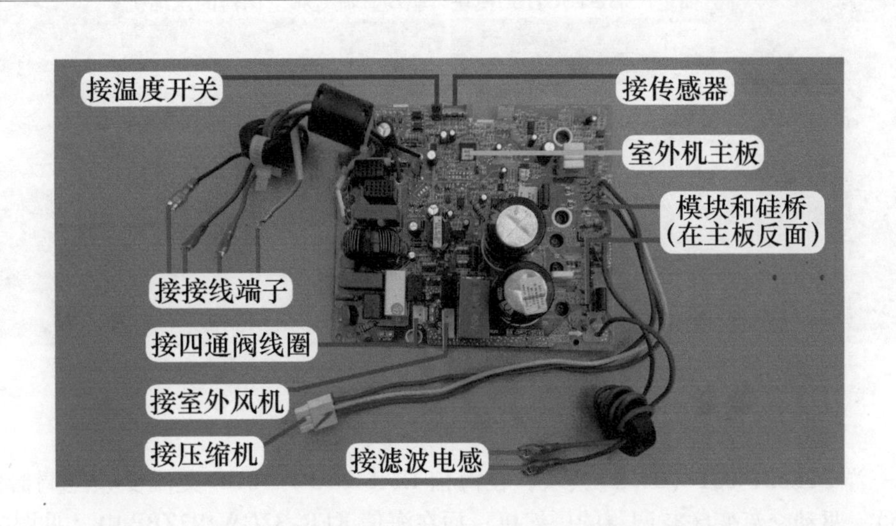

图 2-12 控制电路和模块一体化的模块

四、 硬件电路的区别

在实际应用中，同一个型号的模块既能驱动交流变频空调器的压缩机，也能驱动直流变频空调器的压缩机，所不同的是由模块组成的控制电路板不同。驱动交流变频空调器的压缩机的模块板通过改动程序（即修改 CPU 或存储器的内部数据），即可以驱动直流变频空调器的压缩机。模块板硬件方面有以下几种区别。

1. 模块板增加位置检测电路

如仙童 FSBB15CH60 模块，在海信 KFR-28GW/39MBP 交流变频空调器中（见图2-13），驱动交流变频空调器的压缩机；而在海信 KFR-33GW/25MZBP 直流变频空调器中（见图 2-14），基板上增加位置检测电路，驱动直流变频空调器的压缩机。

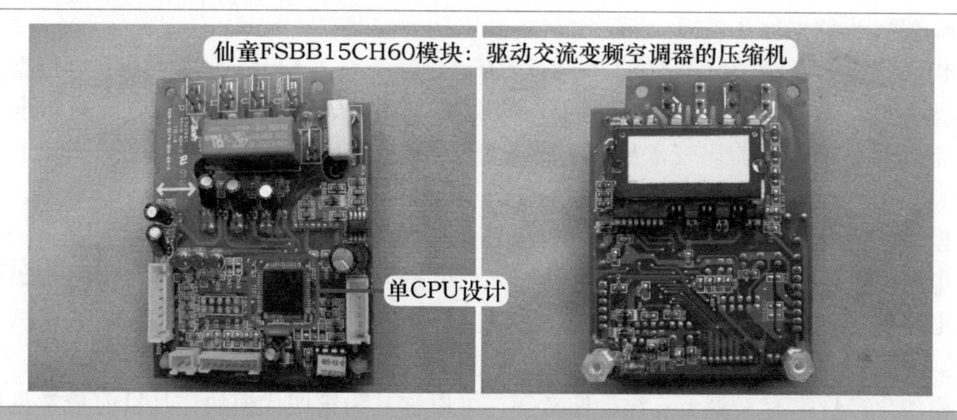

图 2-13　海信 KFR-28GW/39MBP 模块正面和反面

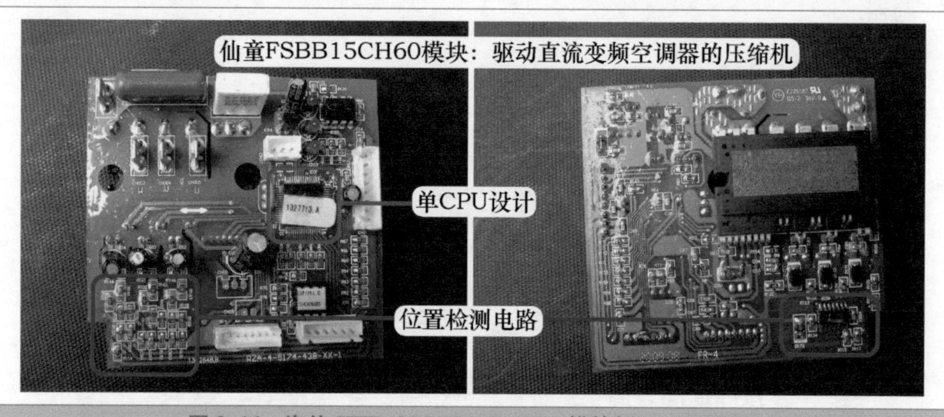

图 2-14　海信 KFR-33GW/25MZBP 模块板正面和反面

2. 模块板双 CPU 控制电路

如三洋 STK621-031（041）模块，在海信 KFR-26GW/18BP 交流变频空调器中（见图 2-15），驱动交流变频空调器的压缩机；而在海信 KFR-32GW/27ZBP 中（见图 2-16），模块板使用双 CPU 设计，其中 1 个 CPU 的作用是与室内机通信，采集温度信号，并驱动继电器等，另外 1 个 CPU 专门控制模块，驱动直流变频空调器的压缩机。

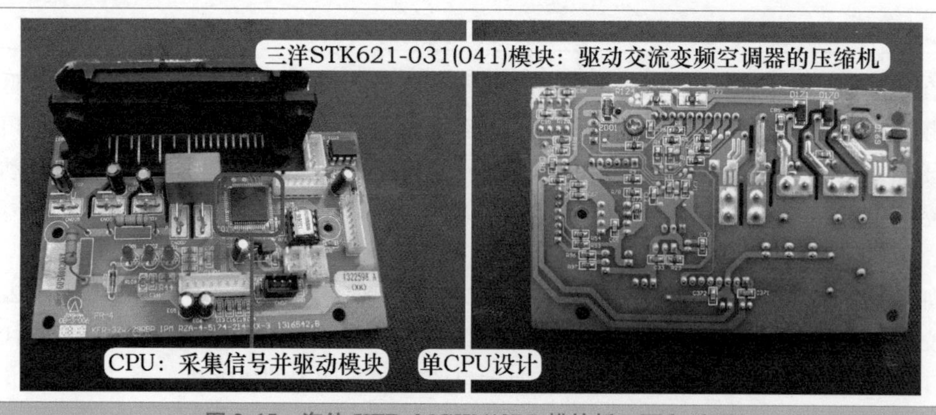

图 2-15　海信 KFR-26GW/18BP 模块板正面和反面

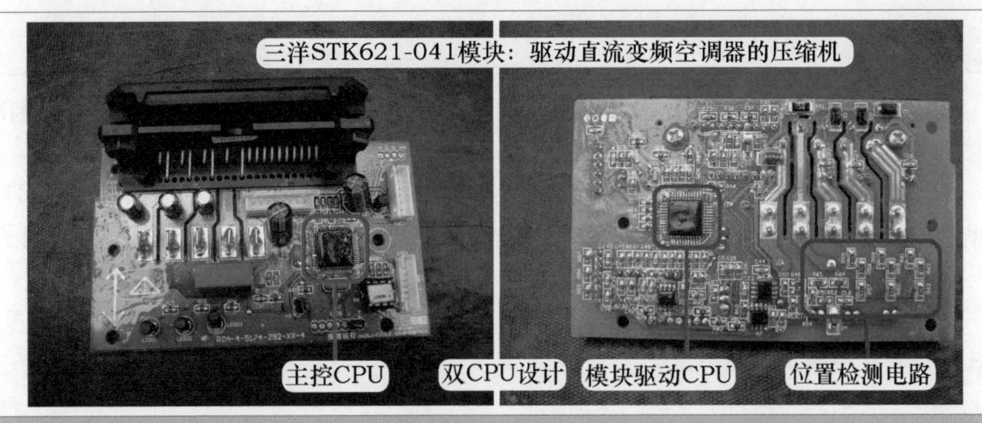

图 2-16 海信 KFR-32GW/27ZBP 模块板正面和反面

3. 双主板双 CPU 设计电路

目前常用的一种设计形式是设有室外机主板和模块板，见图 2-17 和图 2-18，每块电路板上面均设计有 CPU，室外机主板为主控 CPU，作用是采集信号和驱动继电器等，模块板为模块驱动 CPU，专门用于驱动变频模块和 PFC 模块。

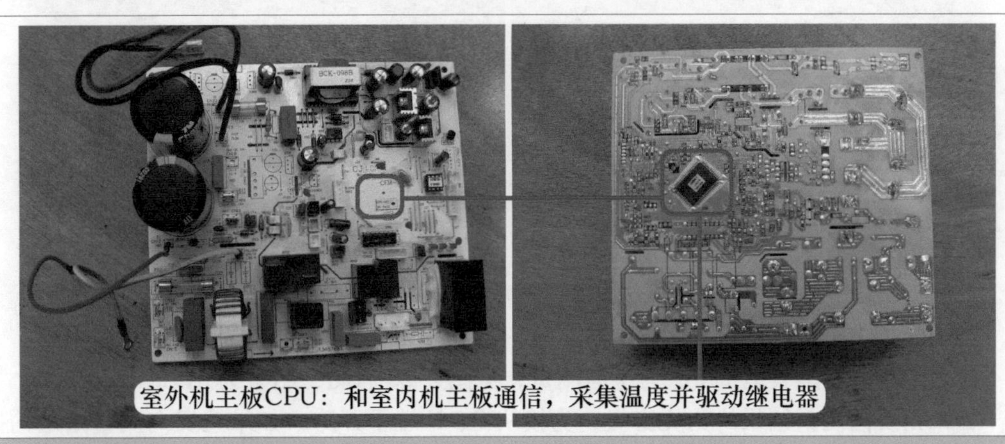

图 2-17 海信 KFR-26GW/08FZBPC（a）室外机主板

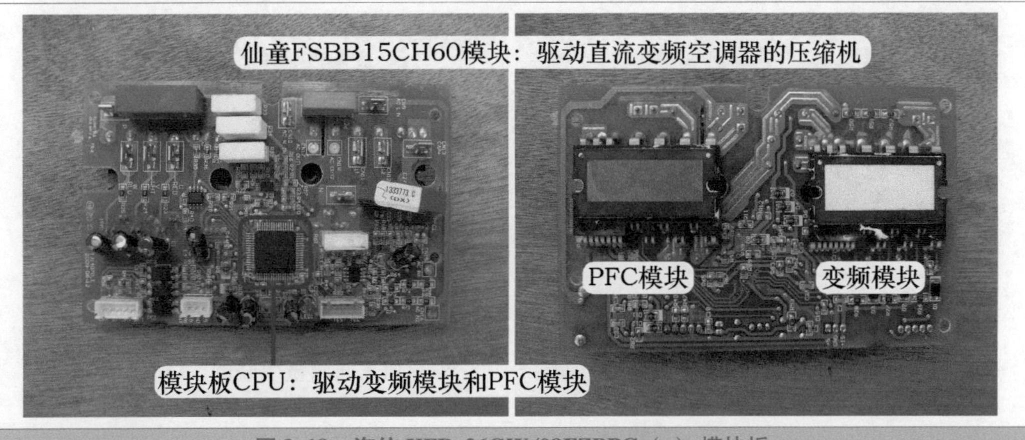

图 2-18 海信 KFR-26GW/08FZBPC（a）模块板

五、 模块测量方法

无论任何类型的模块使用万用表测量时，内部控制电路工作是否正常均不能判断，只能对内部6只开关管进行简单的检测。

从图2-3所示的模块内部IGBT开关管方框简图可知，万用表显示值实际为IGBT开关管并联6只续流二极管的测量结果，因此应选择二极管档，且P、N、U、V、W端子之间应符合二极管的特性。

各个空调器的模块测量方法基本相同，本节以测量海信空调器一款模块为例，实物见图2-19，介绍模块测量方法。

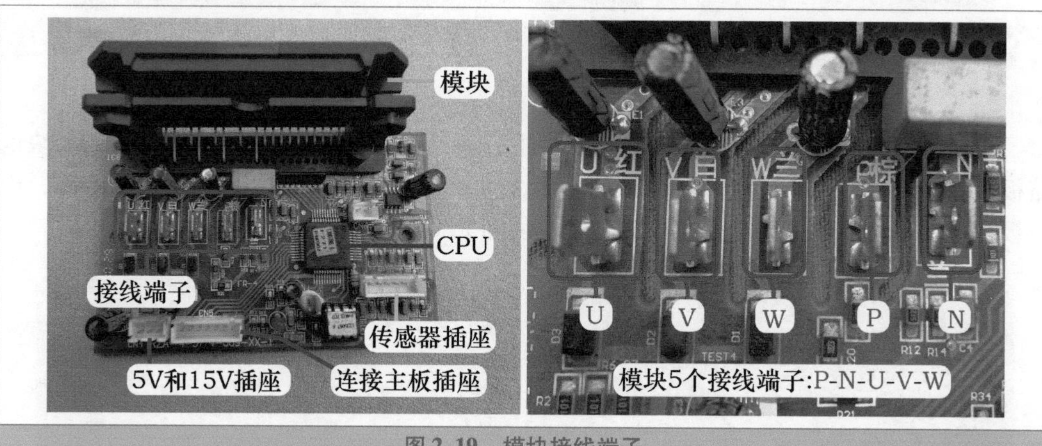

图2-19 模块接线端子

1. 测量P、N端子

相当于D1和D2（或D3和D4、D5和D6）串联。

红表笔接P、黑表笔接N，为反向测量，见图2-20左图，结果为无穷大。

红表笔接N、黑表笔接P，为正向测量，见图2-20右图，结果为817mV。

如果正反向测量结果均为无穷大，为模块P、N端子开路；如果正反向测量结果均接近0mV，为模块P、N端子短路。

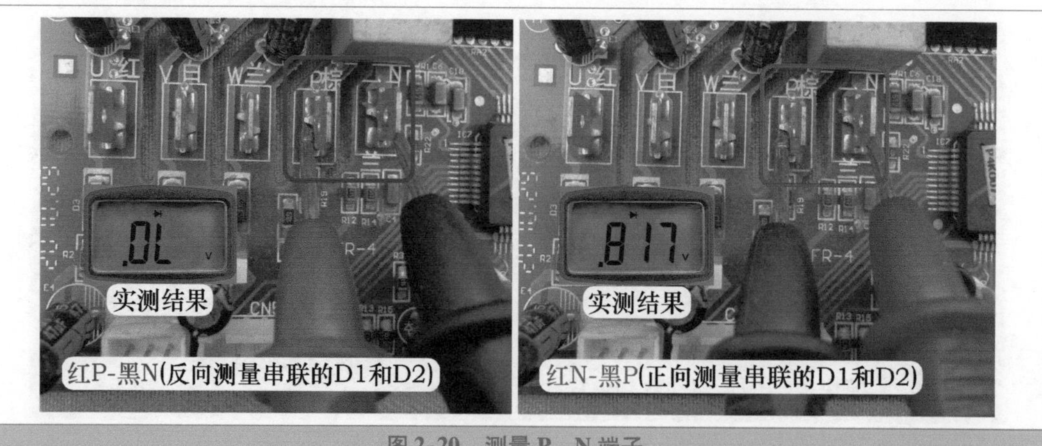

图2-20 测量P、N端子

2. 测量 P 与 U、V、W 端子

相当于测量 D1、D3、D5。

红表笔接 P，黑表笔接 U、V、W，为反向测量，测量过程见图 2-21，3 次结果相同，应均为无穷大。

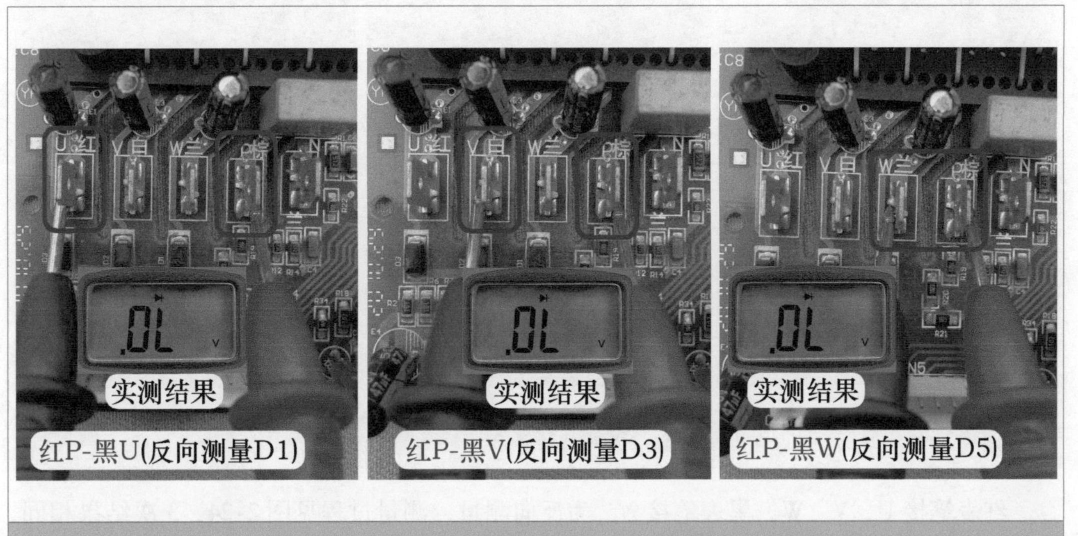

图 2-21　反向测量 P 与 U-V-W 端子

红表笔接 U、V、W，黑表笔接 P，为正向测量，测量过程见图 2-22，3 次结果相同，应均为 450mV。

如果反向测量或正向测量时 P 与 U、V、W 端结果接近 0mV，则说明模块 PU、PV、PW 结被击穿。实际损坏时有可能是 PU、PV 结正常，只有 PW 结被击穿。

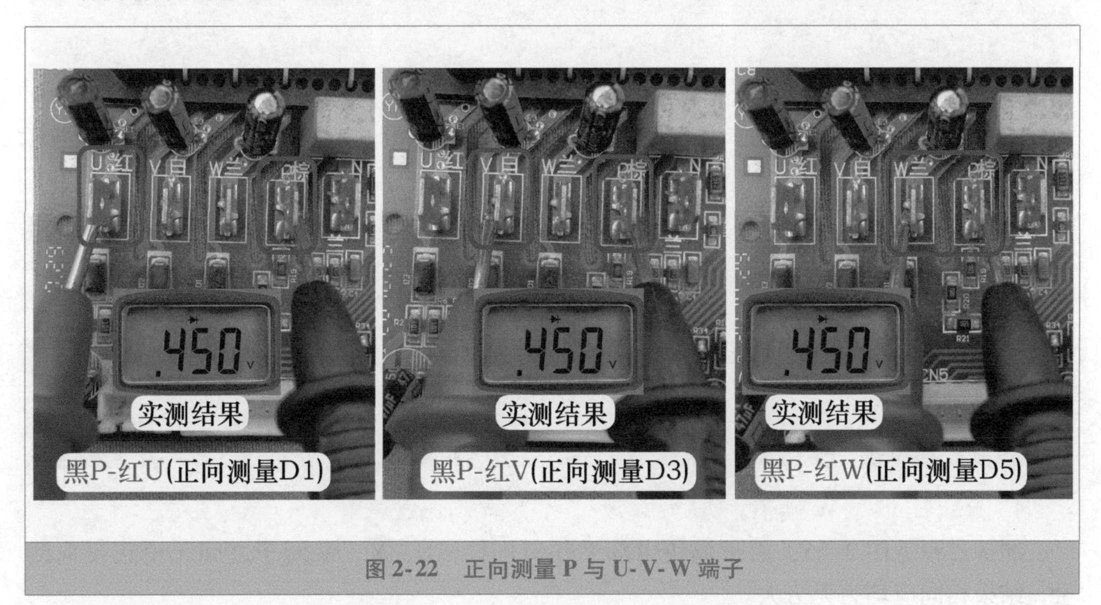

图 2-22　正向测量 P 与 U-V-W 端子

3. 测量 N 与 U、V、W 端子

相当于测量 D2、D4、D6。

红表笔接N，黑表笔接U、V、W，为正向测量，测量过程见图2-23，3次结果相同，应均为451mV。

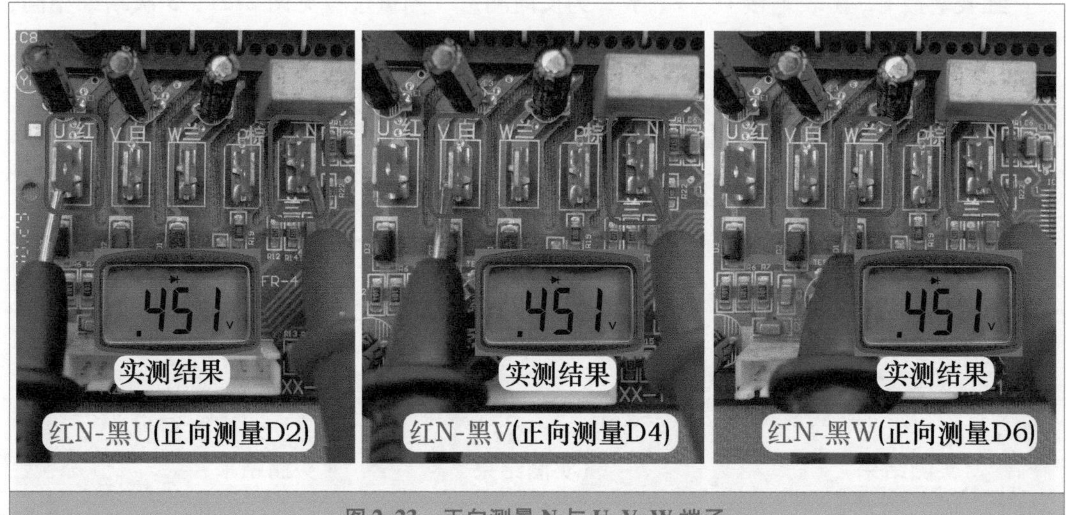

图2-23 正向测量N与U-V-W端子

红表笔接U、V、W，黑表笔接N，为反向测量，测量过程见图2-24，3次结果相同，应均为无穷大。

如果反向测量或正向测量时，N与U、V、W端结果接近0mV，则说明模块NU、NV、NW结被击穿。实际损坏时有可能是NU、NW结正常，只有NV结被击穿。

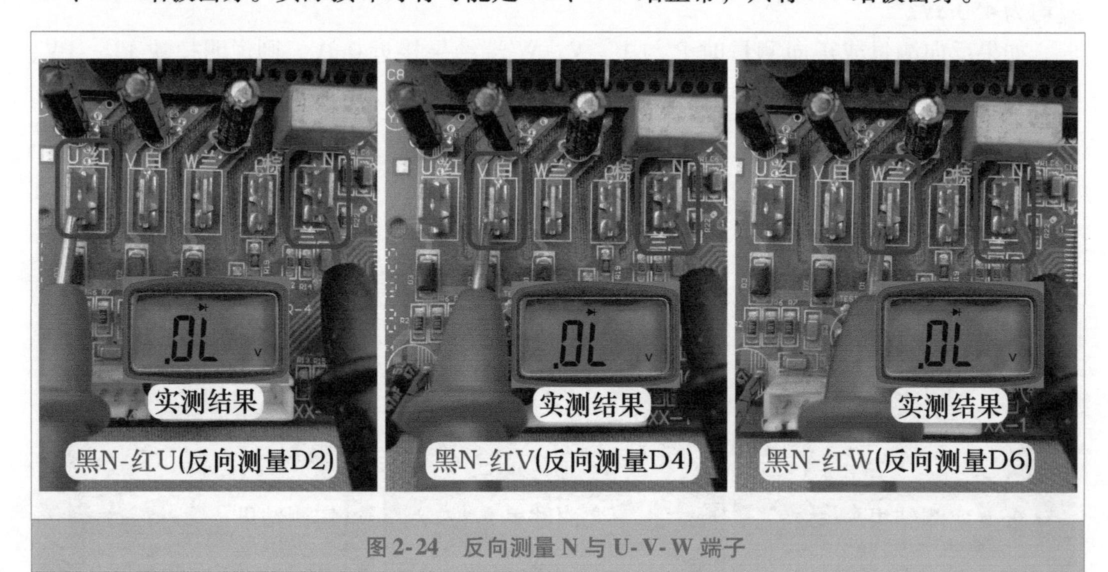

图2-24 反向测量N与U-V-W端子

4. 测量U、V、W端子

测量过程见图2-25，由于模块内部无任何连接，U、V、W端子之间无论正反向测量，结果相同应均为无穷大。

如果结果接近0mV，则说明UV、UW、VW结被击穿。实际维修时U、V、W之间击穿损坏比例较少。

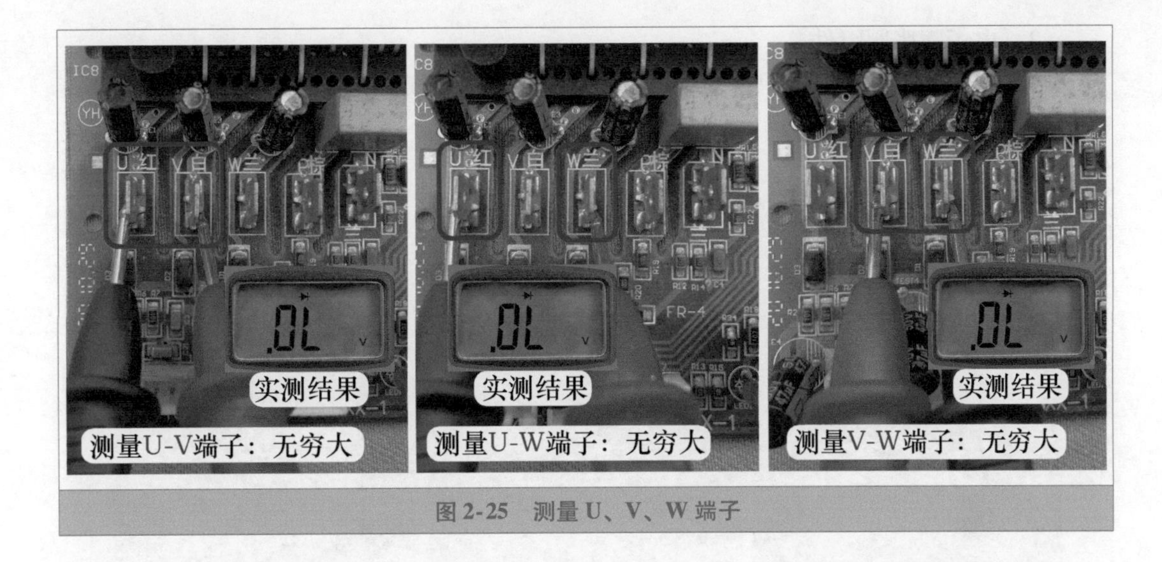

图 2-25　测量 U、V、W 端子

第二节　主要元器件

主要元器件是指变频空调器电控系统比较重要的电气元件，并且在定频空调器电控系统中没有使用，工作部位通常在大电流状态，比较容易损坏。将主要元器件集结为一节，对其作用、实物外形、测量方法等做简单说明。

一、电子膨胀阀

1. 基础知识

(1) 安装位置

电子膨胀阀通常是垂直安装在室外机，见图 2-26，其在制冷系统中的作用和毛细管相同，即降压节流和调节制冷剂流量。

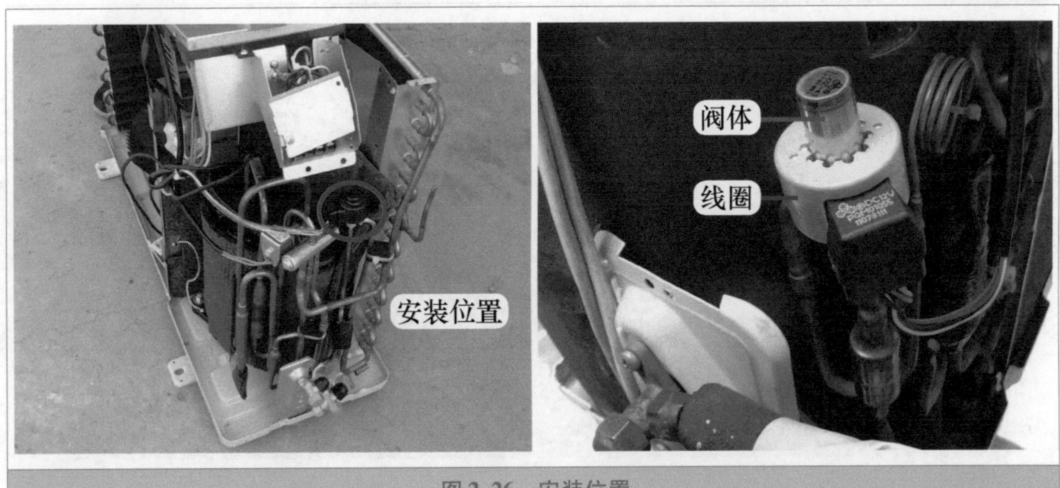

图 2-26　安装位置

（2）电子膨胀阀组件

见图2-27，电子膨胀阀组件由线圈和阀体组成，线圈连接室外机电控系统，阀体连接制冷系统，其中线圈通过卡箍卡在阀体上面。

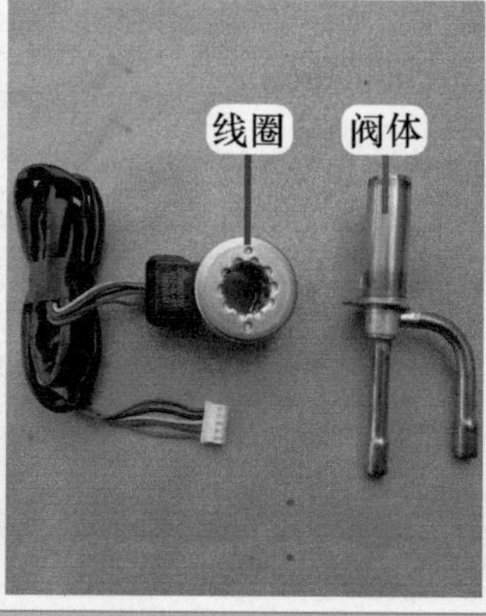

图2-27 电子膨胀阀组件

（3）型号

示例电子膨胀阀由三花公司生产。见图2-28左图，线圈型号为Q12-GL-01，表示为格力公司定制的Q系列阀体使用的线圈，供电电压为直流12V，16082041为物料编号。

见图2-28右图，阀体型号为1.65C-06，1.65为阀孔通径，C表示使用在制冷剂为R410A的系统（A为R22制冷剂、B为R407C制冷剂），06表示为设计序列号，16071262为格力配件的物料编号。

示例膨胀阀的阀孔通径为1.65mm，其名义容量为5.3kW，使用在1.5P的空调器中，阀孔通径和空调器匹数的对应关系见表2-1。

表2-1 阀孔通径和空调器匹数的对应关系

阀孔通径/mm	1.3	1.65	1.8	2.2	2.4	3.0	3.2
空调器匹数/P	1~1.25	1.5~2	2~2.5	2.5~3	3~4	5~6	6~7

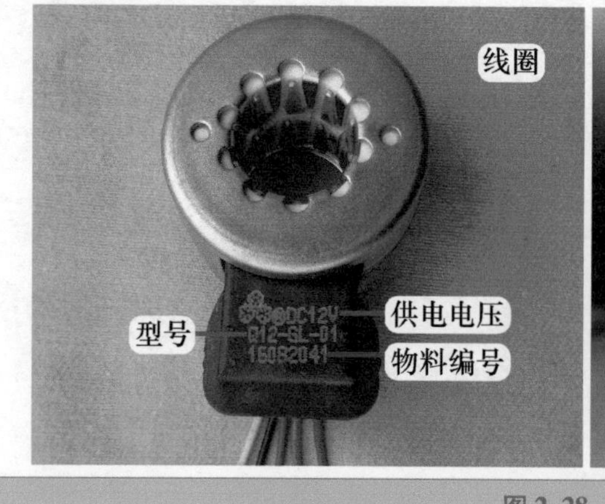

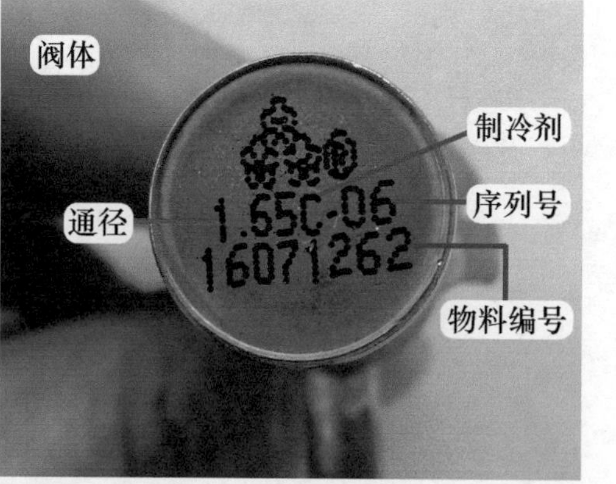

图2-28 型号

（4）主要部件

见图2-29，阀体主要由转子、阀杆、底座组成，和线圈一起称为电子膨胀阀的四大部件。

线圈：相当于定子，将电控系统输出的电信号转换为磁场，从而驱动转子转动。

转子：由永久磁铁构成，顶部连接阀杆，工作时接受线圈的驱动，做正转或反转的螺旋回转运动。

阀杆：通过中部的螺钉固定在底座上面。由转子驱动，工作时转子带动阀杆做上行或下行的直线运动。

底座：主要由黄铜组成，上方连接阀杆，下方引出2根管子连接制冷系统。

辅助部件设有限位器和圆筒铁皮。

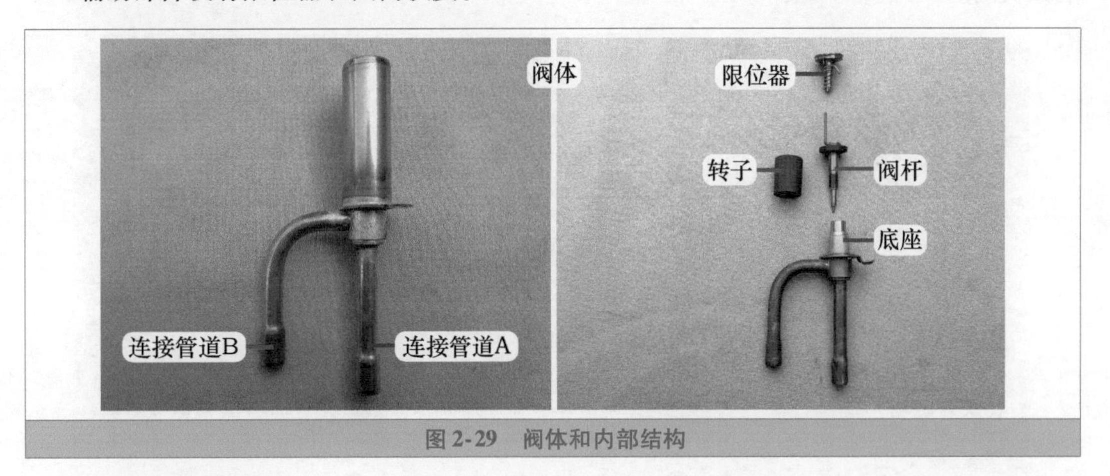

图2-29 阀体和内部结构

（5）制冷剂流向

示例电子膨胀阀连接管道为h形，共有2根铜管与制冷系统连接。假定正下方的竖管称为A管，其连接二通阀；横管称为B管，其连接冷凝器出管。

制冷模式：制冷剂流动方向为B→A，见图2-30左图，冷凝器流出低温高压液体，经毛细管和电子膨胀阀双重节流后变为低温低压液体，再经二通阀由连接管道送至室内机的蒸发器。

制热模式：制冷剂流动方向为A→B，见图2-30右图，蒸发器（此时相当于冷凝器出口）流出低温高压液体，经二通阀送至电子膨胀阀和毛细管双重节流，变为低温低压液体，送至冷凝器出口（此时相当于蒸发器进口）。

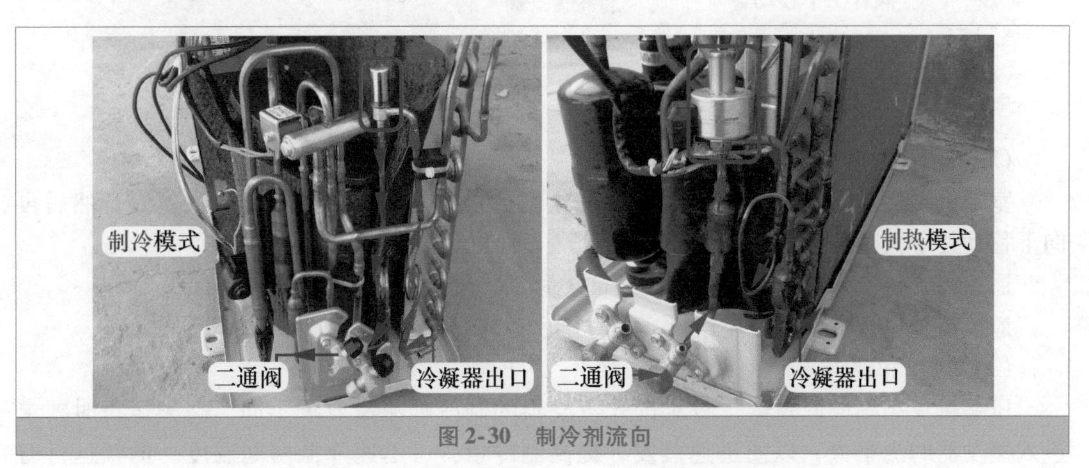

图2-30 制冷剂流向

2. 工作原理

（1）驱动流程

CPU需要控制电子膨胀阀工作时，输出4路驱动信号，经反相驱动器反相放大后，经插座送至线圈，线圈将电信号转换为磁场，带动阀体内转子螺旋转动，转子带动阀杆向上或向下垂直移动，阀针上下移动，改变阀孔的间隙，使阀体的流通截面积发生变化，改变制冷剂流过时的压力，从而改变节流压力和流量，使进入蒸发器的流量与压缩机运行速度相适应，达到精确调节制冷量的目的。

膨胀阀驱动流程：见图2-31，CPU→反相驱动器→线圈→转子→阀杆→阀针→阀孔开启或关闭。

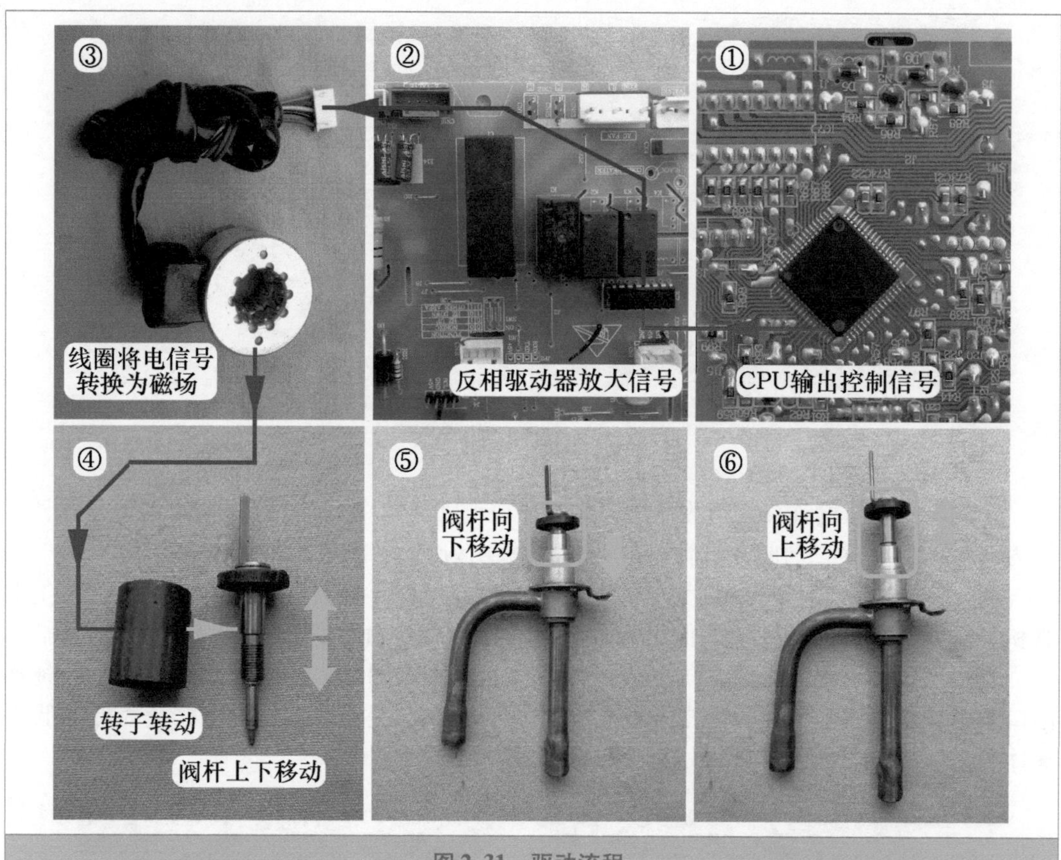

图2-31 驱动流程

（2）阀杆位置

室外机CPU上电复位：控制电子膨胀阀时，首先是向上移动处于最大位置，然后再向下移动处于关闭位置，此时为待机状态。

遥控器开机：室外机运行，则阀杆向上移动，处于节流降压状态。

遥控器关机：室外机停止运行，延时过后，阀杆向下移动，处于关闭位置。

（3）优点和缺点

压缩机在高频或低频运行时对进入蒸发器的制冷剂流量要求不同，高频运行时要求进入蒸发器的流量大，以便迅速蒸发，提高制冷量，可迅速降低房间温度；低频运行时要求进入蒸发器的流量小，降低制冷量，以便维持房间温度。

使用毛细管作为节流元件，由于节流压力和流量为固定值，因而在一定程度上降低了变频空调器的优势；而使用电子膨胀阀作为节流元件则适合制冷剂流量变化的要求，从而最大程度发挥变频空调器的优势，提高系统制冷量。

使用电子膨胀阀的变频空调器，由于运行过程中需要同时调节两个变量，这也要求室外机主板上 CPU 有很高的运算能力；同时电子膨胀阀与毛细管相比成本较高，因此一般使用在高档空调器中。

如果电子膨胀阀的开度控制不好（即和压缩机转速不匹配），制冷量会下降甚至低于使用毛细管作为节流元件的变频空调器。

3. 测量线圈阻值

线圈根据引线数量分为 2 种：1 种为 6 根引线，其中 2 根引线连在一起为公共端接电源直流 12V，余下 4 根引线接 CPU 控制；另 1 种为 5 根引线，见图 2-32，1 根为公共端接直流 12V（示例为蓝线），余下 4 根接 CPU 控制（黑线、黄线、红线、橙线）。

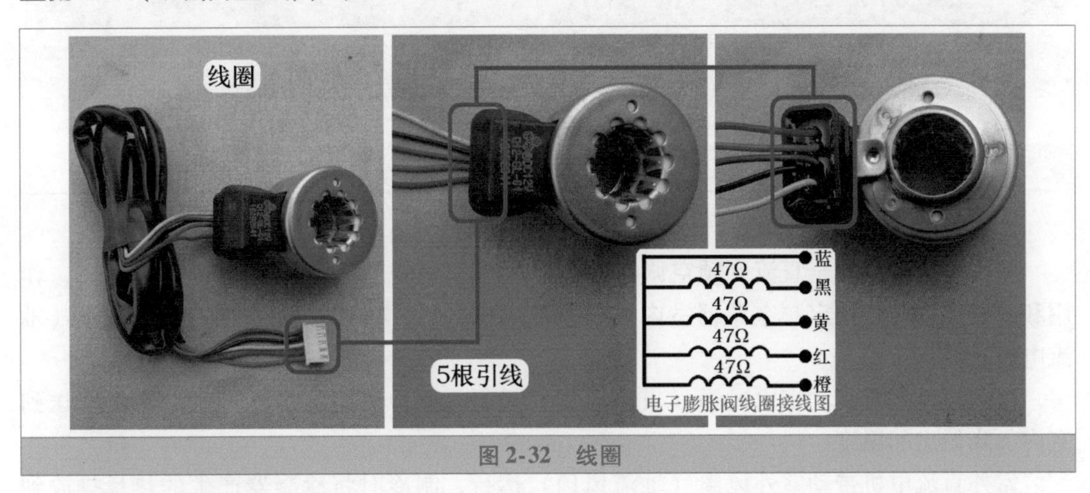

图 2-32 线圈

测量电子膨胀阀线圈方法和测量步进电机线圈相同，使用万用表电阻档，见图 2-33，黑表笔接公共端蓝线，红表笔测量 4 根控制引线，蓝与黑、蓝与黄、蓝与红、蓝与橙的阻值均为约 47Ω。

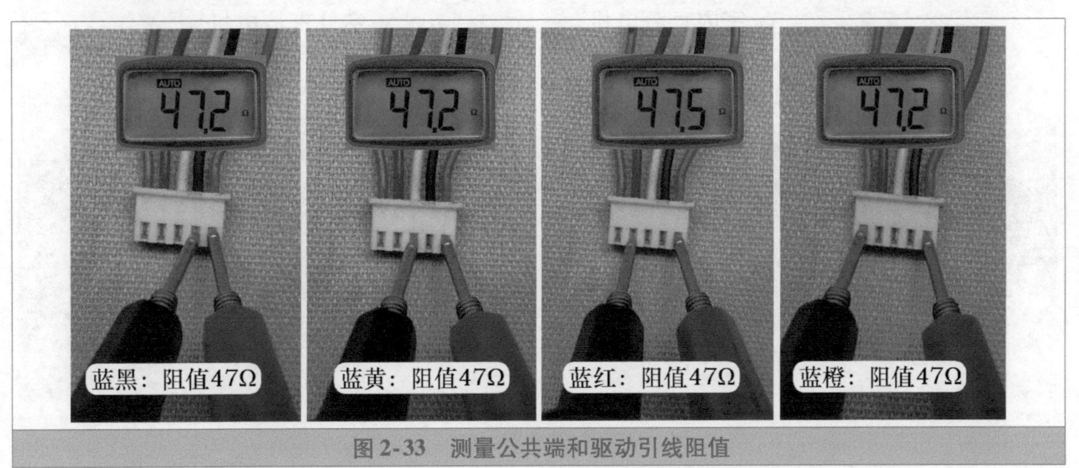

图 2-33 测量公共端和驱动引线阻值

4 根接驱动控制的引线之间阻值，应为公共端与 4 根引线阻值的 2 倍。见图 2-34，实测黑与黄、黑与红、黑与橙、黄与红、黄与橙、红与橙阻值相等，均为约 94Ω。

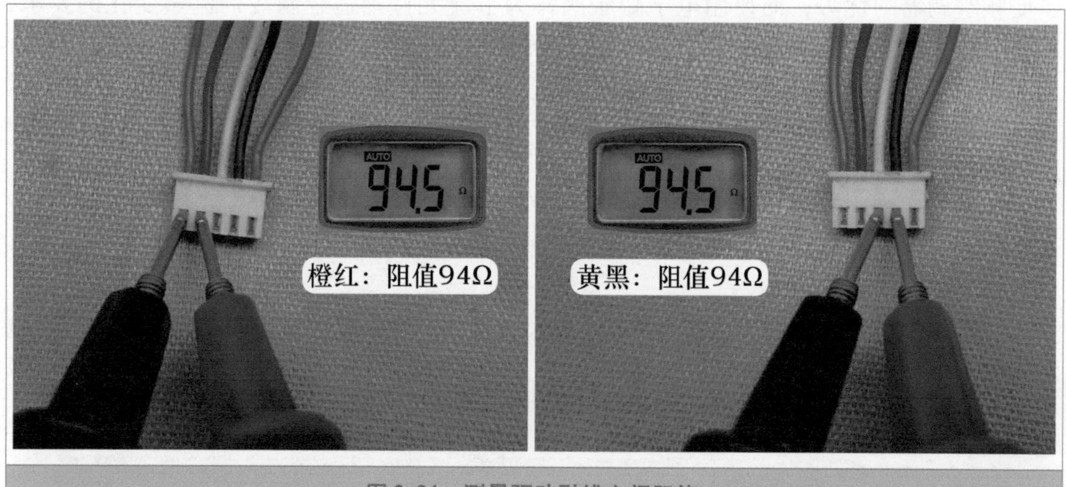

图 2-34　测量驱动引线之间阻值

二、直流电机

1. 作用

直流电机应用在全直流变频空调器的室内风机和室外风机，安装位置见图 2-35，作用和安装位置与普通定频空调器室内机的室内风机（PG 电机）、室外机的室外风机（轴流电机）相同。

室内直流电机带动室内风扇（贯流风扇）运行，制冷时将蒸发器产生的冷量输送到室内，降低房间温度。

室外直流电机带动室外风扇（轴流风扇）运行，制冷时将冷凝器产生的热量排放到室外，吸入自然空气为冷凝器降温。

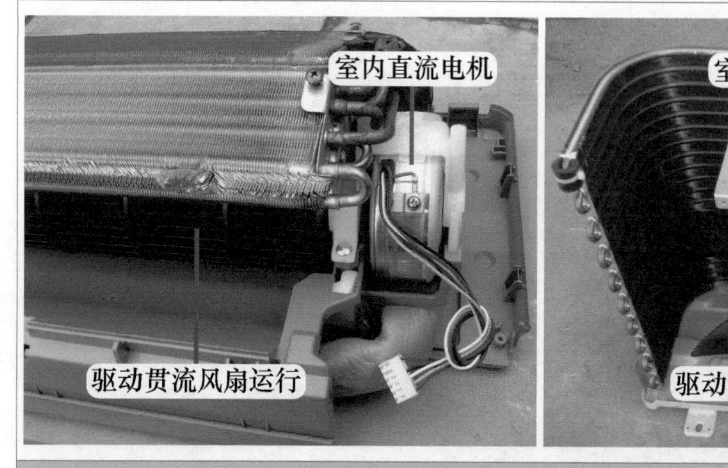

图 2-35　室内和室外直流风机安装位置

2. 剖解直流电机

直流电机和交流电机最主要的区别有两点，一是直流电机供电电压为直流 300V，二是转子为永磁铁，直流电机也称为无刷直流电机。

由于室内直流电机和室外直流电机的内部结构基本相同，本节以室内风机使用的直流电机为例，介绍内部结构等知识。

（1）实物外形和组成

见图 2-36 左图，示例电机为松下公司生产，型号为 ARW40N8P30MS，8 极（转速约 750r/min），功率为 30W，供电为直流 280～340V。

见图 2-36 右图，直流电机由上盖、转子（含上轴承、下轴承）、定子（内含线圈和下盖）、控制电路板（主板）组成。

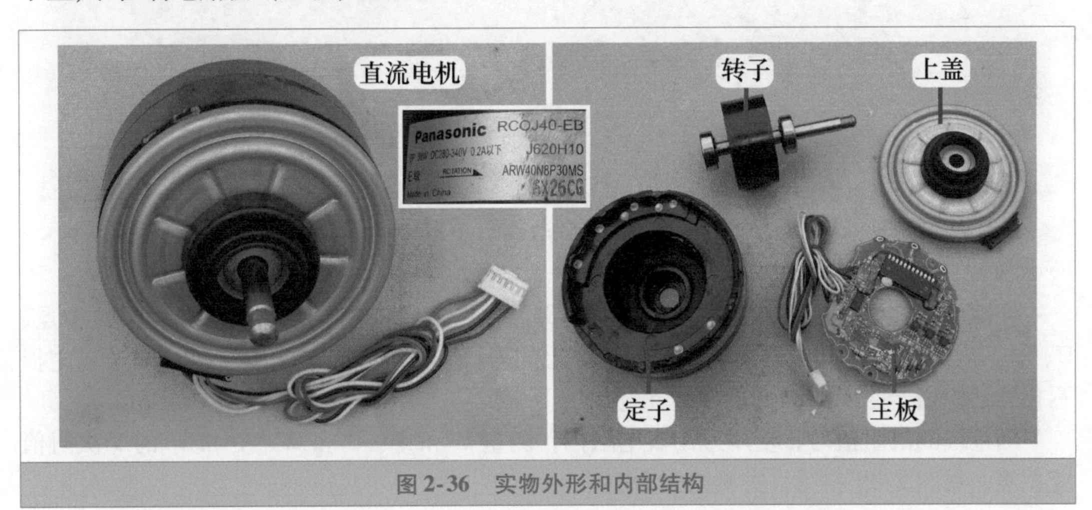

图 2-36 实物外形和内部结构

（2）转子组件

见图 2-37，转子组件主要由主轴、转子、上轴承、下轴承等组成。直流电机的转子和交流电机的转子不同的地方是，其由永久磁铁构成，表面有很强的吸力，将螺钉旋具（俗称螺丝刀）放在上面，能将铁杆部分紧紧地吸住。

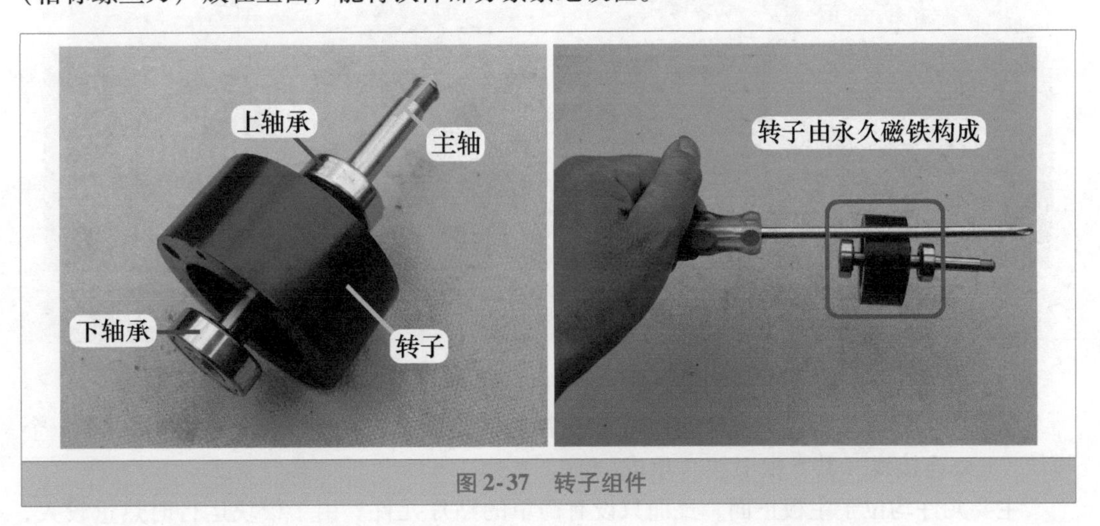

图 2-37 转子组件

（3）定子组件

定子组件由定子和下盖组成，并塑封为一体，见图2-38。线圈塑封固定在定子内部，从外面看不到线圈，只能看到接线端子；下盖设有轴承孔，安装转子组件中的下轴承，将转子安装到下轴承孔时，转子的磁铁部分和定子在高度上相对应。

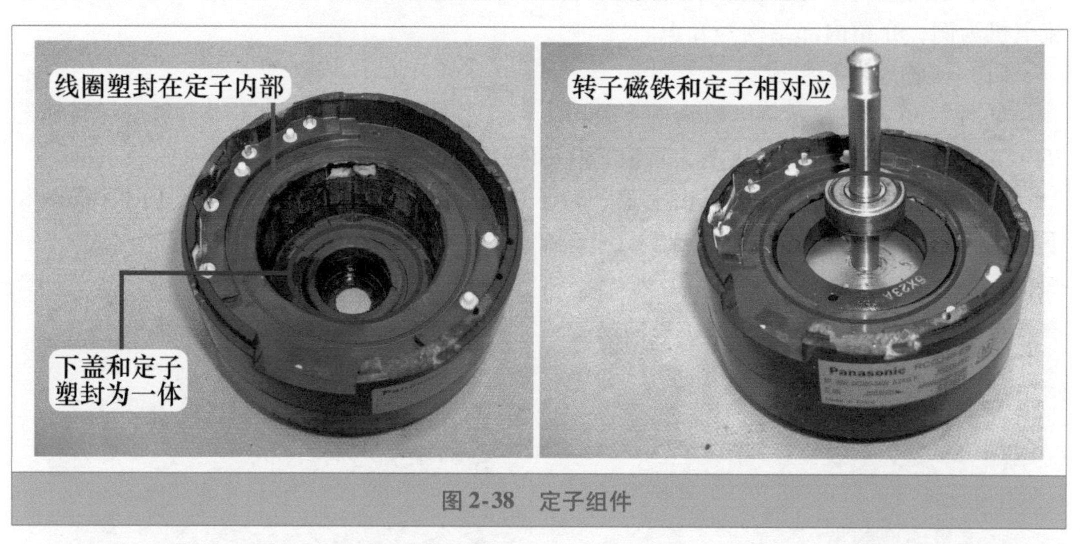

图2-38　定子组件

线圈塑封在定子内部，共引出4个接线端子，见图2-39左图，分别为线圈的中点、U、V、W。U-V-W和电机内部主板的模块上的U-V-W对应连接，中点接线端子和主板不相连，相当于空闲的端子。

测量线圈的阻值时，使用万用表电阻档，测量U和V、U和W、V和W的3次阻值应相等，见图2-39右图，实测约为80Ω。

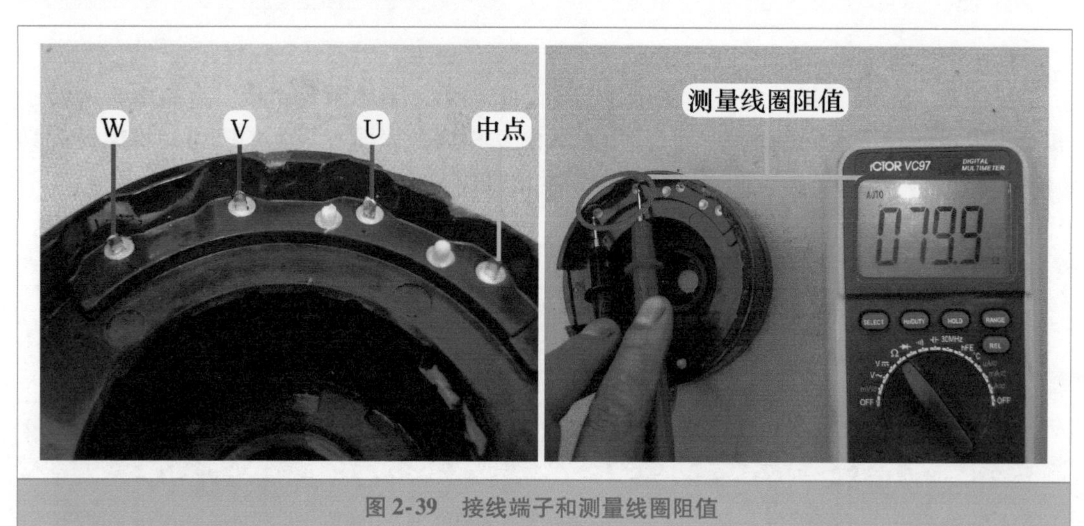

图2-39　接线端子和测量线圈阻值

（4）主板

电机内部设有主板，见图2-40，主要由控制电路集成块、3个驱动电路集成块、1个模块、1束连接线（共5根引线）组成。

主要元件均位于主板正面，反面只设有简单的贴片元件。由于模块运行时热量较大，其表面涂有散热硅脂，紧贴在上盖，由上盖的铁壳为模块散热。

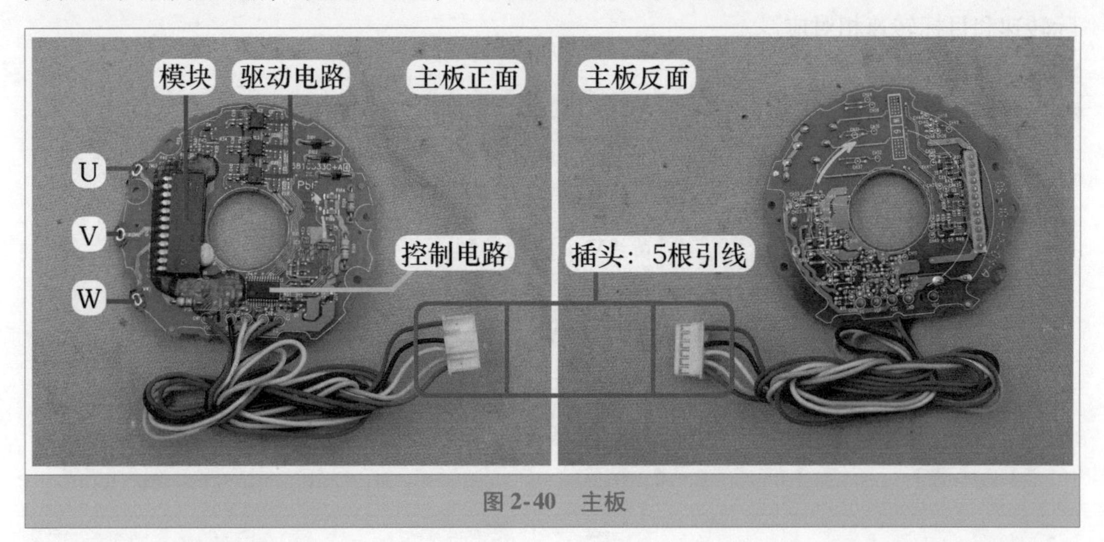

图 2-40 主板

（5）5 根连接线

见图 2-41，无论是室内直流电机还是室外直流电机，插头均只有 5 根连接线，插头一端连接电机内部的主板，插头另一端和室内机或室外机主板相连，为电控系统构成通路。

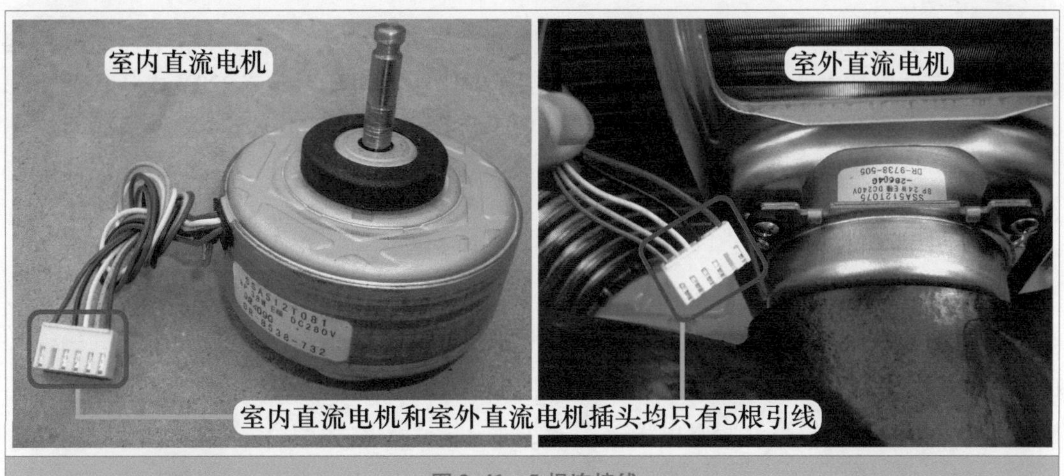

图 2-41 5 根连接线

连接线作用见图 2-42。

① 号红线 V_{DC}：直流 300V 电压正极引线，和②号黑线直流地组合成为直流 300V 电压，为主板内模块供电，其输出电压驱动电机线圈。

② 号黑线 GND：直流电压 300V 和 15V 的公共端地线。

③ 号白线 V_{CC}：直流 15V 电压正极引线，和②号黑线直流地组合成为直流 15V 电压，为主板的弱信号控制电路供电。

④ 号黄线 V_{SP}：驱动控制引线，室内机或室外机主板 CPU 输出的转速控制信号，由驱动控制引线送至电机内部控制电路，控制电路处理后驱动模块可改变电机转速。

⑤ 号蓝线 FG：转速反馈引线，直流电机运行后，内部主板输出实时的转速信号，由

转速反馈引线送到室内机或室外机主板，供CPU分析判断，并与目标转速相比较，使实际转速和目标转速相对应。

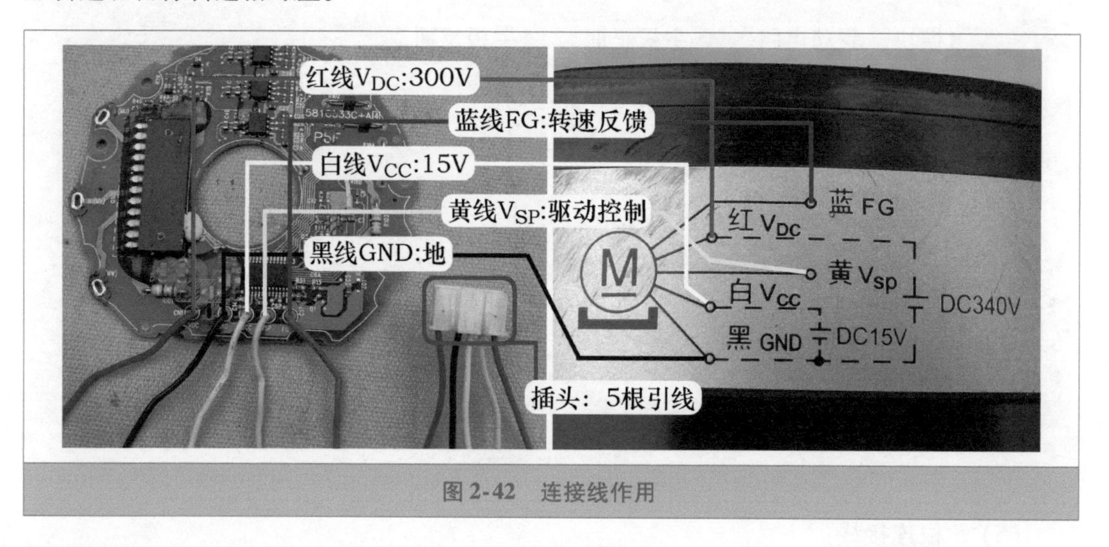

图2-42　连接线作用

三、 PTC电阻

1. 作用

PTC电阻为正温度系数热敏电阻，阻值随温度上升而变大，与室外机主控继电器触点并联。室外机初次通电，主控继电器因无工作电压触点断开，交流220V电压通过PTC电阻对滤波电容充电，PTC电阻通过电流时由于温度上升阻值也逐渐变大，从而限制充电电流，防止由于电流过大造成硅桥损坏等故障。在室外机供电正常后，CPU控制主控继电器触点闭合，PTC电阻便不起作用。

2. 安装位置

PTC电阻安装在室外机主板主控继电器附近，见图2-43，引脚与继电器触点并联，外观为黑色的长方体电子元件，共有2个引脚。

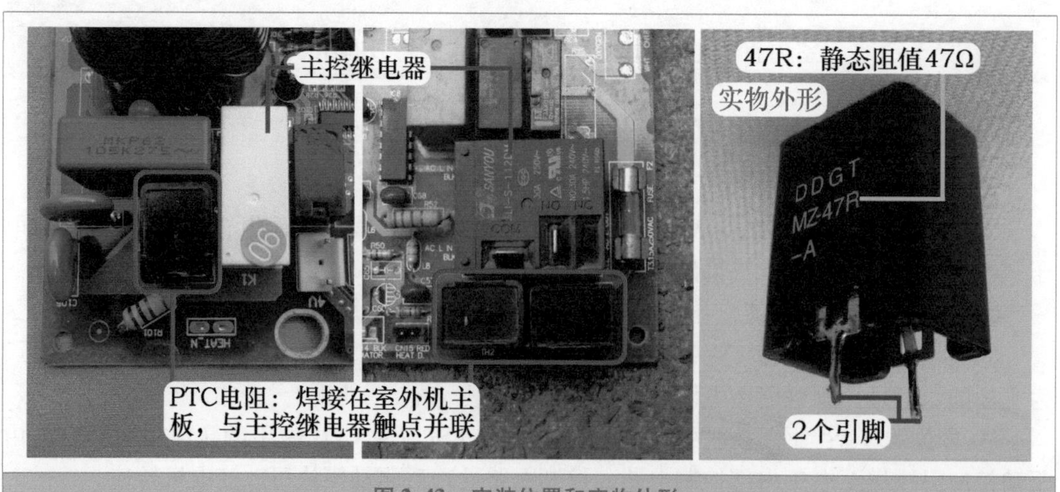

图2-43　安装位置和实物外形

3. 外置式 PTC 电阻

早期空调器使用外置式 PTC 电阻，没有安装在室外机主板上面，见图 2-44，安装在室外机电控盒内，通过引线和室外机主板连接。外置式 PTC 电阻主要由 PTC 元件、绝缘垫片、接线端子、外壳、顶盖等组成。

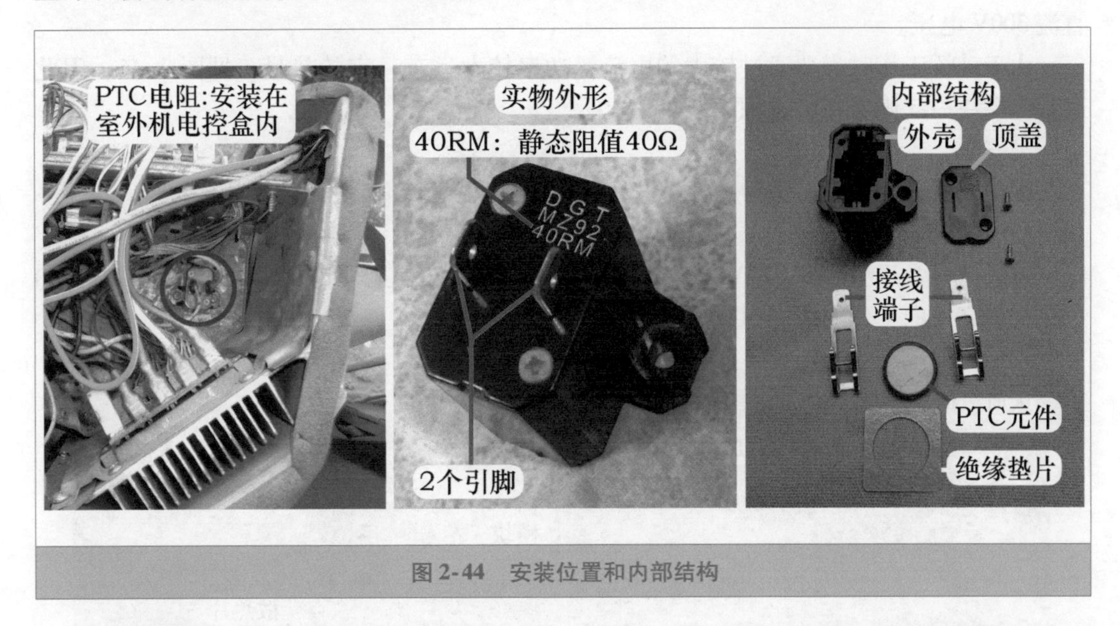

图 2-44 安装位置和内部结构

4. 测量阻值

PTC 使用型号通常为 25℃/47Ω，见图 2-45 左图，常温下测量阻值为 50Ω 左右，表面温度较高时测量阻值为无穷大。常见为开路故障，即常温下测量阻值为无穷大。

由于 PTC 电阻 2 个引脚与室外机主控继电器 2 个触点并联，使用万用表电阻档，见图 2-45 右图，测量继电器的 2 个端子（触点）就相当于测量 PTC 电阻的 2 个引脚，实测阻值约为 50Ω。

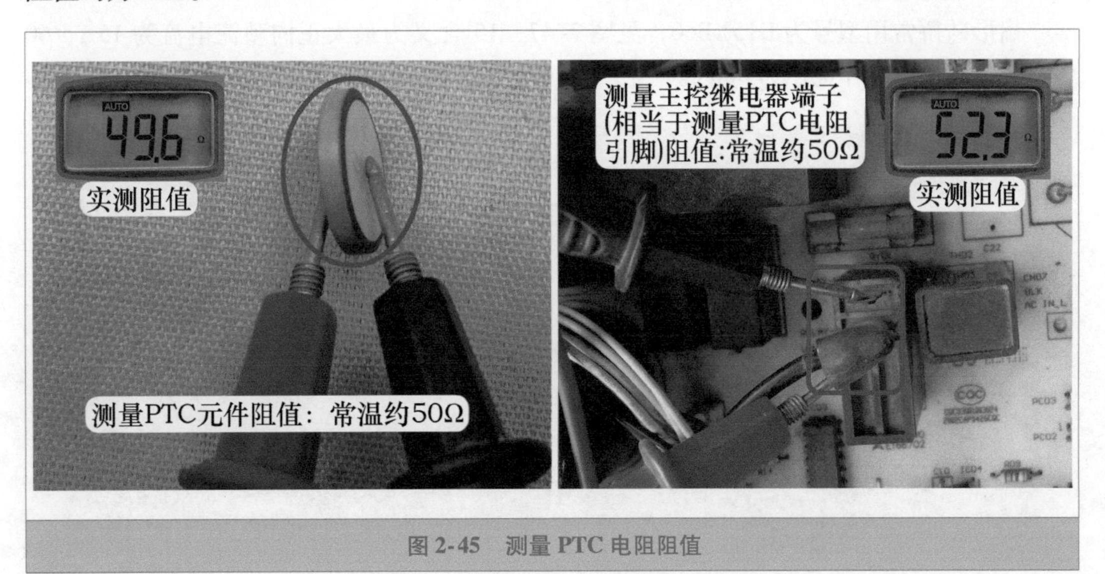

图 2-45 测量 PTC 电阻阻值

四、硅桥

1. 作用

硅桥内部为4只整流二极管组成的桥式整流电路，将交流220V电压整流成为脉动的直流300V电压。

由于硅桥工作时需要通过较大的电流，功率较大且有一定的热量，见图2-46，因此通常与模块一起固定在大面积的散热片上。

2. 分类

根据外观分类常见有3种：方形硅桥、扁形硅桥、PFC模块（内含硅桥）。

（1）方形硅桥

方形硅桥常用型号为S25VB60，见图2-46，25含义为最大正向整流电流为25A，60含义为最高反向工作电压为600V。

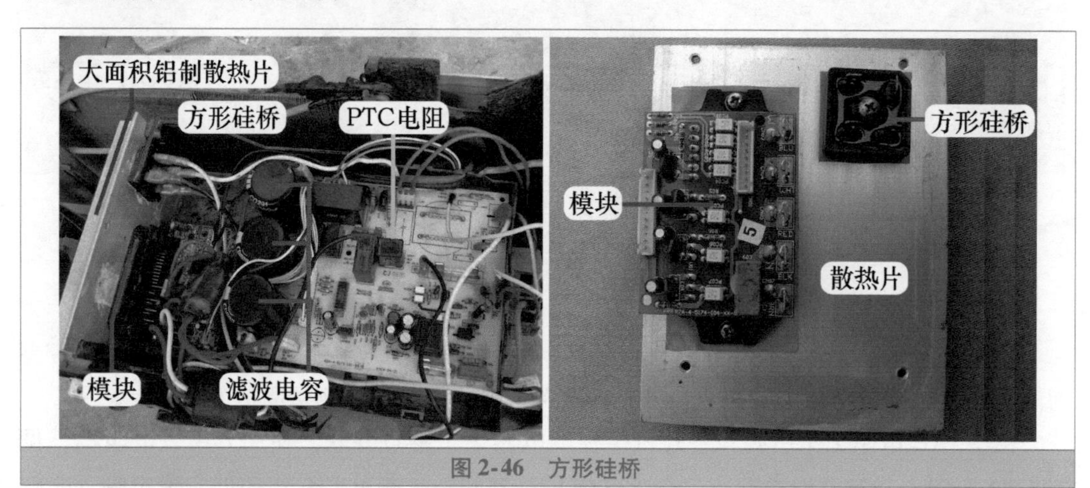

图2-46　方形硅桥

（2）扁形硅桥

扁形硅桥常用型号为D15XB60，见图2-47，15含义为最大正向整流电流为15A，60含义为最高反向工作电压为600V。

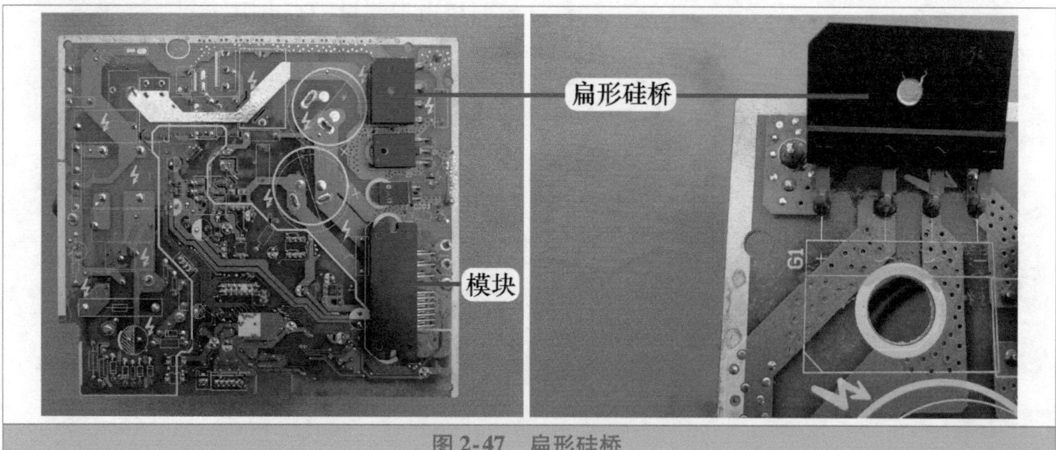

图2-47　扁形硅桥

(3) PFC 模块（内含硅桥）

目前变频空调器电控系统中还有一种设计方式，见图 2-48，就是将硅桥和 PFC 电路集成在一起，组成 PFC 模块，和驱动压缩机的变频模块设计在一块电路板上，因此在此类空调器中，找不到普通意义上的硅桥。

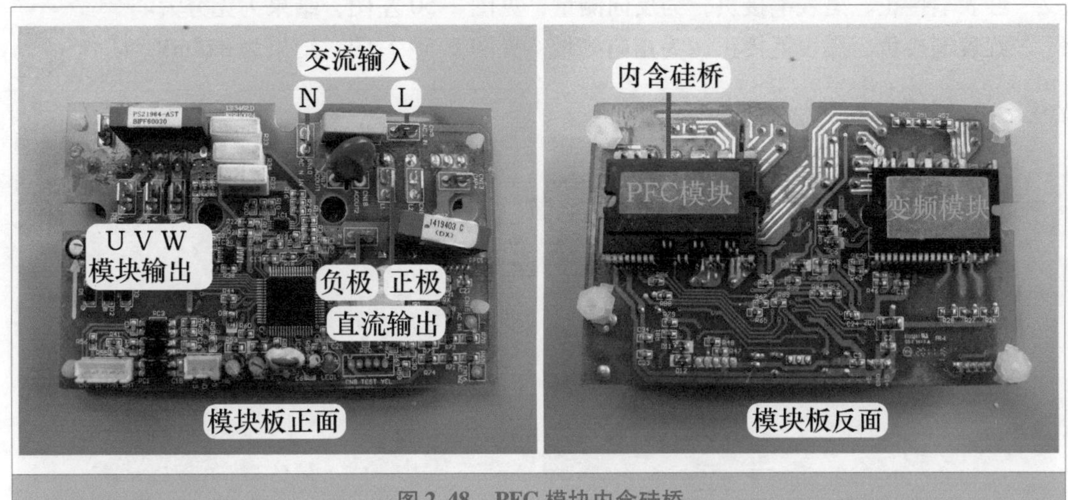

图 2-48 PFC 模块内含硅桥

3. 引脚作用和辨认方法

硅桥共有 4 个引脚，分别为两个交流输入端和两个直流输出端。两个交流输入端接交流 220V，使用时没有极性之分。两个直流输出端中的正极经滤波电感接滤波电容正极，负极直接与滤波电容负极相连。

方形硅桥：见图 2-49 左图，其中的 1 角有豁口，对应引脚为直流正极，对角线引脚为直流负极，其他 2 个引脚为交流输入端（使用时不分极性）。

扁形硅桥：见图 2-49 右图，其中 1 侧有 1 个豁口，对应引脚为直流正极，中间两个引脚为交流输入端，最后 1 个引脚为直流负极。

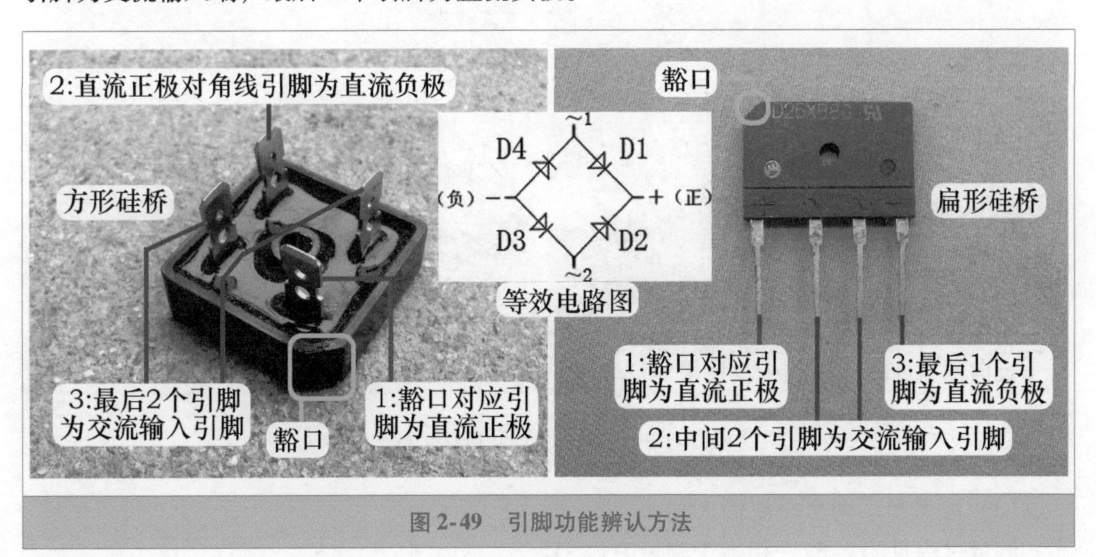

图 2-49 引脚功能辨认方法

4. 测量硅桥

硅桥内部为4只大功率的整流二极管，测量时应使用万用表二极管档。

（1）测量正、负端子

相当于测量串联的D1和D4（或串联的D2和D3）。

红表笔接正、黑表笔接负，为反向测量，见图2-50左图，结果为无穷大。

红表笔接负、黑表笔接正，为正向测量，见图2-50右图，结果为823mV。

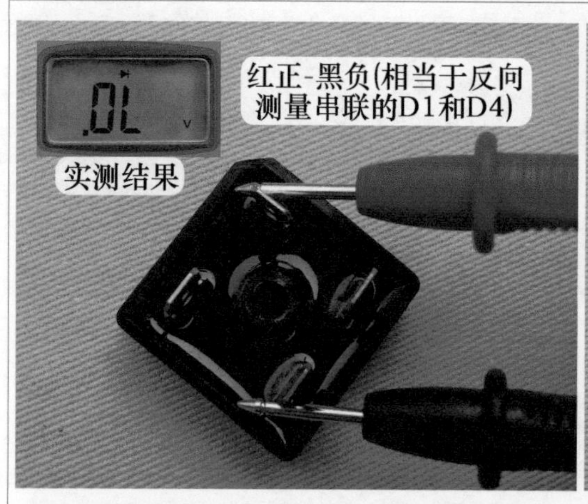

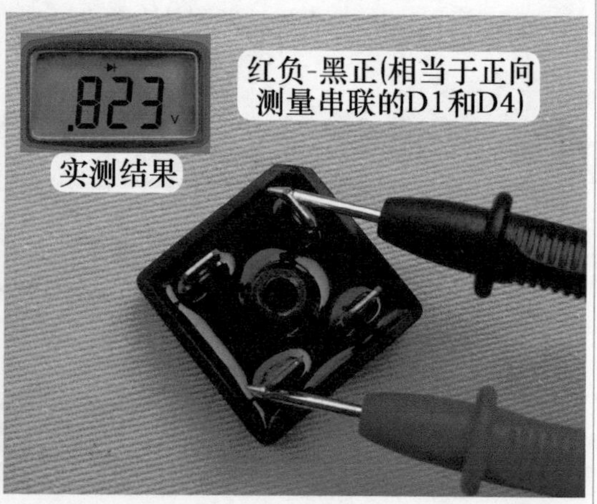

图2-50 测量正、负端子

（2）测量正、两个交流输入端

测量过程见图2-51，相当于测量D1、D2。

红表笔接正、黑表笔接交流输入端，为反向测量，两次结果相同，应均为无穷大。

红表笔接交流输入端、黑表笔接正，为正向测量，两次结果应相同，均为452mV。

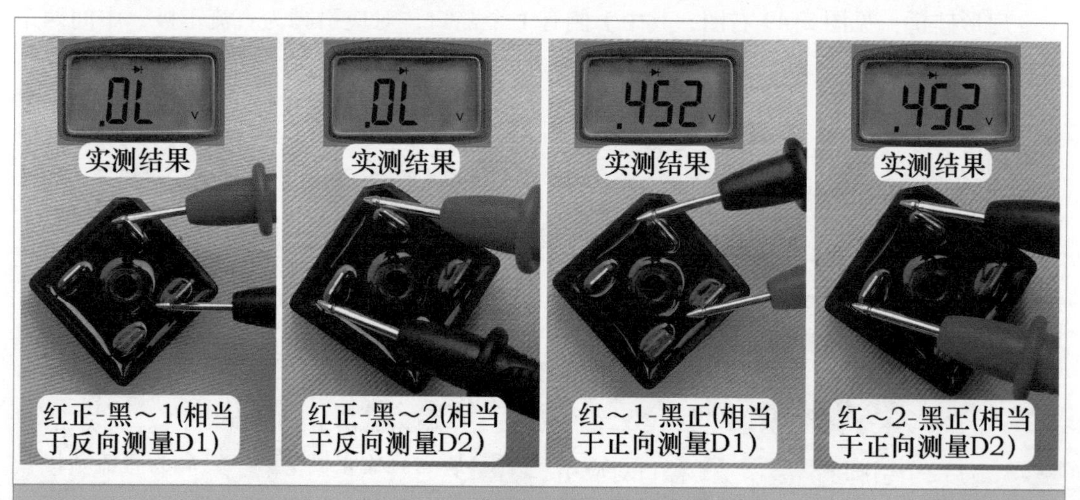

图2-51 测量正、两个交流输入端

（3）测量负、两个交流输入端

测量过程见图2-52，相当于测量D3、D4。

红表笔接负、黑表笔接交流输入端，为正向测量，两次结果相同，均为452mV。

红表笔接交流输入端、黑表笔接负，为反向测量，两次结果相同，均为无穷大。

图 2-52 测量负、两个交流输入端

(4) 测量交流输入端 ~1、~2

相当于测量反方向串联的 D1 和 D2（或 D3 和 D4），见图 2-53，由于为反向串联，因此两次测量结果应均为无穷大。

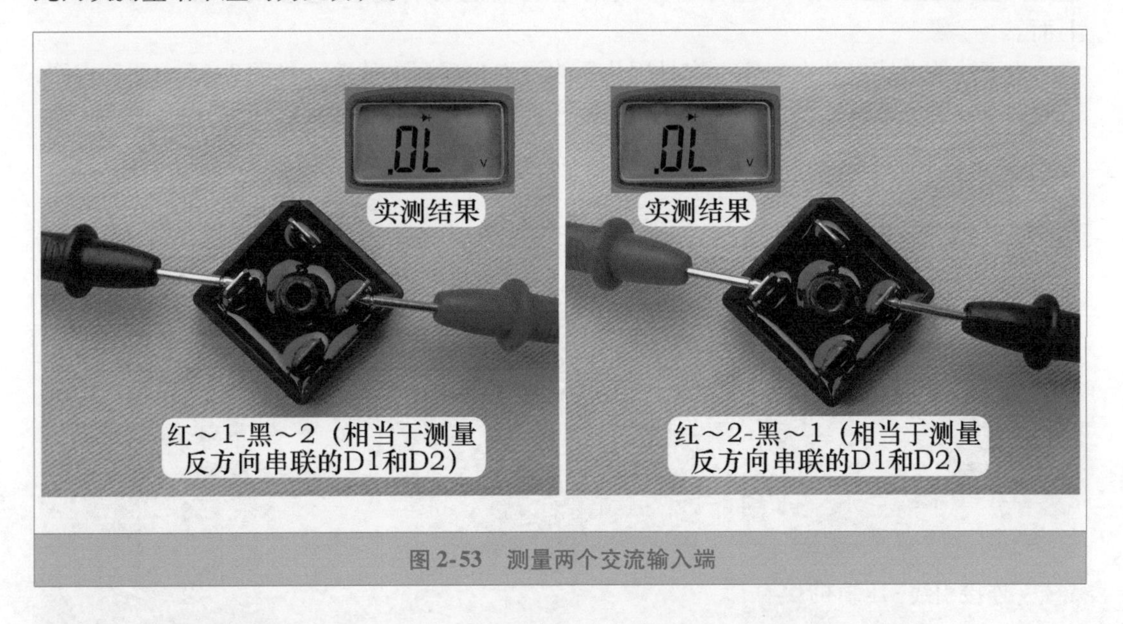

图 2-53 测量两个交流输入端

五、滤波电感

1. 作用和实物外形

根据电感线圈“通直流、隔交流”的特性，阻止由硅桥整流后直流电压中含有的交流成分通过，使输送滤波电容的直流电压更加平滑、纯净。

滤波电感实物外形见图2-54，将较粗的电感线圈按规律绕制在铁心上，即组成滤波电感。只有两个接线端子，没有正反之分。

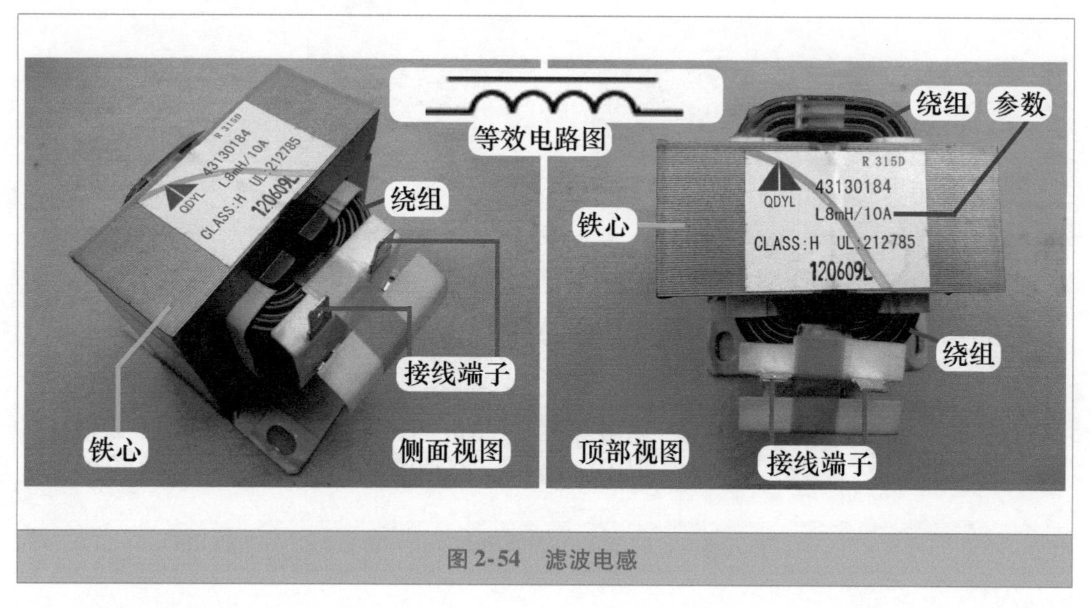

图2-54 滤波电感

2. 安装位置

滤波电感通电时会产生电磁频率、且自身较重容易产生噪声，为防止对主板控制电路产生干扰，见图2-55左图，早期的空调器通常将滤波电感设计在室外机底座上面。

由于滤波电感安装在底座上容易因化霜水浸泡出现漏电故障，见图2-55中图和右图，目前的空调器通常将滤波电感设计在挡风隔板的中部或电控盒的顶部。

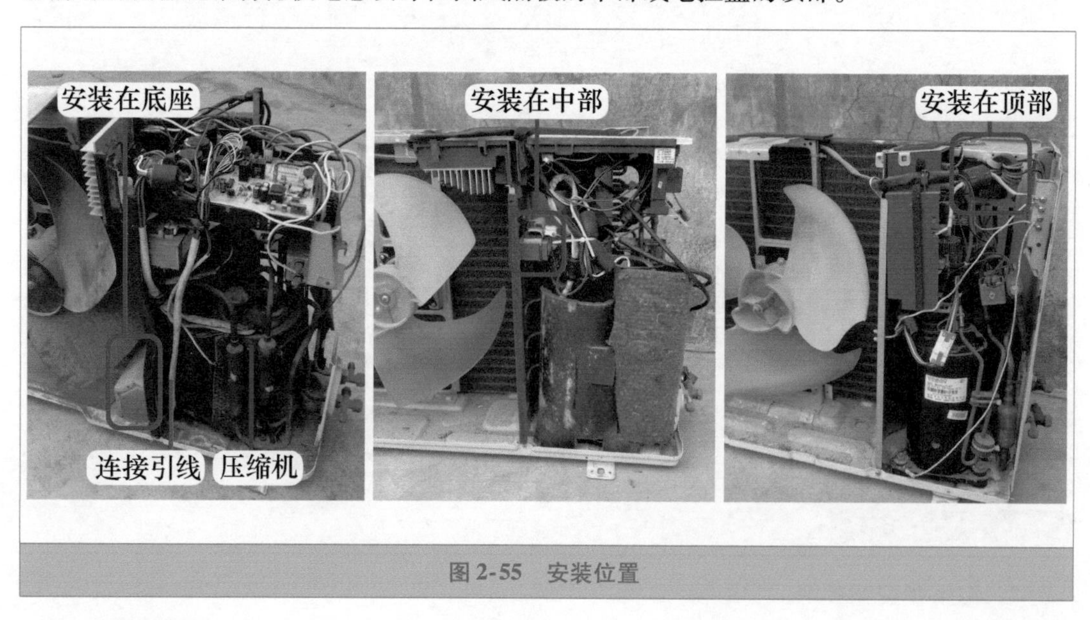

图2-55 安装位置

3. 测量方法

测量滤波电感阻值时，使用万用表电阻档，见图2-56左图，实测阻值约1Ω。

早期空调器因滤波电感位于室外机底部，且外部有铁壳包裹，直接测量其接线端子不是很方便，见图 2-56 右图，检修时可以测量两个连接引线的插头阻值，实测约 1Ω。如果实测阻值为无穷大，应检查滤波电感上引线插头是否正常。

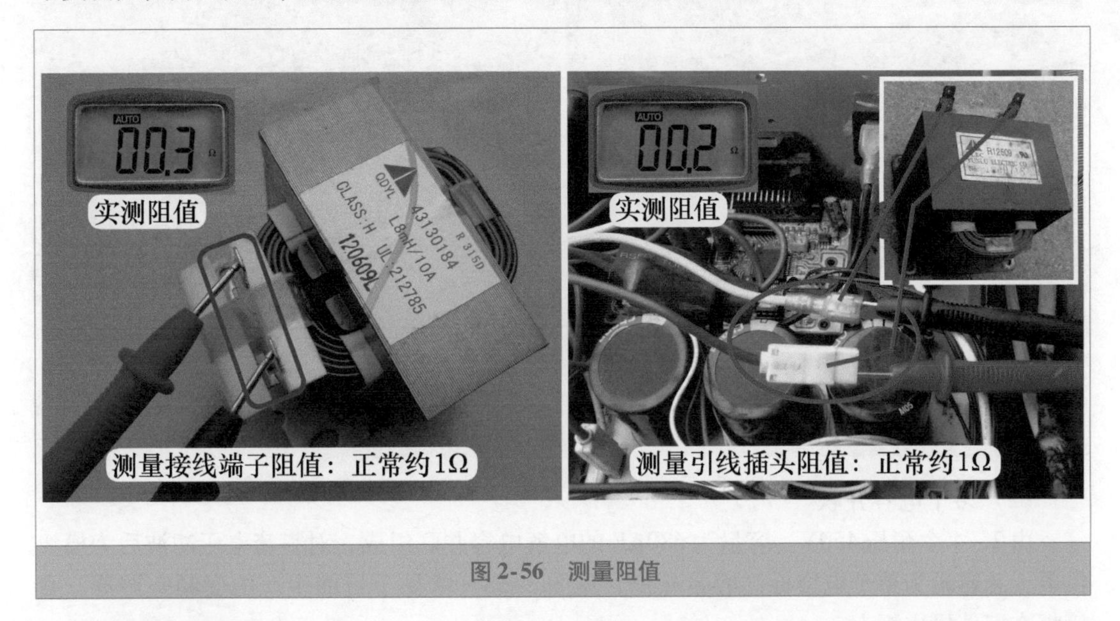

图 2-56 测量阻值

4. 常见故障

① 早期滤波电感安装在室外机底部，在制热模式下化霜过程中产生的化霜水将其浸泡，一段时间之后（安装 5 年左右），引起绝缘阻值下降，通常低于 2MΩ 时，会出现空调器通上电源之后，断路器（俗称空气开关）跳闸的故障。

② 由于绕制滤波电感绕组的线径较粗，很少有开路损坏的故障。而其工作时通过的电流较大，接线端子处容易产生热量，将连接引线烧断出现室外机无供电的故障。

六、滤波电容

1. 作用

滤波电容实际为容量较大（约 2000μF）、耐压较高（约直流 400V）的电解电容。根据电容“通交流、隔直流”的特性，对滤波电感输送的直流电压再次滤波，将其中含有的交流成分直接入地，使供给模块 P、N 端的直流电压平滑、纯净，不含交流成分。

2. 引脚作用

滤波电容共有两个引脚，分别是正极和负极。正极接模块 P 端子，负极接模块 N 端子，负极引脚对应有“|”状标志。

3. 分类

按电容个数分类，有两种形式：即单个电容或多个电容并联组成。

（1）单个电容

见图 2-57，由 1 个耐压 400V、容量为 2200μF 左右的电解电容，对直流电压滤波后为模块供电，常见于早期生产的挂式变频空调器或目前的柜式变频空调器，电控盒内设有专用安装位置。

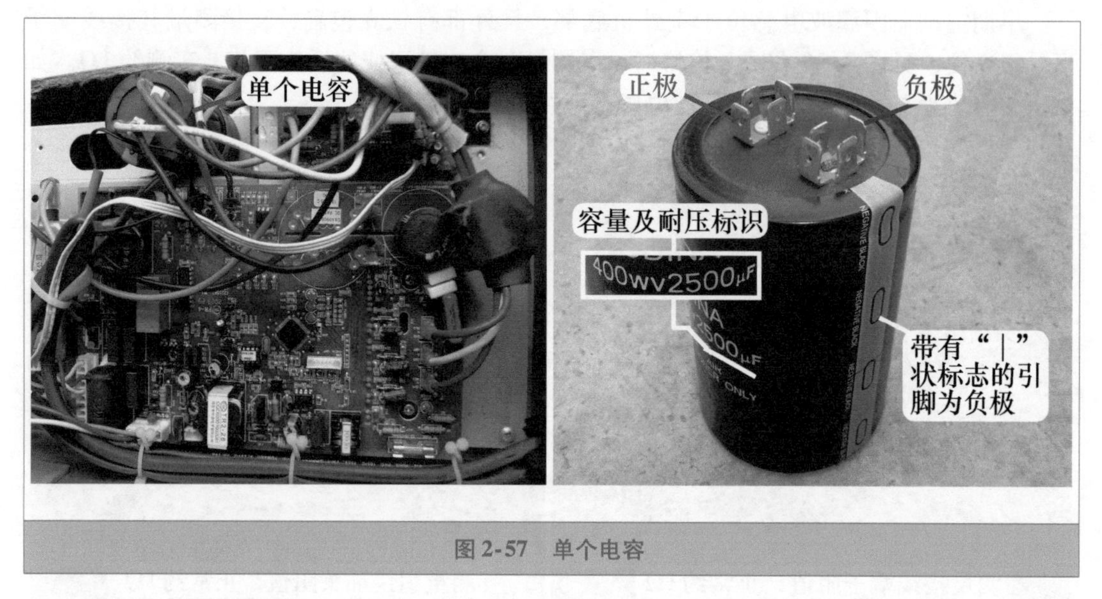

图2-57 单个电容

（2）多个电容并联

由2～4个耐压450V、容量为680μF的电解电容并联组成，对直流电压滤波后为模块供电，总容量为单个电容标注容量相加，见图2-58。常见于目前生产的变频空调器，直接焊在室外机主板上。

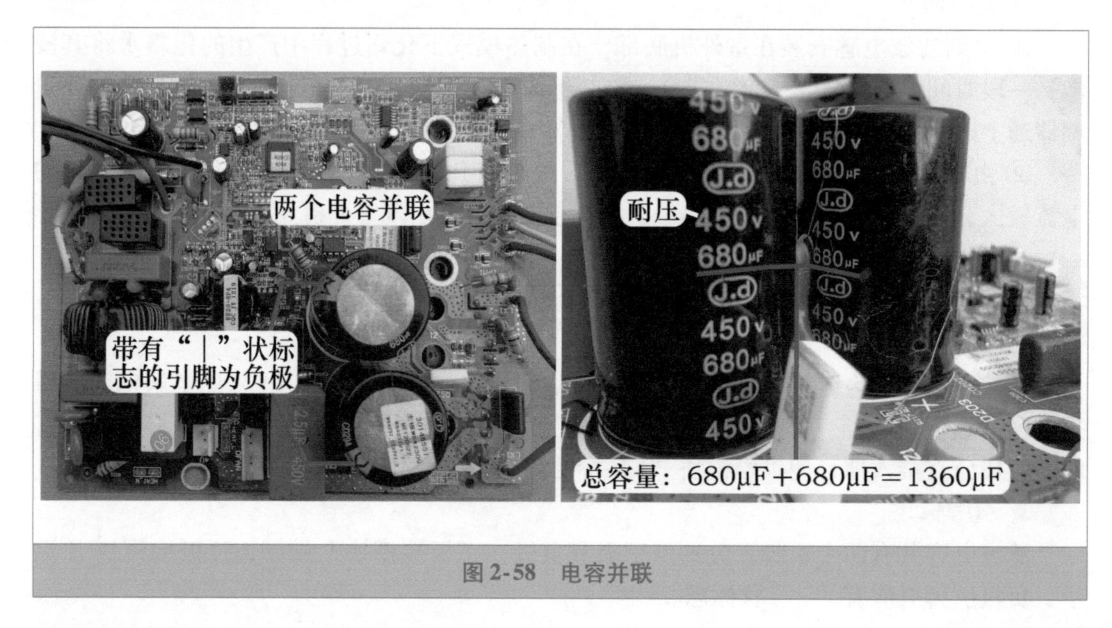

图2-58 电容并联

七、变频压缩机

1. 基础知识

（1）安装位置

压缩机安装在室外机右侧，见图2-59，也是室外机重量最重的器件，其管道（吸气管和排气管）连接制冷系统，接线端子上引线（U-V-W）连接电控系统中的模块。

图 2-59 安装位置和系统引线

（2）实物外形

压缩机实物外形见图 2-60，其为制冷系统的心脏，通过运行使制冷剂在制冷系统保持流动和循环。

压缩机由三相感应电机和压缩系统两部分组成，模块输出频率与电压均可调的模拟三相交流电为三相感应电机供电，电机带动压缩系统工作。

模块输出电压变化时电机转速也随之变化，转速变化范围为 1500～9000r/min，压缩系统的输出功率（即制冷量）也发生变化，从而达到在运行时调节制冷量的目的。

图 2-60 实物外形

（3）分类

根据工作方式主要分为交流变频压缩机和直流变频压缩机。

交流变频压缩机：见图 2-61 左图，应用在早期的变频空调器，使用三相感应电机。示例为西安庆安公司生产的交流变频压缩机铭牌，其为三相交流供电，工作电压为交流

60～173V，频率30～120Hz，使用R22制冷剂。

直流变频压缩机：见图2-61右图，应用在目前的变频空调器，使用无刷直流电机，工作电压为连续但极性不断改变的直流电。示例为三菱直流变频压缩机铭牌，其为直流供电，工作电压为27～190V，频率30～390Hz，功率1245W，制冷量为4100W，使用R410A制冷剂。

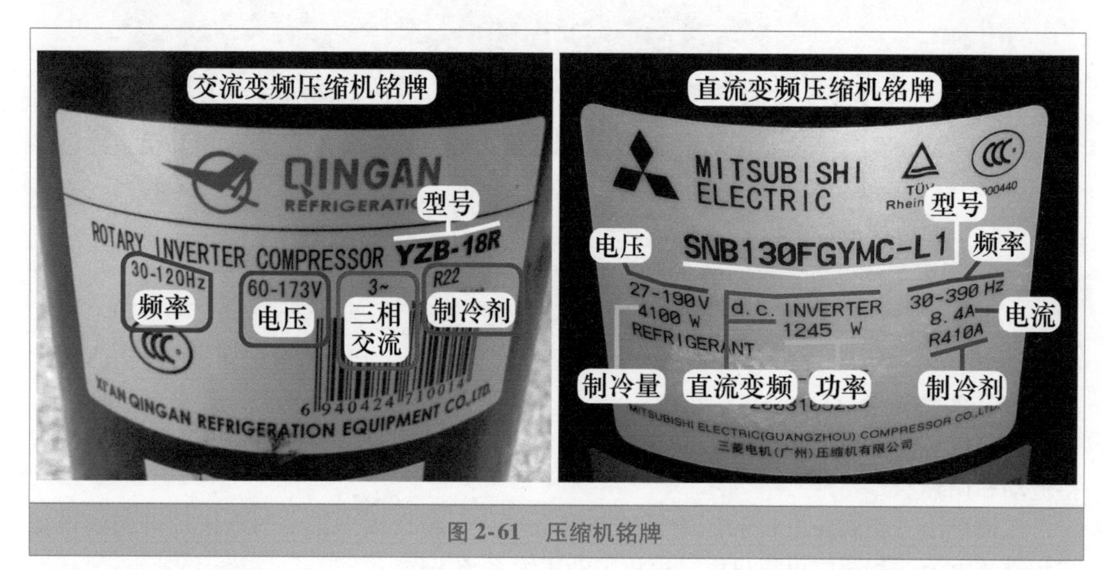

图2-61 压缩机铭牌

(4) 工作原理

压缩机工作原理见图2-62，当需要控制压缩机运行时，模块U、V、W输出三相均衡的交流电，经顶部的接线端子送至电机线圈的3个端子，定子产生旋转磁场，转子产生感应电动势，与定子相互作用，转子转动起来，转子转动时带动主轴旋转，主轴带动压缩组件工作，吸气口开始吸气，经压缩成高温高压的气体后由排气口排出，系统的制冷剂循环工作，空调器开始制冷或制热。

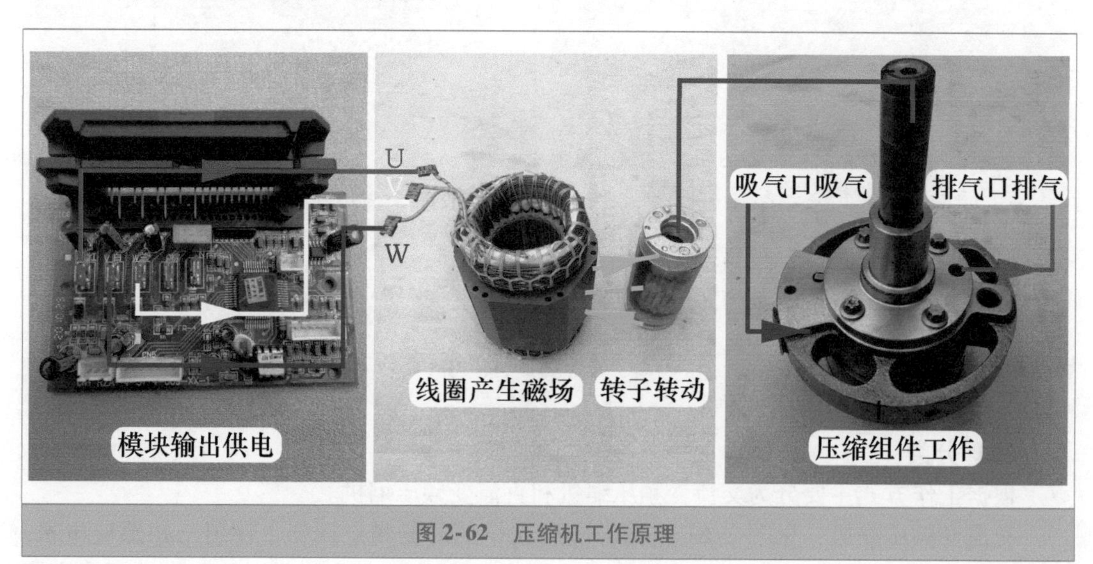

图2-62 压缩机工作原理

2. 剖解变频压缩机

本小节以上海日立 SGZ20EG2UY 交流变频压缩机为例，介绍内部结构、实物外形、工作原理等。

(1) 组成

从外观上看，见图 2-63 左图，压缩机由外置储液瓶和本体组成。

见图 2-63 右图，压缩机本体由壳体（上盖、外壳、下盖）、压缩组件、电机共 3 大部分组成。

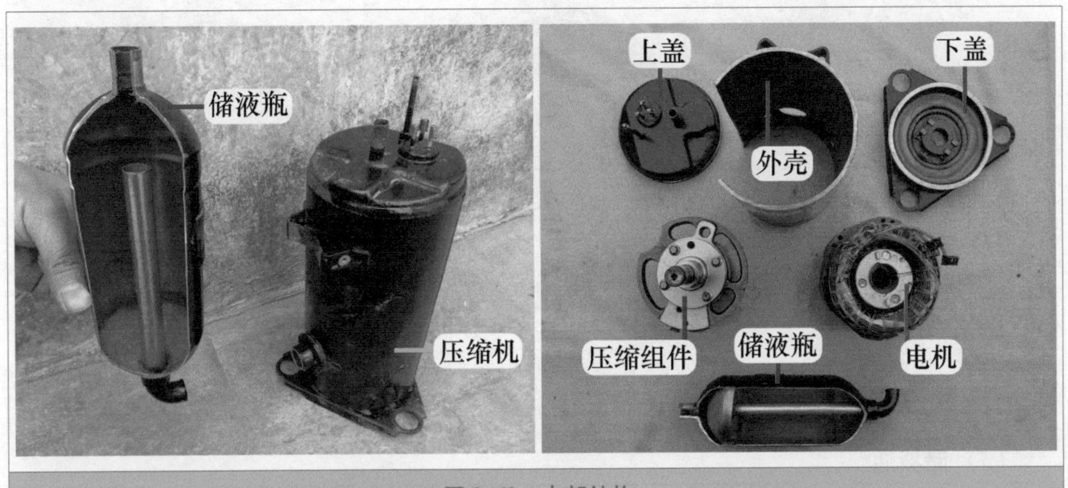

图 2-63 内部结构

取下外置储液瓶后，见图 2-64 左图，吸气管和位于下部的压缩组件直接相连，排气管位于顶部；电机组件位于上部，其引线和顶部的接线端子直接相连。

压缩机本体由压缩组件和电机组件组成，见图 2-64 右图。

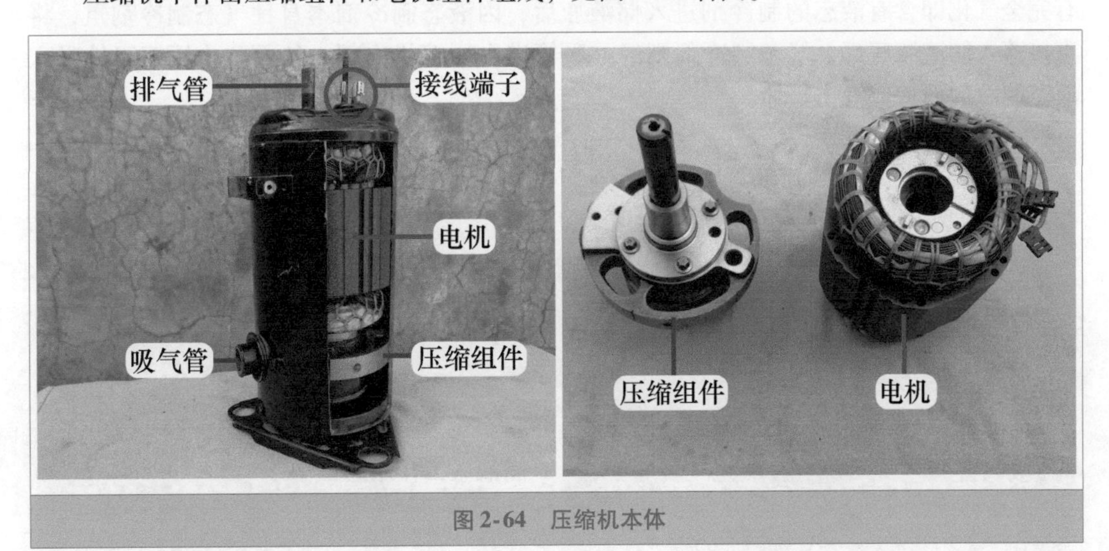

图 2-64 压缩机本体

(2) 上盖和下盖

见图 2-65 左图和中图，压缩机上盖从外侧看，设有排气管和接线端子，从内侧看排气管只是1个管口，说明压缩机大部分区域均为高压高温状态；内设的接线端子设有插片，以便连接电机绕组的3个端子。

下盖外侧设有3个较大的孔，见图2-65右图，用于安装减振胶垫，以便固定压缩机；内侧中间部位设有磁铁，以吸附磨损的金属铁屑，防止被压缩组件吸入、或粘附在转子周围，因磨损而损坏压缩机。

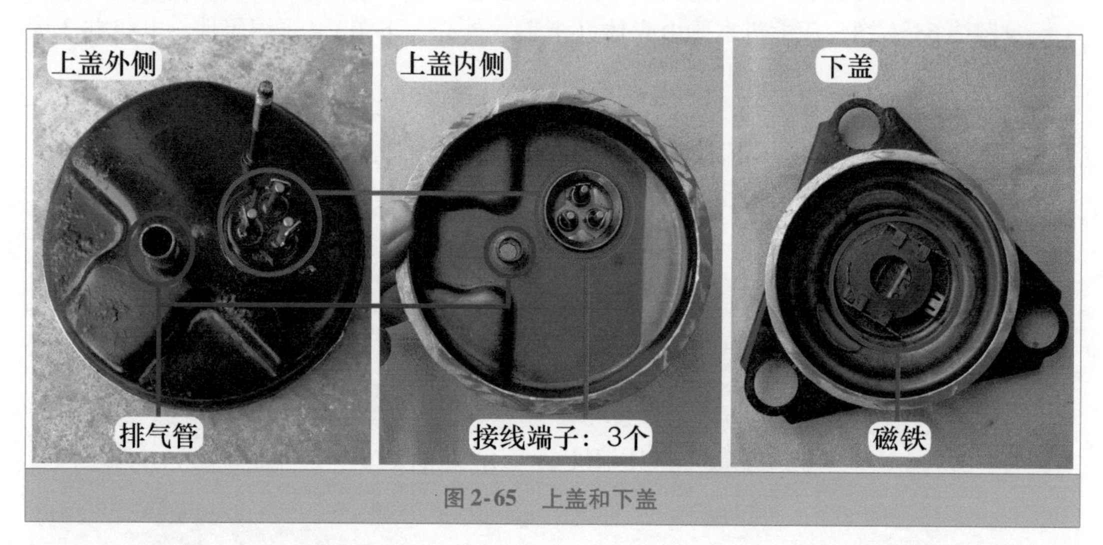

图2-65　上盖和下盖

（3）储液瓶

储液瓶是为防止液体的制冷剂进入压缩机内部的保护部件，见图2-66左图，主要由过滤网和虹吸管组成。过滤网的作用是为了防止杂质进入压缩机，虹吸管底部设有回油孔，可使进入制冷系统的润滑油顺利地再次回流到压缩机内部。

储液瓶工作示意图见图2-66右图，储液瓶顶部的吸气管连接蒸发器，如果制冷剂没有完全气化即含有液态的制冷剂进入储液瓶后，因液态制冷剂本身比气态制冷剂重，将直接落入储液瓶底部，气态制冷剂则经虹吸管进入压缩机内部，从而防止压缩组件吸入液态制冷剂而造成液击损坏。

图2-66　储液瓶

3. 电机部分

(1) 组成

见图 2-67，电机部分由转子和定子两部分组成。

转子由铁心和平衡块组成。转子的上部和下部均安装有平衡块，以减少压缩机运行时的振动；中间部位为鼠笼式铁心，由硅钢片叠压而成，其长度和定子铁心相同，安装时定子铁心和转子铁心相对应；转子中间部分的圆孔安装主轴，以带动压缩组件工作。

定子由铁心和线圈组成，线圈镶嵌在定子槽里面。在模块输出三相供电时，经连接线至线圈的 3 个接线端子，线圈中通过三相对称的电流，在定子内部产生旋转磁场，此时转子铁心与旋转磁场之间存在相对运动，切割磁力线而产生感应电动势，转子中有电流通过，转子电流和定子磁场相互作用，使转子中形成电磁力，转子便旋转起来，通过主轴从而带动压缩部分组件工作。

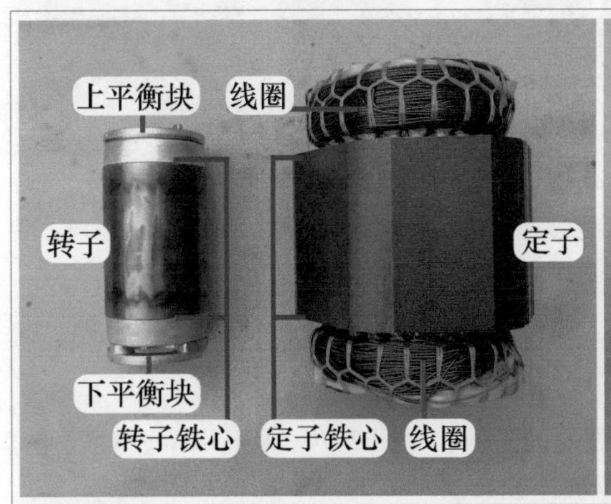

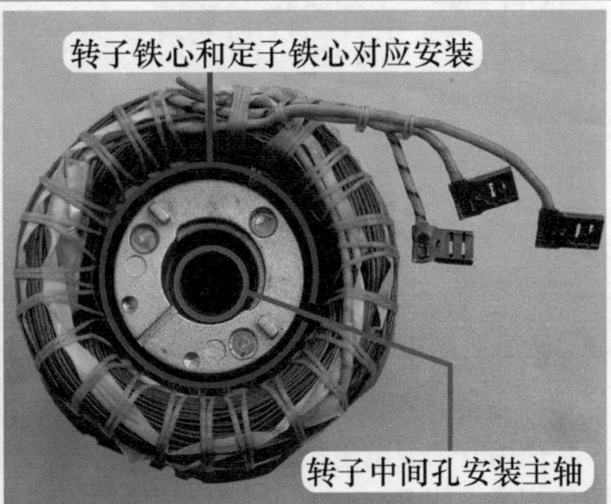

图 2-67 转子和定子

(2) 引线作用

见图 2-68，电机的线圈引出 3 根引线，安装至上盖内侧的 3 个接线端子上面。

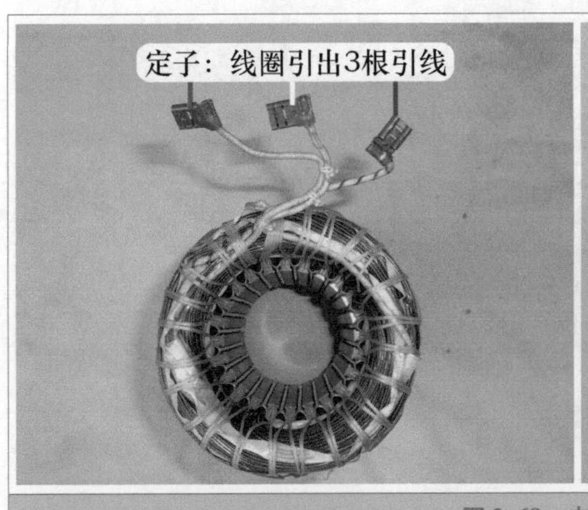

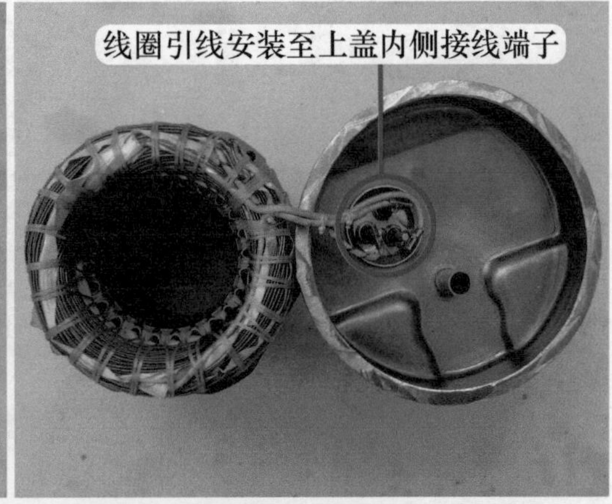

图 2-68 电机连接线

因此上盖外侧也只有3个接线端子，标号为U、V、W，连接至模块的引线也只有3根，引线连接压缩机端子标号和模块标号应相同，见图2-69，本机U端子为红线、V端子为白线、W端子为蓝线。

➡ 说明：无论是交流变频压缩机或直流变频压缩机，均有3个接线端子，标号分别为U、V、W，和模块上的U、V、W3个接线端子对应连接。

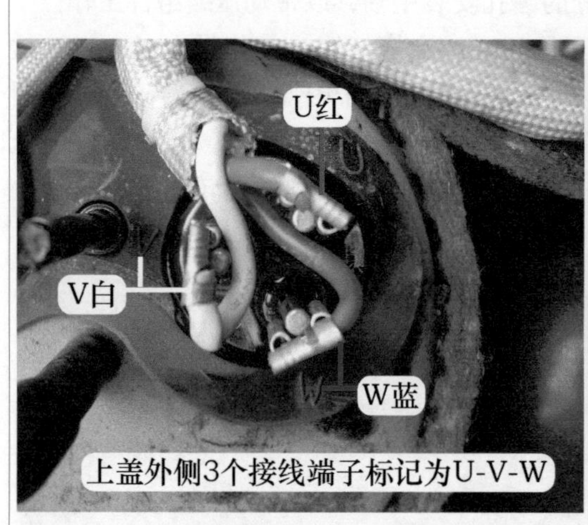

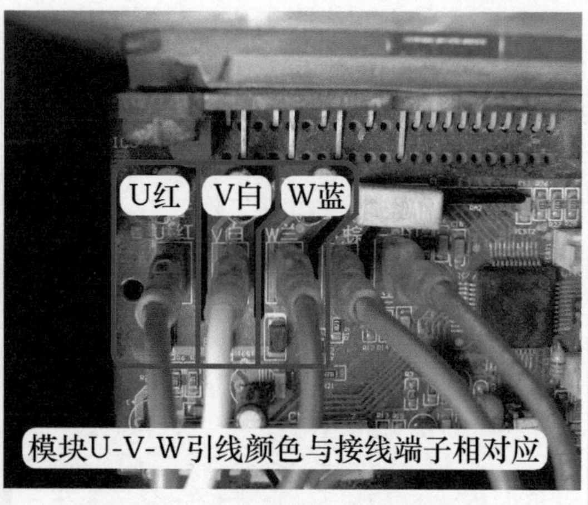

图2-69 变频压缩机引线

（3）测量线圈阻值

使用万用表电阻档，测量3个接线端子之间的阻值，见图2-70，UV、UW、VW间的阻值相等，即$R_{UV}=R_{UW}=R_{VW}$，实测阻值为1.5Ω左右。

图2-70 测量线圈阻值

4. 压缩部分

取下储液瓶、定子和上盖后，见图2-71左图，转子位于上方，压缩组件位于下方，同时吸气管也位于下方和压缩组件相对应。

见图 2-71 中图和右图，压缩组件的主轴直接安装在转子内，也就是说，转子转动时直接带动主轴（偏心轴）旋转，从而带动压缩组件工作。

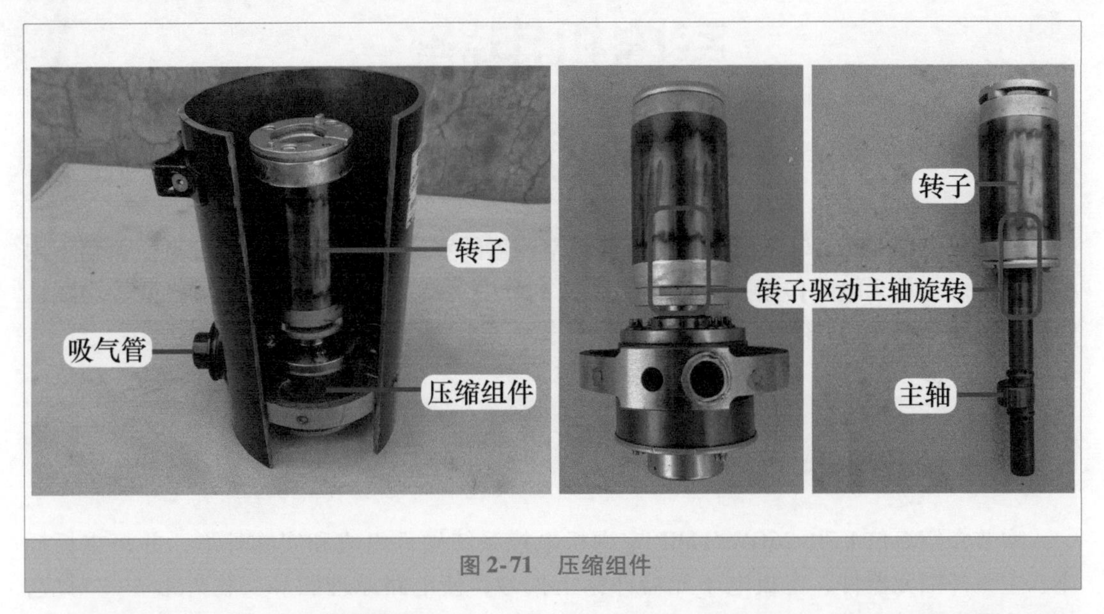

图 2-71　压缩组件

图 2-72 左图为压缩组件实物外形，图 2-72 右图为压缩组件主要元件，由主轴、上气缸盖、气缸、下气缸盖、滚动活塞（滚套）、刮片、弹簧、平衡块、下盖、螺钉等组成。

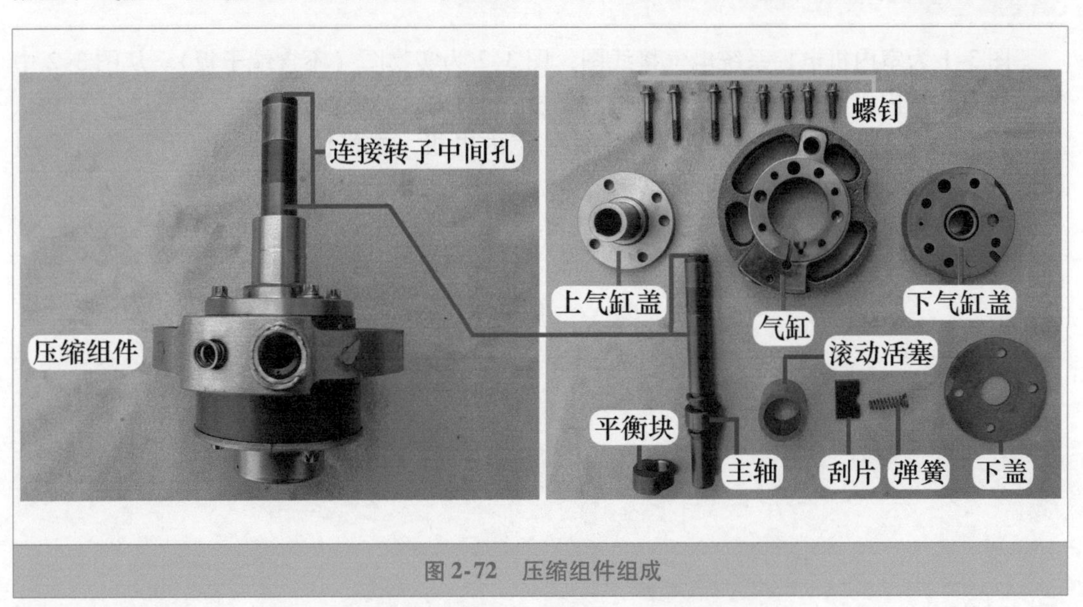

图 2-72　压缩组件组成

第三章 Chapter 3

室内机电路

本章以海信 KFR-26GW/11BP 交流变频空调器的室内机为基础，介绍变频空调器室内机系统组成、单元电路作用及通信电路。如本章中无特别注明，所有空调器型号均默认为海信 KFR-26GW/11BP。

第一节 基础知识

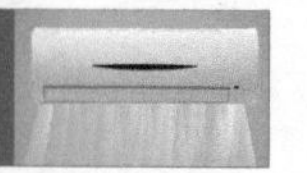

本节介绍海信 KFR-26GW/11BP 室内机电控系统硬件组成和实物外形，并将主板插座、主板外围元器件、主板电子元器件标上代号，使电路原理图和实物外形一一对应，将理论和实际结合在一起。

一、室内机电控系统组成

图 3-1 为室内机电控系统电气接线图，图 3-2 为实物图（不含端子板）。从图 3-2 中可以看出，室内机电控系统由主板（控制基板）、室内管温传感器（蒸发器温度传感器）、显示板组件（显示基板组件）、室内风机（室内电机，本机使用 PG 电机）、步进电机（风门电机）、端子板等组成。

图 3-3 为室内机主板电路原理图。

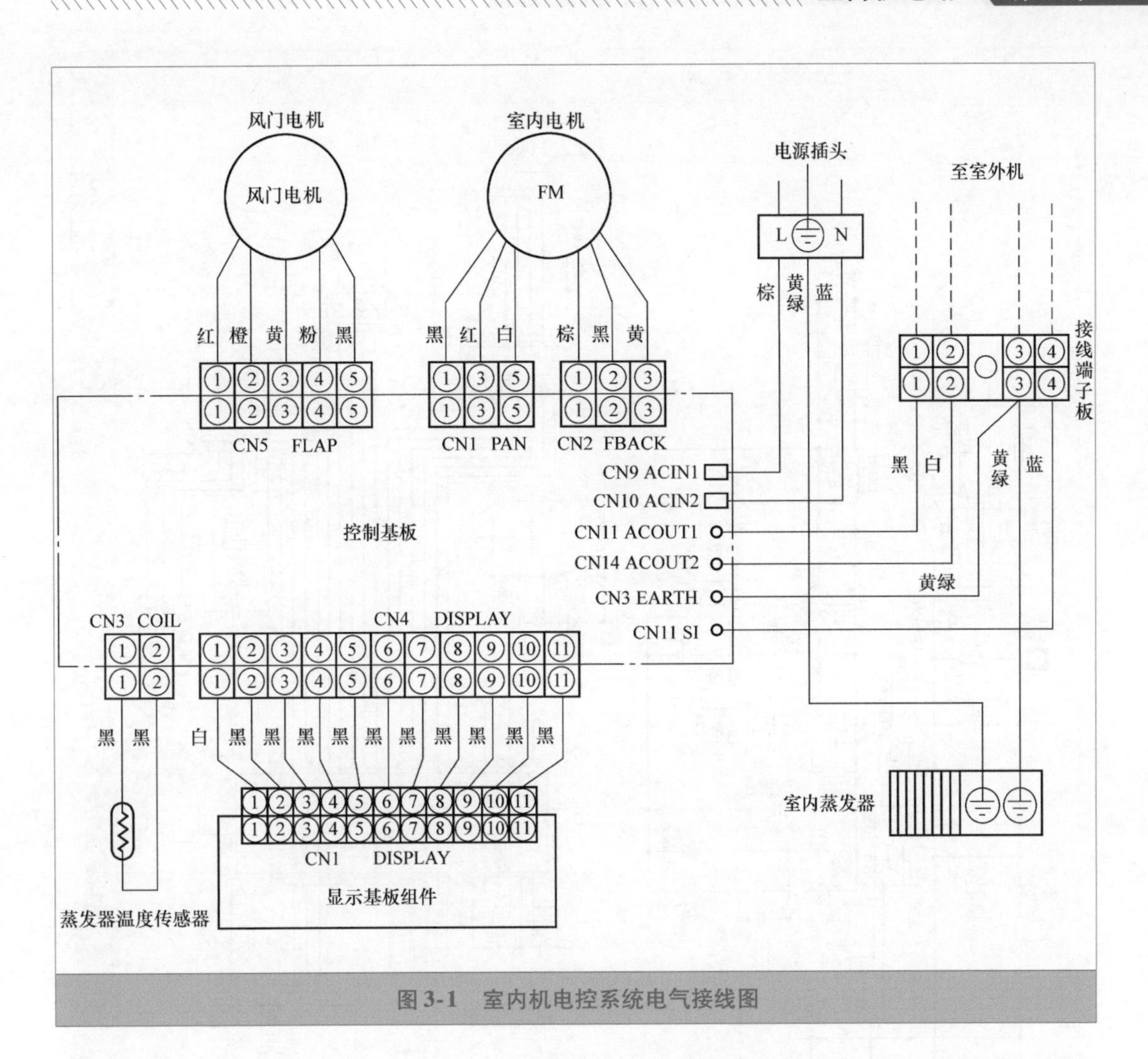

图3-1 室内机电控系统电气接线图

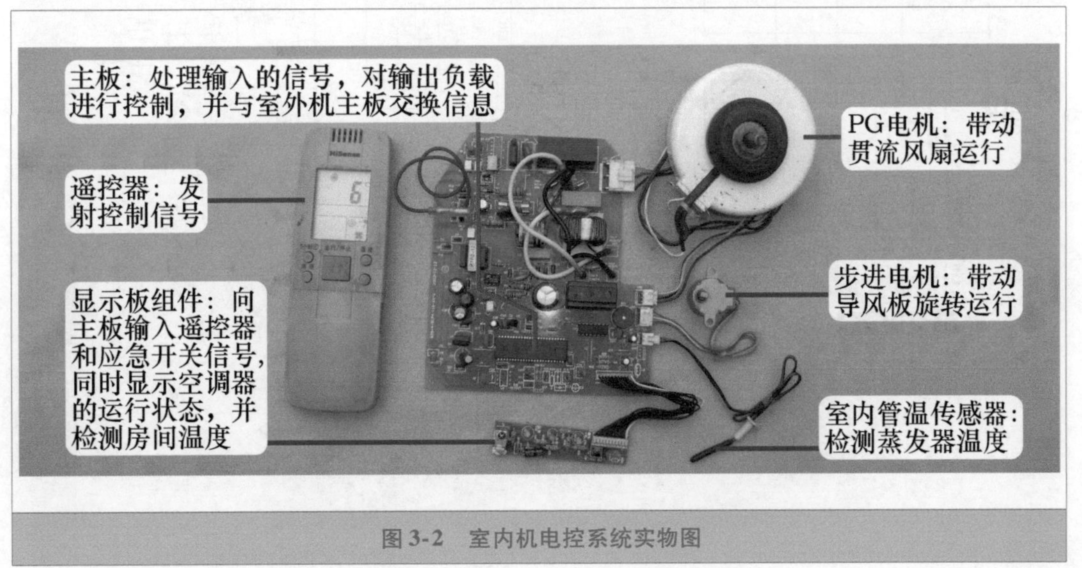

图3-2 室内机电控系统实物图

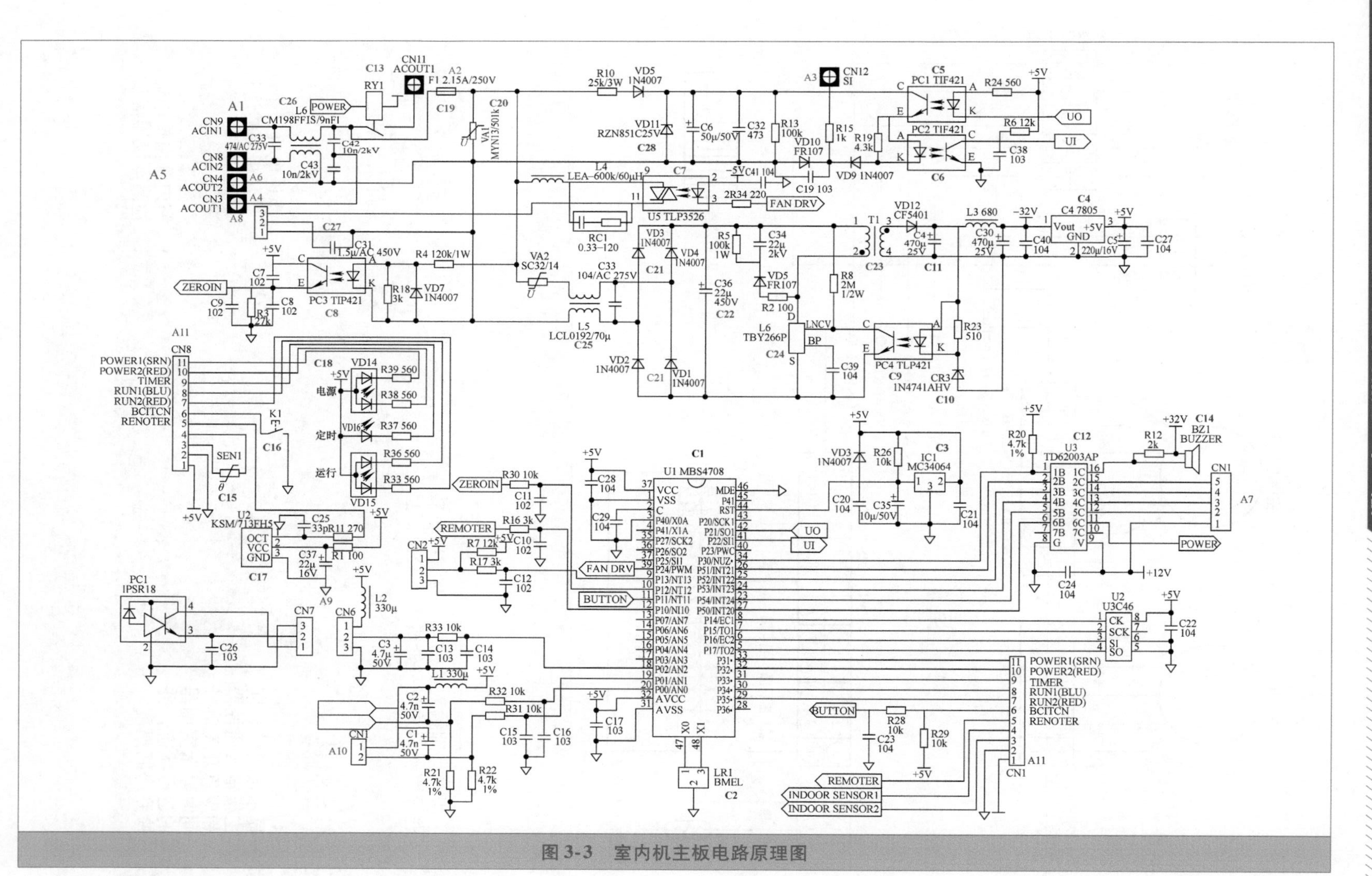

图 3-3　室内机主板电路原理图

二、室内机主板插座和外围元器件

表 3-1 为室内机主板插座和外围元器件明细，图 3-4 为室内机主板插座和外围元器件。

主板有供电才能工作，为主板供电的有电源 L 端和电源 N 端 2 个输入端子；室内机主板外围的元器件有室内风机、步进电机、显示板组件和管温传感器，相对应的在主板上有室内风机供电插座、步进电机插座、霍尔反馈插座、管温传感器插座；由于室内机主板还为室外机供电并与室外机交换信息，因此还设有室外机供电端子和通信线。

➡ 说明

① 插座引线的代号以“A”开头，外围元器件以“B”开头，主板和显示板组件上的电子元器件以“C”开头。

② 本机主板由开关电源电路提供的直流 12V 和 5V 电压供电，因此没有变压器一次绕组和二次绕组插座。

③ 本机室内环温传感器设在显示板组件，因此主板没有环温传感器插座。

表 3-1　室内机主板插座和外围元器件明细

标号	插座/元器件	标号	插座/元器件	标号	插座/元器件	标号	插座/元器件
A1	电源 L 端输入	A5	电源 N 端输入	A9	霍尔反馈插座	B2	显示板组件
A2	电源 L 端输出	A6	电源 N 端输出	A10	管温传感器插座	B3	管温传感器
A3	通信线	A7	步进电机插座	A11	显示板组件插座		
A4	地线	A8	室内风机供电插座	B1	步进电机		

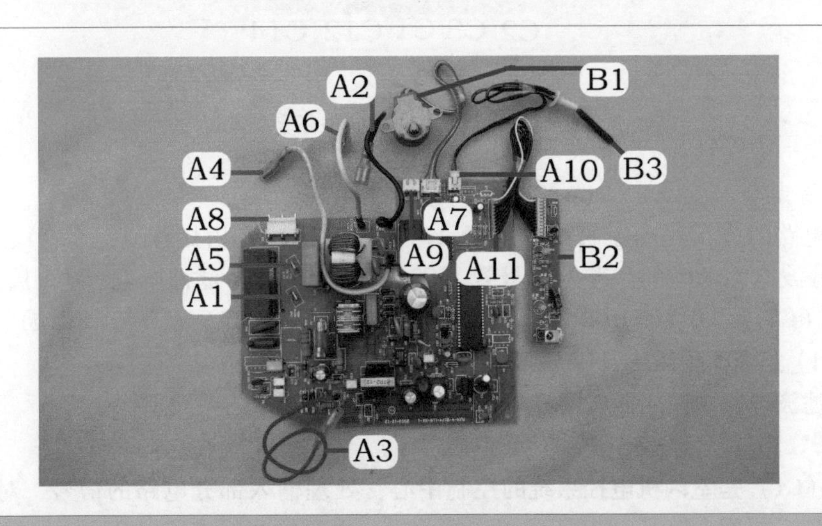

图 3-4　室内机主板插座和外围元器件

三、室内机单元电路中的主要电子元器件

表 3-2 为室内机主板主要电子元器件明细，图 3-5 为室内机主板主要电子元器件。

表 3-2 室内机主板主要电子元器件明细

标号	元 器 件	标号	元 器 件	标号	元 器 件	标号	元 器 件
C1	CPU	C8	过零检测光耦	C15	环温传感器	C22	300V 滤波电容
C2	晶振	C9	稳压光耦	C16	应急开关	C23	开关变压器
C3	复位集成电路	C10	11V 稳压管	C17	接收器	C24	开关电源集成电路
C4	7805 稳压块	C11	12V 滤波电容	C18	发光二极管	C25	扼流圈
C5	发送光耦	C12	反相驱动器	C19	熔丝管（俗称保险管）	C26	滤波电感
C6	接收光耦	C13	主控继电器	C20	压敏电阻	C27	风机电容
C7	光耦晶闸管	C14	蜂鸣器	C21	整流二极管	C28	24V 稳压管

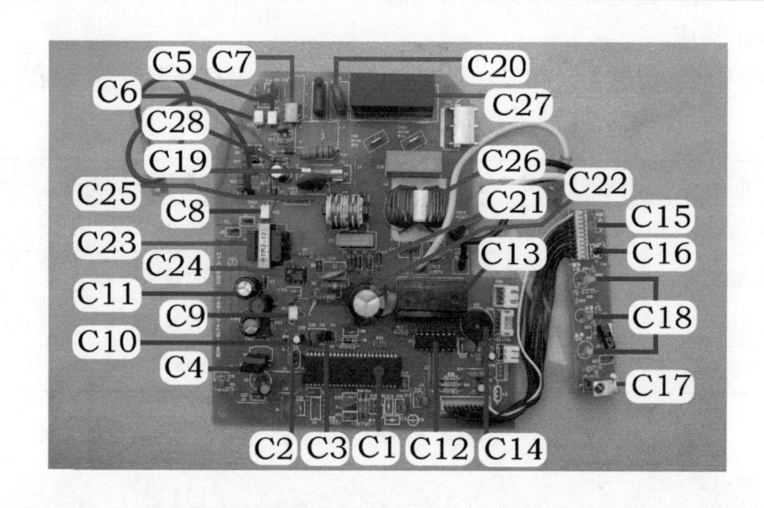

图 3-5 室内机主板主要电子元器件

1. 电源电路

电源电路的作用是向主板提供直流 12V 和 5V 电压，由熔丝管（C19）、压敏电阻（C20）、滤波电感（C26）、整流二极管（C21）、直流 300V 滤波电容（C22）、开关电源集成电路（C24）、开关变压器（C23）、稳压光耦（C9）、11V 稳压管（C10）、12V 滤波电容（C11）、7805 稳压块（C4）等元器件组成。

交流滤波电路中使用扼流圈（C25），用来滤除电网中的杂波干扰。

2. CPU 和其三要素电路

CPU（C1）是室内机电控系统的控制中心，处理输入部分电路的信号，对负载进行控制；CPU 三要素电路是 CPU 正常工作的前提，由复位集成电路（C3）、晶振（C2）等元器件组成。

3. 通信电路

通信电路的作用是和室外机 CPU 交换信息，主要元器件为接收光耦（C6）和发送光耦（C5）。

4. 应急开关电路

应急开关电路的作用是在无遥控器时用其可以开启或关闭空调器，主要元器件为应急开关（C16）。

5. 接收器电路

接收器电路的作用是接收遥控器发射的信号，主要元器件为接收器（C17）。

6. 传感器电路

传感器电路的作用是向CPU提供温度信号。室内环温传感器（C15）提供房间温度信号，室内管温传感器（B3）提供蒸发器温度信号，5V供电电路中使用了电感。

7. 过零检测电路

过零检测电路的作用是向CPU提供交流电源的零点信号，主要元器件为过零检测光耦（C8）。

8. 霍尔反馈电路

霍尔反馈电路的作用是向CPU提供转速信号，室内风机（PG电机）输出的霍尔反馈信号直接送至CPU引脚。

9. 指示灯电路

指示灯电路的作用是显示空调器的运行状态，主要元器件为3只发光二极管（C18），其中有2只为双色二极管。

10. 蜂鸣器电路

蜂鸣器电路的作用是提示已接收到遥控器信号，主要元器件为反相驱动器（C12）和蜂鸣器（C14）。

11. 步进电机电路

步进电机电路的作用是驱动步进电机运行，从而带动导风板上下旋转运行，主要元器件为反相驱动器和步进电机（B1）。

12. 主控继电器电路

主控继电器电路的作用是向室外机提供电源，主要元器件为反相驱动器和主控继电器（C13）。

13. 室内风机驱动电路

室内风机驱动电路的作用是驱动室内风机运行，主要元器件为光耦晶闸管（C7）和室内风机。

四、室内机单元电路对比

1. 电源电路

电源电路对比见图3-6，作用是为室内机主板提供直流12V和5V电压。

常见有2种形式的电路：使用变压器降压和使用开关电源电路。交流变频空调器或直流变频空调器室内风机使用PG电机（供电为交流220V），普遍使用变压器降压形式的电源电路，也是目前最常见的设计形式，只有少数机型使用开关电源电路。

全直流变频空调器室内风机为直流电机（供电为直流300V），普遍使用开关电源电路。

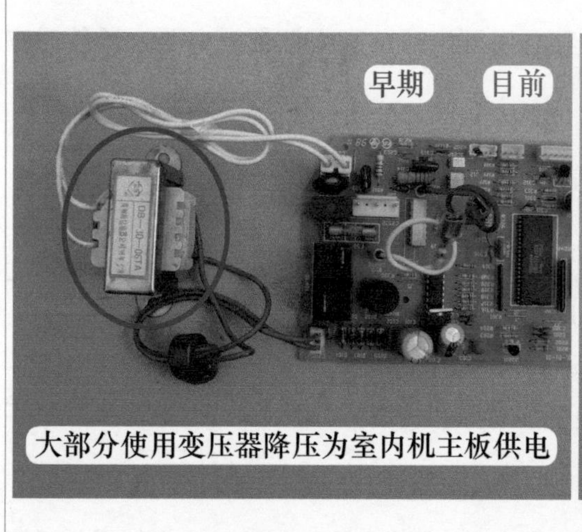

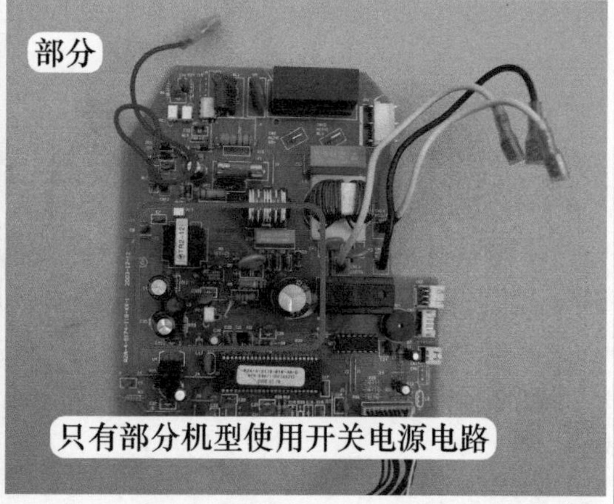

图 3-6 早期和目前的空调器电源电路对比

2. CPU 三要素电路

CPU 三要素电路对比见图 3-7，它是 CPU 正常工作的必备电路，包含直流 5V 供电电路、复位电路和晶振电路。

无论是早期还是目前的室内机主板，CPU 三要素电路的工作原理完全相同，即使不同也只限于使用元器件的型号。

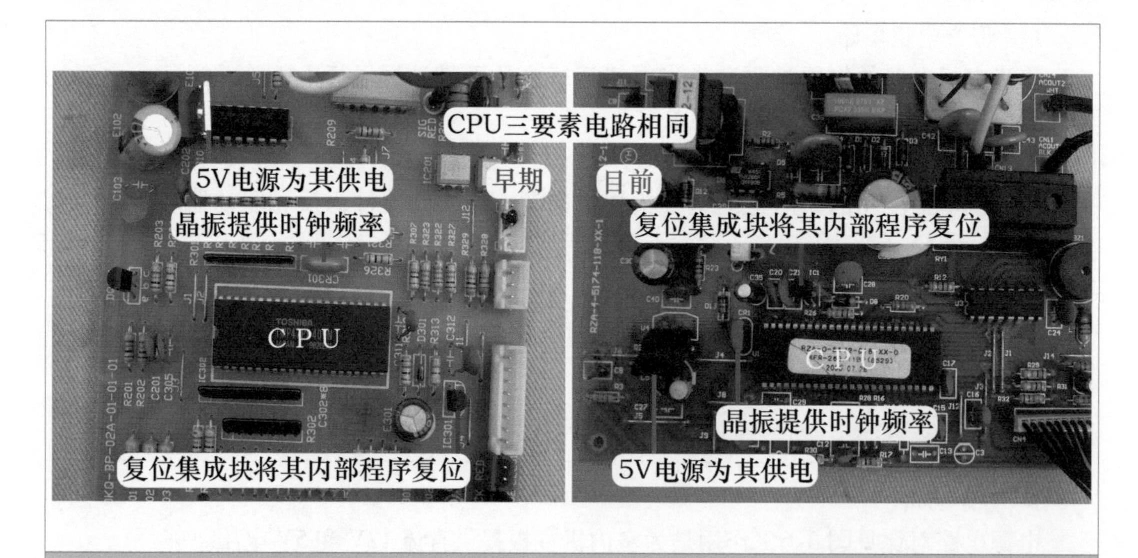

图 3-7 CPU 三要素电路对比

3. 传感器电路

传感器电路对比见图 3-8，作用是为 CPU 提供温度信号，环温传感器检测房间温度，管温传感器检测蒸发器温度。

早期和目前的室内机主板传感器电路相同，均是由环温传感器和管温传感器组成。

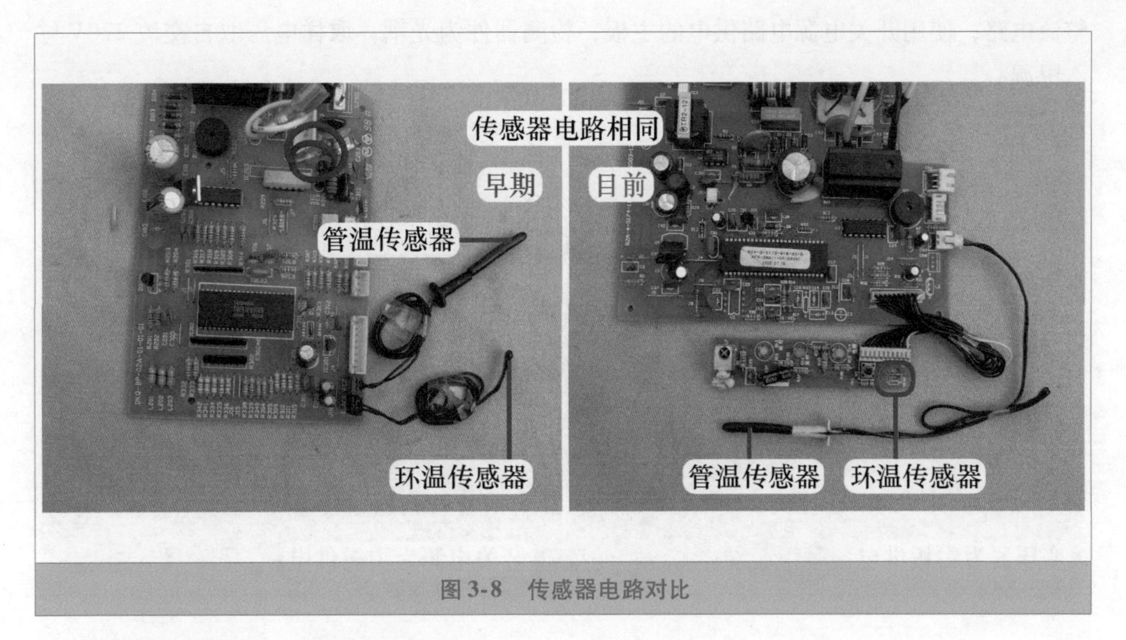

图 3-8 传感器电路对比

4. 接收器电路、应急开关电路

接收器电路和应急开关电路对比见图 3-9，接收器电路将遥控器发射的信号传送至 CPU，应急开关电路在无遥控器时可以操作空调器的运行。

早期和目前的室内机主板接收器和应急开关电路基本相同，即使不同也只限于应急开关的设计位置或型号。

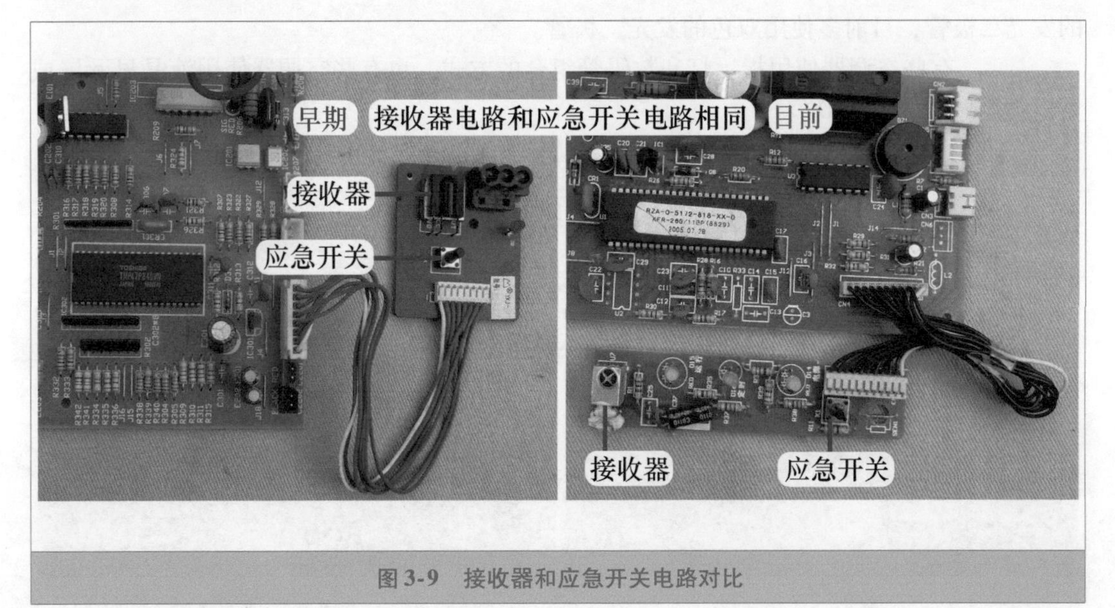

图 3-9 接收器和应急开关电路对比

5. 过零检测电路

过零检测电路对比见图 3-10，作用是为 CPU 提供过零信号，以便 CPU 驱动光耦晶闸管。

使用变压器供电的主板，检测器件为 NPN 型晶体管，取样电压取自变压器二次绕组整流电路；使用开关电源电路供电的主板，检测器件为光耦，取样电压取自交流220V输入电源。

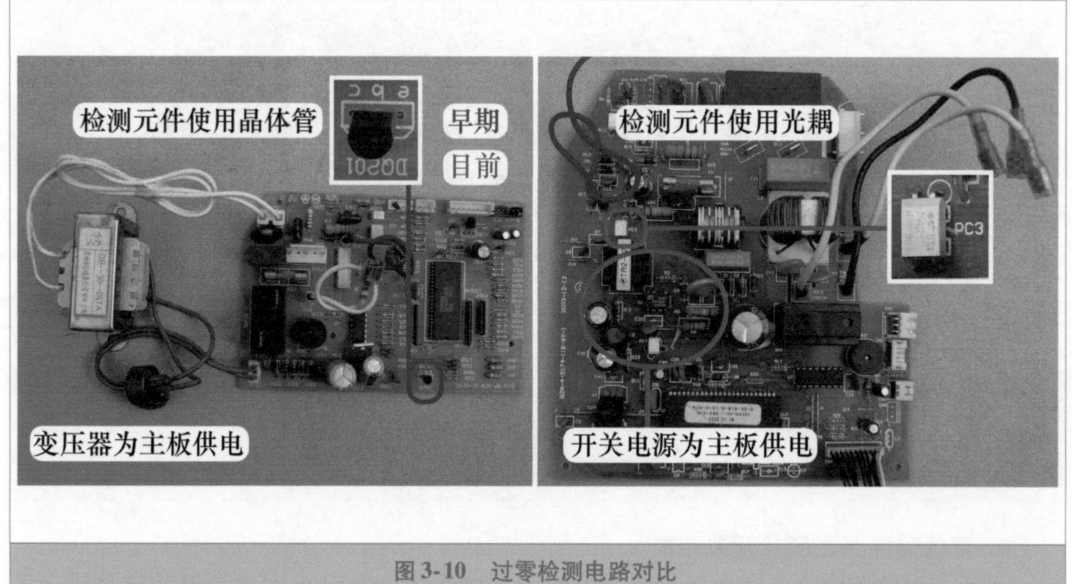

图3-10 过零检测电路对比

6. 指示灯电路

指示灯电路对比见图3-11，作用是显示空调器的运行状态。

早期和目前的指示灯电路工作原理相同，不同的是使用器件不同，早期多使用单色的发光二极管，目前多使用双色的发光二极管。

➡ 说明：有些空调器使用指示灯和数码管组合的方式，也有些空调器使用液晶显示屏或真空荧光显示屏（VFD）。

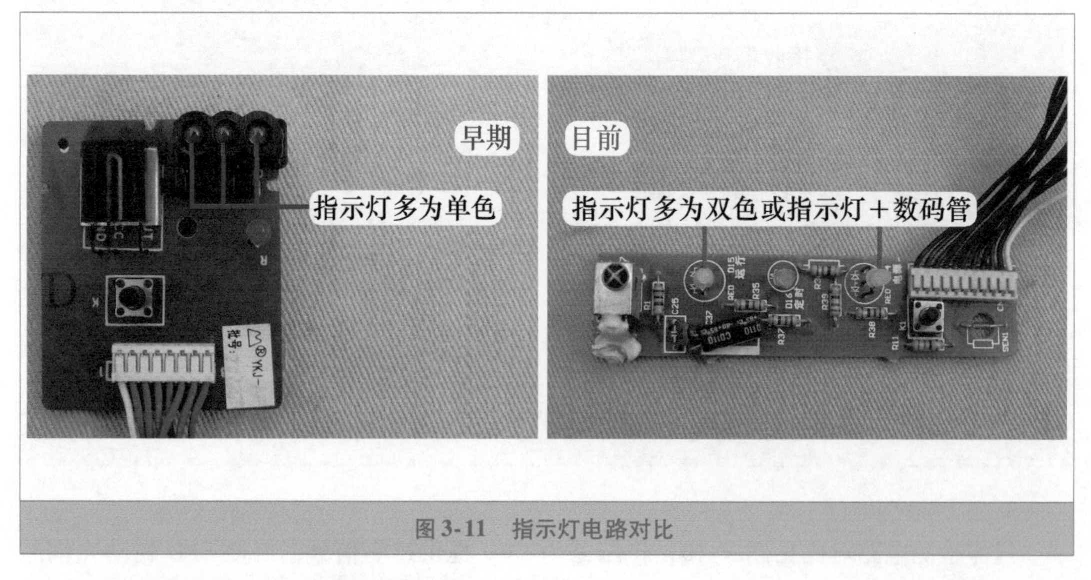

图3-11 指示灯电路对比

7. 蜂鸣器电路、主控继电器电路

蜂鸣器和主控继电器电路对比见图3-12，蜂鸣器电路提示已接收到遥控器信号或应急开关信号，并且已处理；主控继电器电路为室外机供电。

早期和目前的主板中蜂鸣器、主控继电器电路相同。

➡ 说明：有些品牌的空调器主板蜂鸣器发出的响声为和弦音。

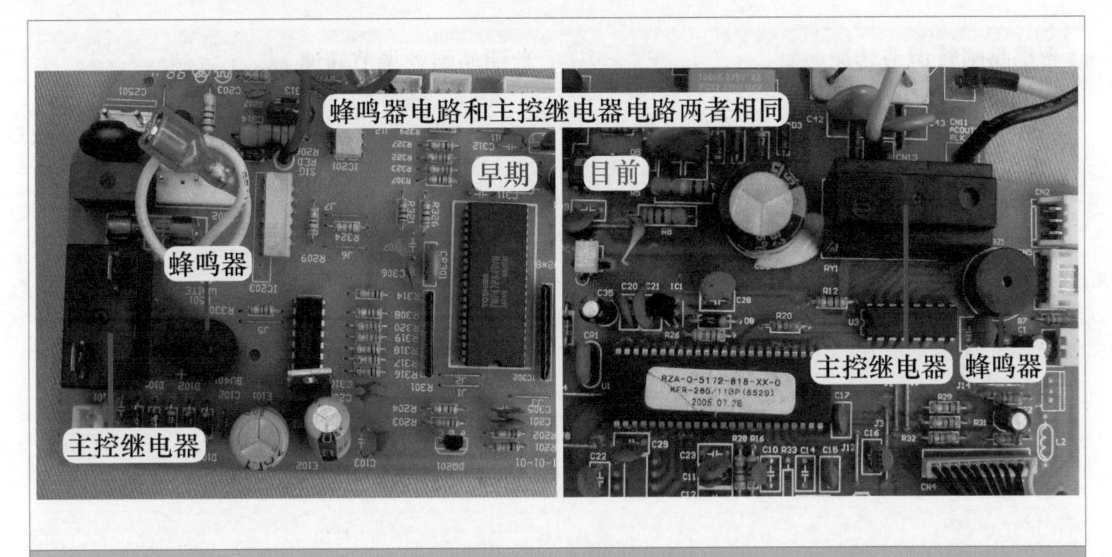

图 3-12 蜂鸣器和主控继电器电路对比

8. 步进电机电路

步进电机电路对比见图 3-13，作用是带动导风板上下旋转运行。

早期和目前的主板步进电机电路相同。

➡ 说明：有些空调器也使用步进电机驱动左右导风板。

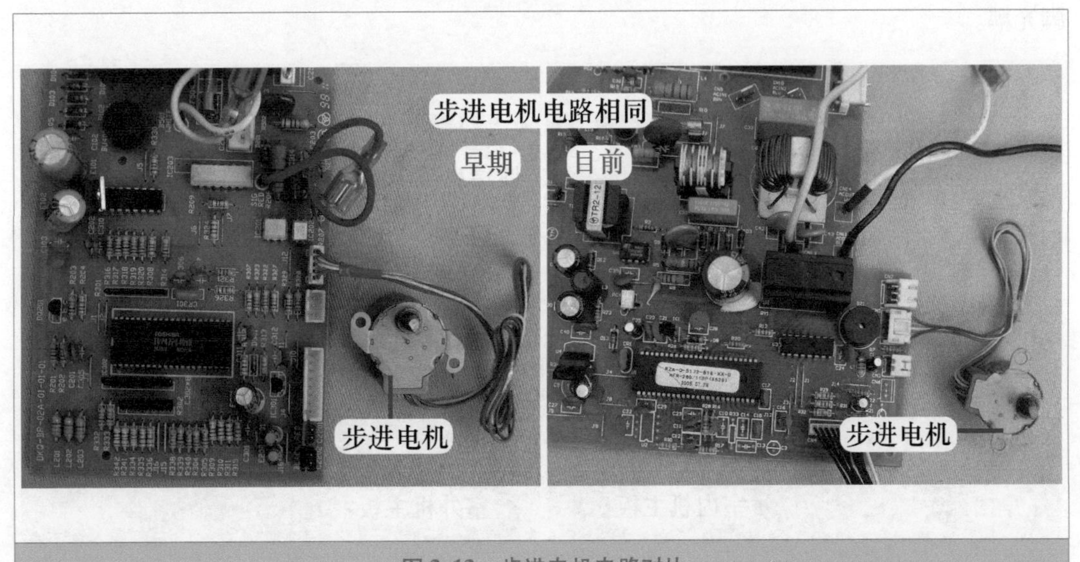

图 3-13 步进电机电路对比

9. 室内风机驱动电路、霍尔反馈电路

室内风机（PG 电机）驱动电路和霍尔反馈电路对比见图 3-14，室内风机驱动电路改变室内风机的转速，霍尔反馈电路向 CPU 输入代表室内风机实际转速的霍尔信号。

早期和目前的主板中室内风机驱动电路、霍尔反馈电路相同。

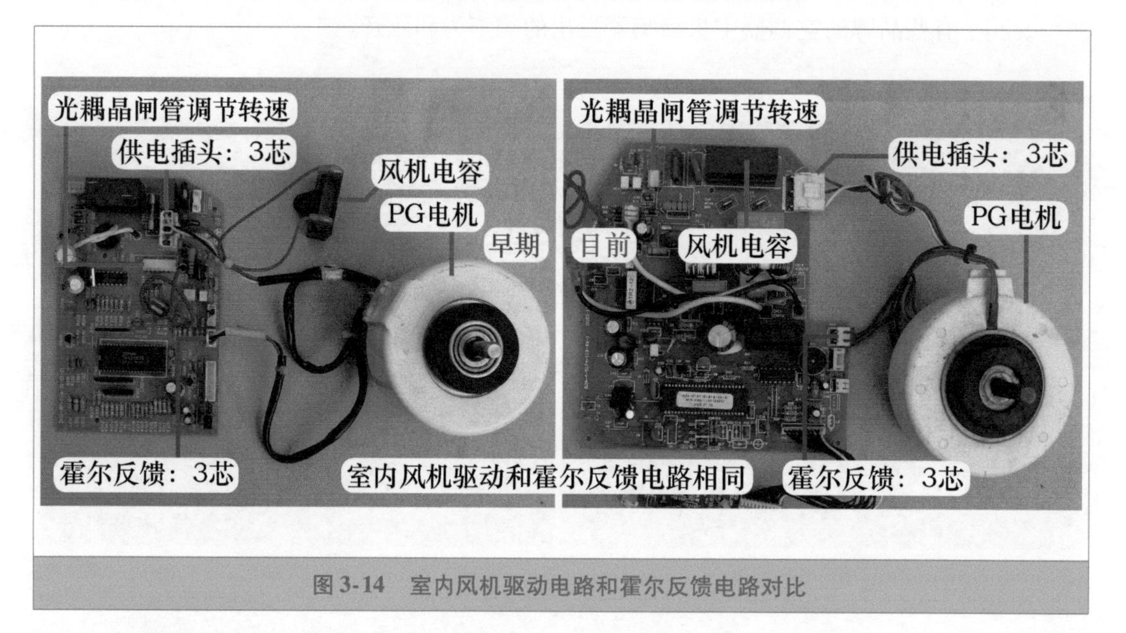

图 3-14 室内风机驱动电路和霍尔反馈电路对比

10. 通信电路

通信电路的作用是用于室内机主板 CPU 和室外机主板 CPU 交换信息。

早期主板的通信电路电源为直流 140V，见图 3-15，设在室外机主板，并且较多使用 6 脚光耦。

目前主板的通信电路电源通常为直流 24V，见图 3-16，设在室内机主板，一般使用 4 脚光耦。

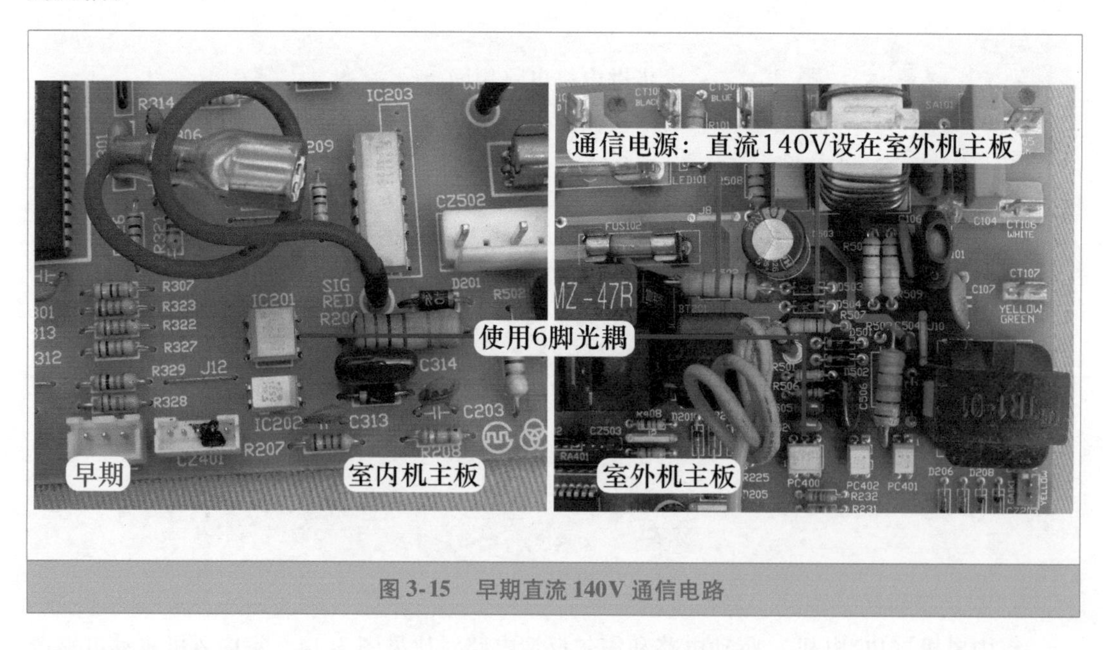

图 3-15 早期直流 140V 通信电路

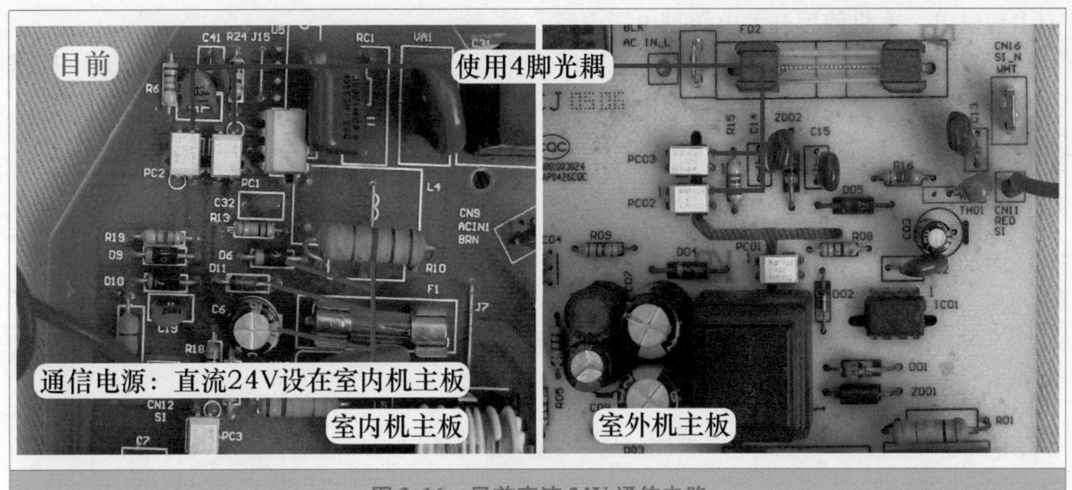

图 3-16　目前直流 24V 通信电路

第二节　单 元 电 路

图 3-17 为室内机主板单元电路框图，图中左侧为输入部分电路，右侧为输出部分电路。

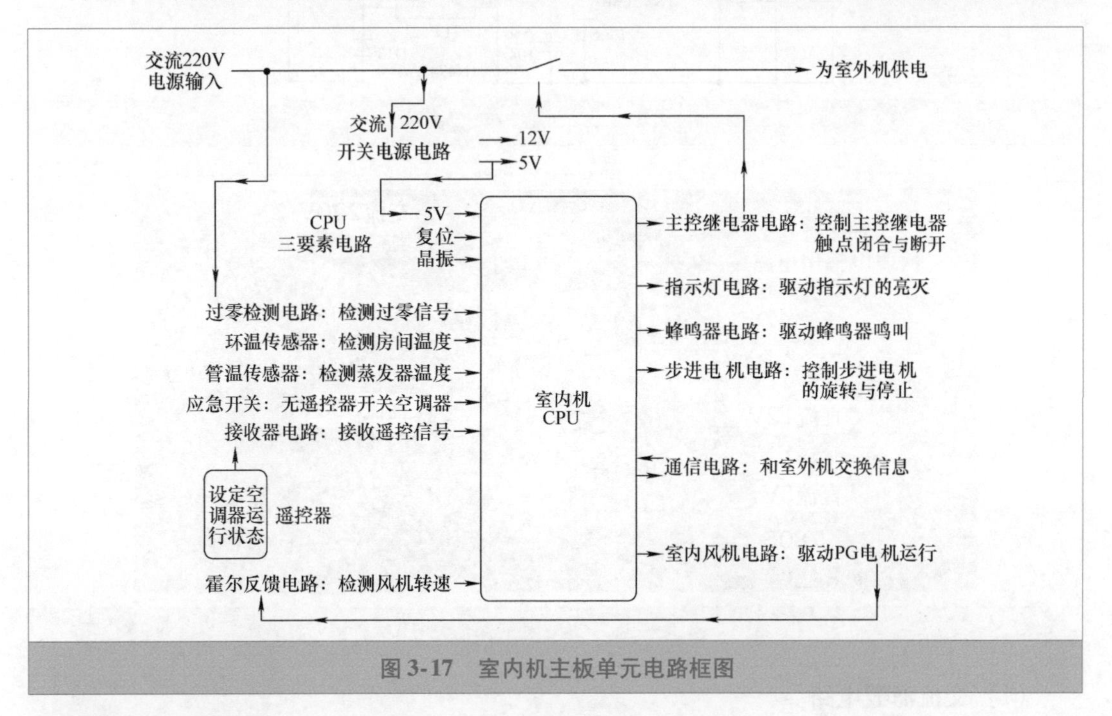

图 3-17　室内机主板单元电路框图

一、电源电路

1. 作用

电源电路的电路简图见图 3-18，作用是将交流 220V 电压转换为直流 12V 和 5V 电压为主板供电，本机使用开关电源型电源电路。

➡ 说明：变频空调器室内机大多使用变压器降压型电源电路，只有部分普通变频空调器或全直流变频空调器使用开关电源电路。

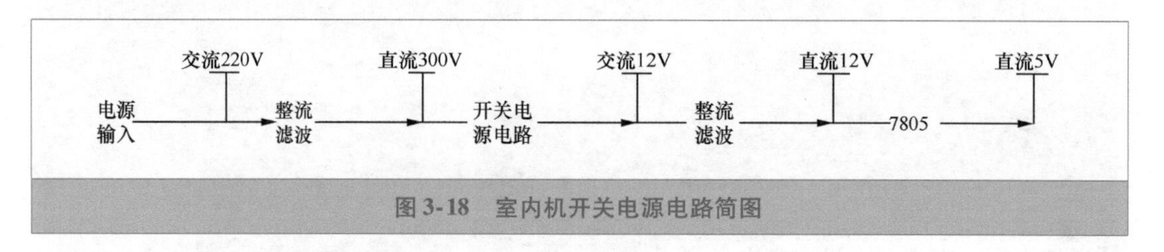

图 3-18 室内机开关电源电路简图

2. 工作原理

图 3-19 为开关电源电路原理图，图 3-20 为实物图。

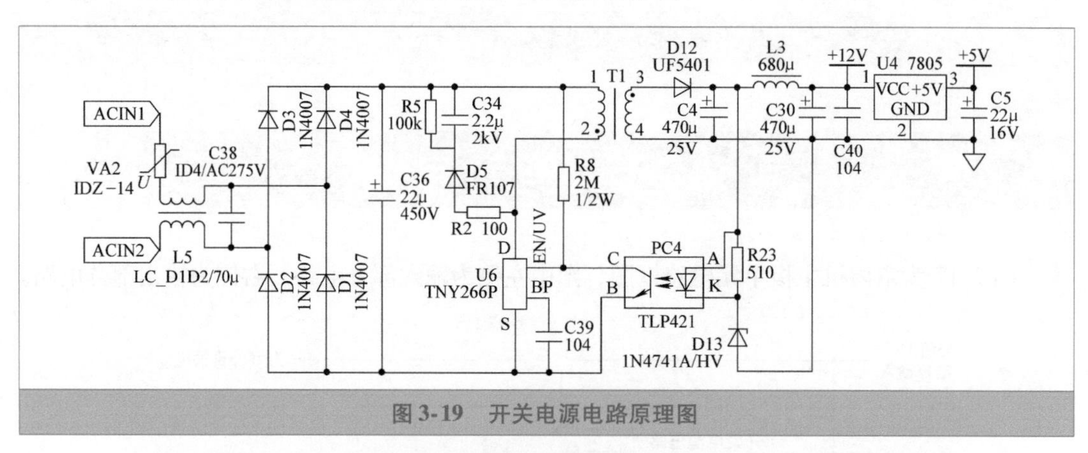

图 3-19 开关电源电路原理图

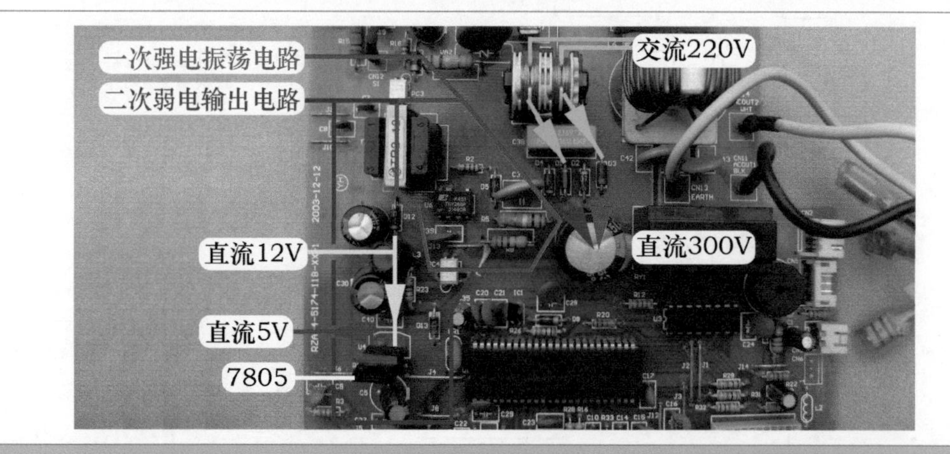

图 3-20 开关电源电路实物图

（1）交流滤波电路

电容 C33 为高频旁路电容，与滤波电感 L6 组成 LC 滤波电路，用以旁路电源引入的高频干扰信号；熔丝管 F1、压敏电阻 VA1 组成过电压保护电路，输入电压正常时对电路没有影响，而当输入电压过高时，VA1 迅速击穿，将前端 F1 熔丝管熔断，从而保护主板后级电路免受损坏。

交流220V电压经过滤波后，其中一路分支送至开关电源电路，经过由VA2、扼流圈L5、电容C38组成的LC滤波电路，使输入的交流220V电压更加纯净。

(2) 整流滤波电路

二极管D1～D4组成桥式整流电路，将交流220V电压整流成为脉动的直流300V电压，电容C36滤除其中的交流成分，变为纯净的直流300V电压。

(3) 开关振荡电路

本电路为反激式开关电源电路，特点是U6内置振荡器和场效应晶体管（开关管），振荡开关频率固定，通过改变脉冲宽度来调整占空比。开关频率固定，因此设计电路相对简单，但是受功率开关管最小导通时间限制，对输出电压不能做宽范围调节。由于采用反激式开关方式，电网的干扰就不能经开关变压器直接耦合至二次绕组，具有较好的抗干扰能力。

直流300V电压正极经开关变压器一次绕组接集成电路U6内部开关管的漏极D，负极接开关管源极S。高频开关变压器T1一次绕组与二次绕组极性相反，U6内部开关管导通时一次绕组存储能量，二次绕组因整流二极管D12承受反向电压而截止，相当于开路；U6内部开关管截止时，T1一次绕组极性变换，二次绕组极性同样变换，D12正向偏置导通，一次绕组向二次绕组释放能量。

U6内部开关管交替导通与截止，开关变压器二次绕组得到高频脉冲电压，经D12整流，电容C4、C30、C40和电感L3滤波，成为纯净的直流12V电压为主板12V负载供电。其中一个支路送至U4（7805）的①脚输入端，经内部电路稳压后在③脚输出端输出稳定的直流5V电压，为主板5V负载供电。

R5、C34、D5、R2组成钳位保护电路，吸收开关管截止时加在漏极D上的尖峰电压，并将其降至一定的范围之内，防止过电压损坏开关管。

C39为旁路电容，实现高频滤波和能量存储，在开关管截止时为U6提供工作电压，由于容量仅为0.1μF，因此U6上电时迅速启动并使输出电压不会过高。

电阻R8为输入电压检测电阻，开关电源电路在输入电压高于100V时，集成电路U6才能工作。如果R8阻值发生变化，导致U6欠电压阈值发生变化，将出现开关电源电路不能正常工作的故障。

(4) 稳压电路

稳压电路采用脉宽调制方式，由电阻R23、11V稳压管D13、光耦PC4和U6的④脚（EN/UV）组成。如因输入电压升高或负载发生变化引起直流12V电压升高，由于稳压管D13的作用，电阻R23两端电压升高，相当于光耦PC4初级发光二极管两端电压上升，光耦次级光敏晶体管导通能力增强，U6的④脚电压下降，通过减少开关管的占空比，使开关管导通时间缩短而截止时间延长，开关变压器存储的能量变少，输出电压也随之下降。如直流12V电压降低，光耦次级导通能力下降，U6的④脚电压上升，增加开关管的占空比，开关变压器存储的能量增加，输出电压也随之升高。

(5) 输出电压直流12V

输出电压直流12V的高低，由稳压管D13稳压值（11V）和光耦PC4初级发光二极管的压降（约1V）共同设定。正常工作时实测稳压管D13两端电压为直流10.5V，光耦PC4初级两端电压为1V，输出电压为11.5V。

3. 电源电路负载

（1）直流 12V

主要有 5 个支路：①5V 电压产生电路 7805 稳压块的①脚输入端；②2003 反相驱动器；③蜂鸣器；④主控继电器；⑤步进电机。

（2）直流 5V

主要有 7 个支路：①CPU；②复位电路；③霍尔反馈电路；④传感器电路；⑤显示板组件上指示灯和接收器；⑥光耦晶闸管；⑦通信电路光耦和其他弱电信号处理电路。

二、CPU 和其三要素电路

1. CPU 简介

CPU 是主板上体积最大、引脚最多的器件，是一个大规模的集成电路，是电控系统的控制中心，内部写入了运行程序。室内机 CPU 的作用是接收使用者的操作指令，结合室内环温、管温传感器等输入部分电路的信号进行运算和比较，确定运行模式（如制冷、制热、除湿和送风等），并通过通信电路传送至室外机主板 CPU，间接控制压缩机、室外风机、四通阀线圈等部件，使空调器按使用者的意愿工作。

海信 KFR-26GW/11BP 室内机 CPU 型号为 MB89P475，实物外形见图 3-21，主板代号 U1，共有 48 个引脚，表 3-3 为主要引脚功能。

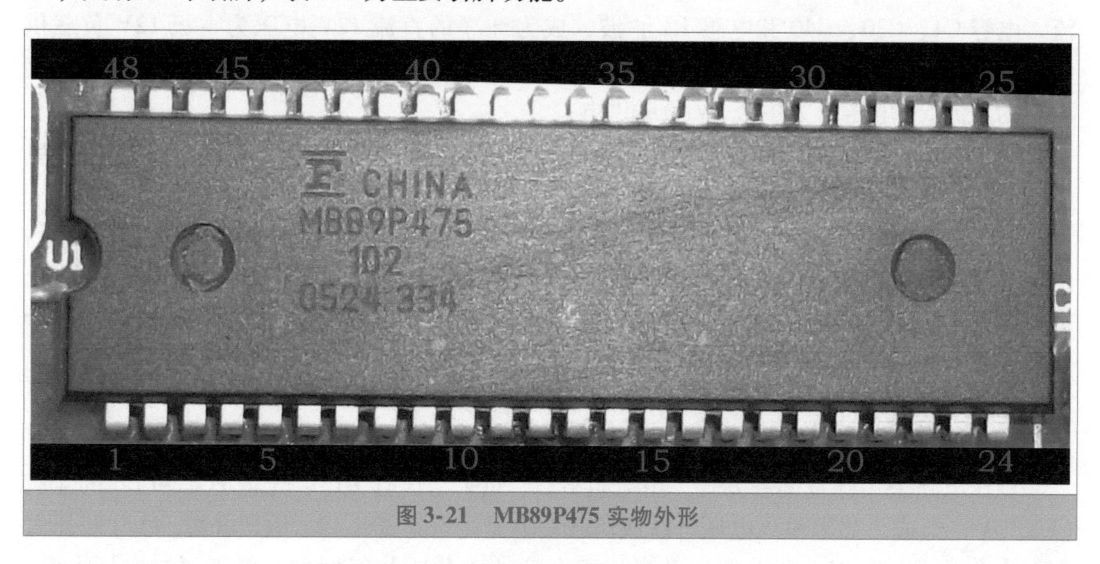

图 3-21 MB89P475 实物外形

表 3-3 MB89P475 主要引脚功能

引 脚	英文符号	功 能	说 明
㊲、㉒	V_{CC}或V_{DD}	电源	CPU 三要素电路
①、㉑	V_{SS}或 GND	地	
㊼	XIN 或 OSC1	8MHz 晶振	
㊽	XOUT 或 OSC2		
㊹	RESET	复位	
㊶	S 或 RXD	通信信号输入	通信电路
㊷	SO 或 TXD	通信信号输出	

（续）

引　脚	英文符号	功　能	说　明
⑲	ROOM	室内管温输入	输入部分电路
⑳	COIL	室内环温输入	
⑪	SPEED	应急开关输入	
⑫		遥控器信号输入	
⑩	ZERO	过零信号输入	
⑨		霍尔反馈输入	
指示灯：㉙高效（红）、㉚运行（蓝）、㉛定时（绿）、㉜电源（红）、㉝电源（绿）			输出部分电路
㉓~㉖	FLAP	步进电机	
㉞	BUZZ	蜂鸣器	
㊴	FAN-DRV	室内风机	
㉗		主控继电器	

注：②、④~⑧、⑬~⑱、㉘、㉟、㊱、㊳、㊵、㊸、㊺脚均为空脚。

2. CPU 三要素电路工作原理

图 3-22 为 CPU 三要素电路原理图，图 3-23 为实物图。电源、复位、时钟振荡电路称为三要素电路，是 CPU 正常工作的前提，缺一不可，否则会死机，引起空调器上电后室内机主板无反应的故障。

（1）电源电路

CPU㊲脚是电源供电引脚，电压由 7805 的③脚输出端直接供给。

CPU①脚为接地引脚，和 7805 的②脚相连。

（2）复位电路

复位电路使 CPU 内部程序处于初始状态。CPU 的㊹脚为复位引脚，外围元器件 IC1（HT7044A）、R26、C35、C201、D8 组成低电平复位电路。开机瞬间，直流 5V 电压在滤波电容的作用下逐渐升高，当电压低于 4.6V 时，IC1 的①脚为低电平约 0V，加至㊹脚，使 CPU 内部电路清零复位；当电压高于 4.6V 时，IC1 的①脚变为高电平 5V，加至 CPU㊹脚，使其内部电路复位结束，开始工作。电容 C35 用来调整复位时间。

（3）时钟振荡电路

时钟振荡电路提供时钟频率。CPU㊼、㊽脚为时钟引脚，内部振荡器电路与外接的晶振 CR1 组成时钟振荡电路，提供稳定的 8MHz 时钟信号，使 CPU 能够连续执行指令。

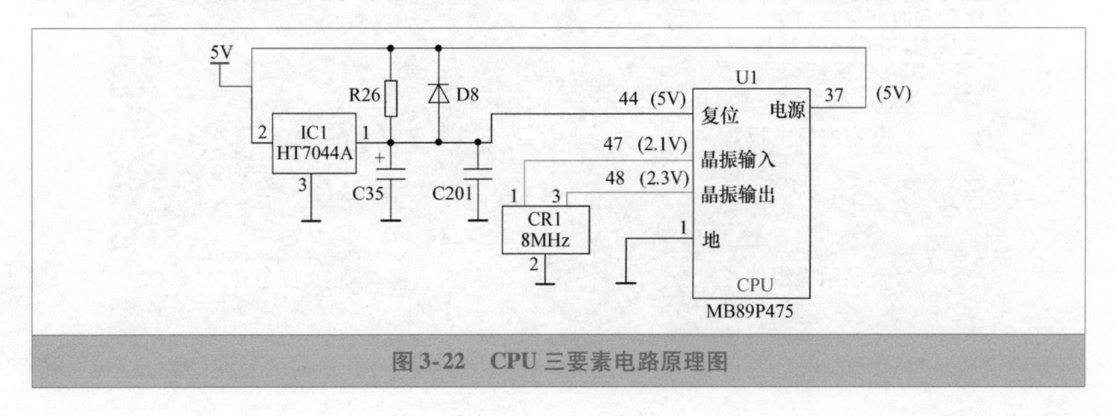

图 3-22　CPU 三要素电路原理图

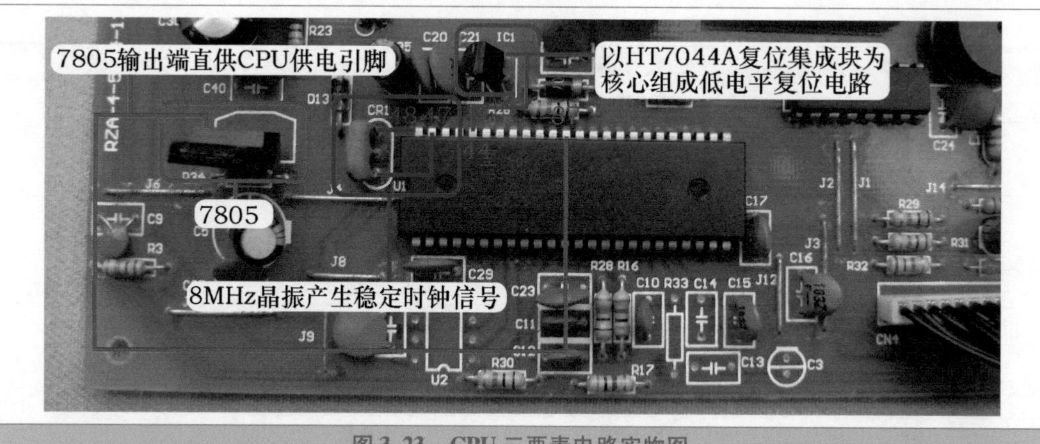

图 3-23　CPU 三要素电路实物图

三、应急开关电路

图 3-24 为应急开关电路原理图，图 3-25 为实物图，该电路的作用是无遥控器时可以开启和关闭空调器。

CPU⑪脚为应急开关信号输入引脚，正常即应急开关未按下时为高电平直流 5V；在无遥控器需要开启或关闭空调器时，按下应急开关的按键，⑪脚为低电平 0V，CPU 根据低电平的次数和时间长短进入各种控制程序。

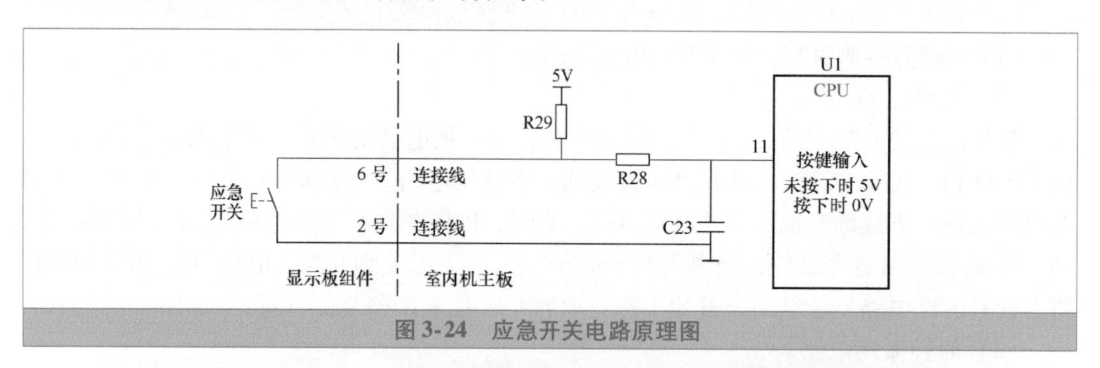

图 3-24　应急开关电路原理图

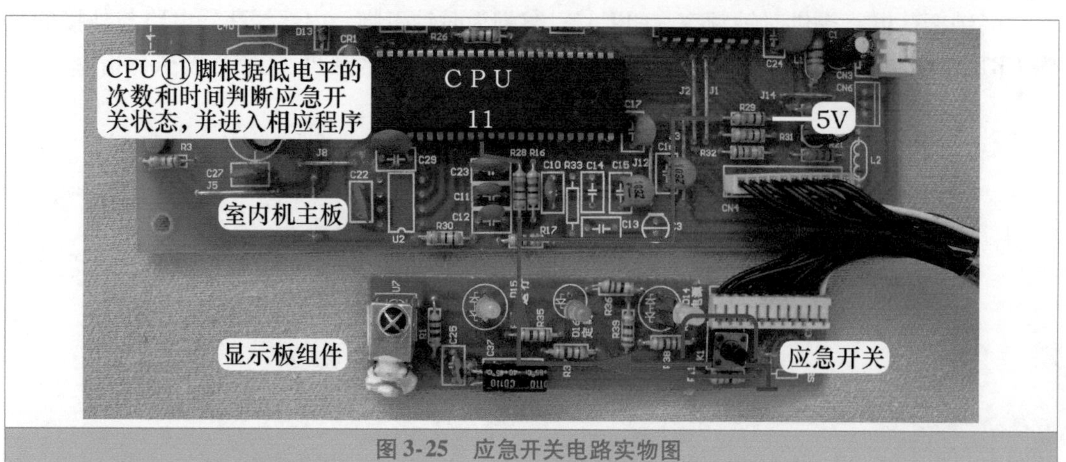

图 3-25　应急开关电路实物图

四、遥控器信号电路

图 3-26 为遥控器信号接收电路原理图，图 3-27 为实物图，该电路的作用是处理遥控器发送的信号并送至 CPU 相关引脚。

遥控器发射含有经过编码的调制信号，以 38kHz 为载波频率发送至接收器 U7，接收器将光信号转换为电信号，并进行放大、滤波、整形，经电阻 R11 和 R16 送至 CPU⑫脚，CPU 内部电路解码后得出遥控器的按键信息，从而对电路进行控制；CPU 每接收到遥控器信号后都会控制蜂鸣器响一声给予提示。

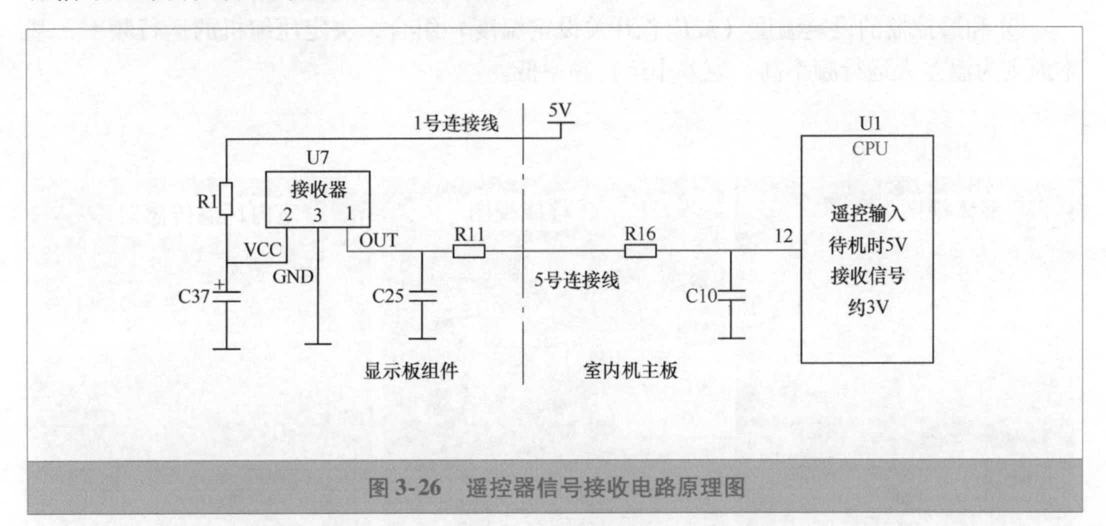

图 3-26　遥控器信号接收电路原理图

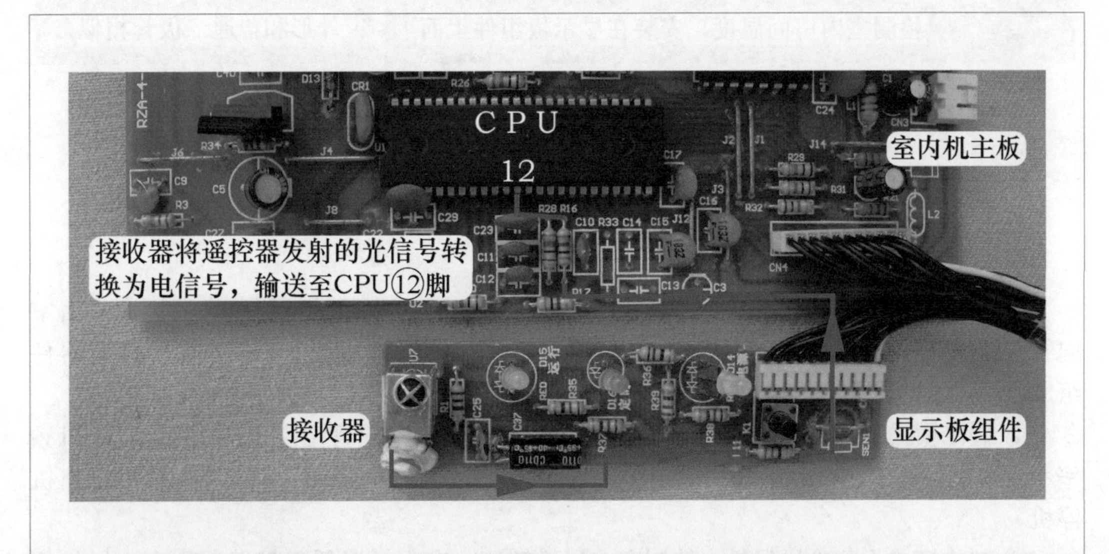

图 3-27　遥控器信号接收电路实物图

五、传感器电路

传感器电路向室内机 CPU 提供室内房间温度和蒸发器温度共 2 种温度信号。

1. 室内环温传感器安装位置和电路作用

图3-28为环温传感器安装位置和实物外形。本机的环温传感器比较特殊，与常见机型不同，没有安装在蒸发器的进风面，而是直接焊接在显示板组件上面（相对应主板没有环温传感器插座），且实物外形和普通二极管相似；管温传感器与常见机型相同。

① 室内环温传感器在电路中的英文符号为“ROOM”，作用是检测室内房间温度，由室内环温传感器（25℃/5kΩ）和分压电阻R21（4.7kΩ精密电阻、1%误差）等元器件组成。

② 制冷模式，控制室外机停机；制热模式，控制室内风机和室外机停机。

③ 和遥控器的设定温度（或应急开关设定温度）组合，决定压缩机的运行频率，基本原则为温差大运行频率高，温差小运行频率低。

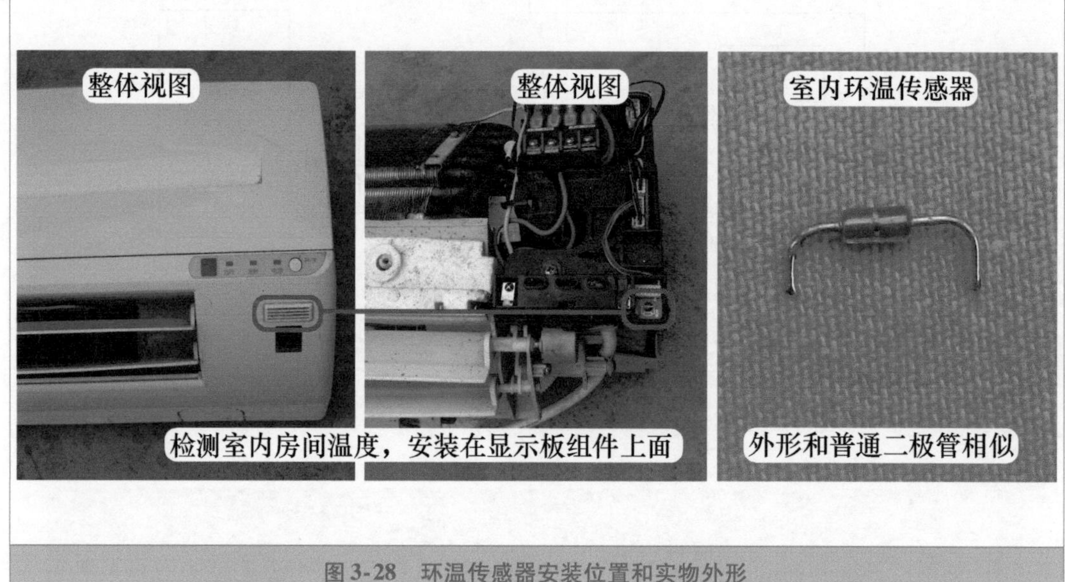

图3-28 环温传感器安装位置和实物外形

2. 室内管温传感器安装位置和电路作用

图3-29为管温传感器安装位置和实物外形。

① 室内管温传感器在电路中的英文符号是“COIL”，作用是检测蒸发器温度，由室内管温传感器（25℃/5kΩ）和分压电阻R22（4.7kΩ精密电阻、1%误差）等元器件组成。

② 制冷模式下防冻结保护：控制压缩机运行频率。室内管温高于9℃时，压缩机频率不受约束；低于7℃时压缩机禁升频，低于3℃时压缩机降频，低于-1℃时压缩机停机。

③ 制热模式下防冷风保护：控制室内风机转速。室内管温低于23℃时，室内风机停机；高于28℃时低风，高于32℃时中风，高于38℃时按设定风速运行。

④ 制热模式下防过载保护：控制压缩机运行频率。室内管温低于48℃时，频率不受约束；高于63℃时，压缩机降频；高于78℃时，控制压缩机停机。

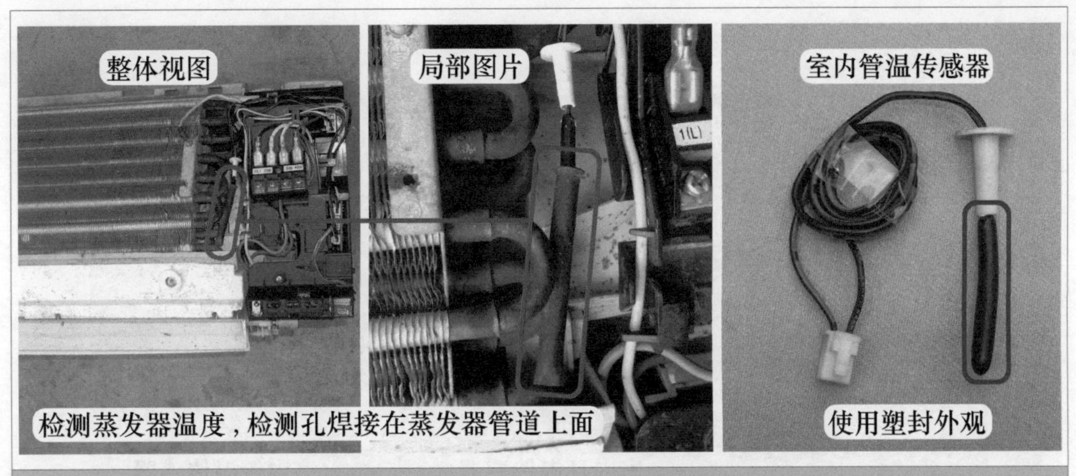

图 3-29 管温传感器安装位置和实物外形

3. 传感器电路工作原理

图 3-30 为传感器电路原理图，图 3-31 为管温传感器信号流程，该电路的作用是向室内机 CPU 提供室内房间温度和蒸发器温度信号。

室内机 CPU 的⑳脚检测室内环温传感器温度，⑲脚检测室内管温传感器温度，2 路传感器工作原理相同，均为传感器与偏置电阻组成分压电路，传感器为负温度系数（NTC）的热敏电阻。以室内管温传感器电路为例，如蒸发器温度由于某种原因升高，室内管温传感器温度也相应升高，其阻值变小，根据分压电路原理，分压电阻 R22 分得的电压也相应升高，输送到 CPU⑲脚的电压升高，CPU 根据电压值计算得出蒸发器的实际温度，并与内置的数据相比较，对电路进行控制。假如在制热模式下，计算得出的温度大于 78℃，则控制压缩机停机，并显示故障代码。

环温与管温传感器型号相同，均为 25℃/5kΩ，分压电阻的阻值也相同，因此在刚上电未开机时，环温和管温传感器检测的温度基本相同，CPU 的⑲脚和⑳脚电压也基本相同，传感器插座分压点引针电压也基本相同，房间温度在 25℃时电压约为 2.4V。

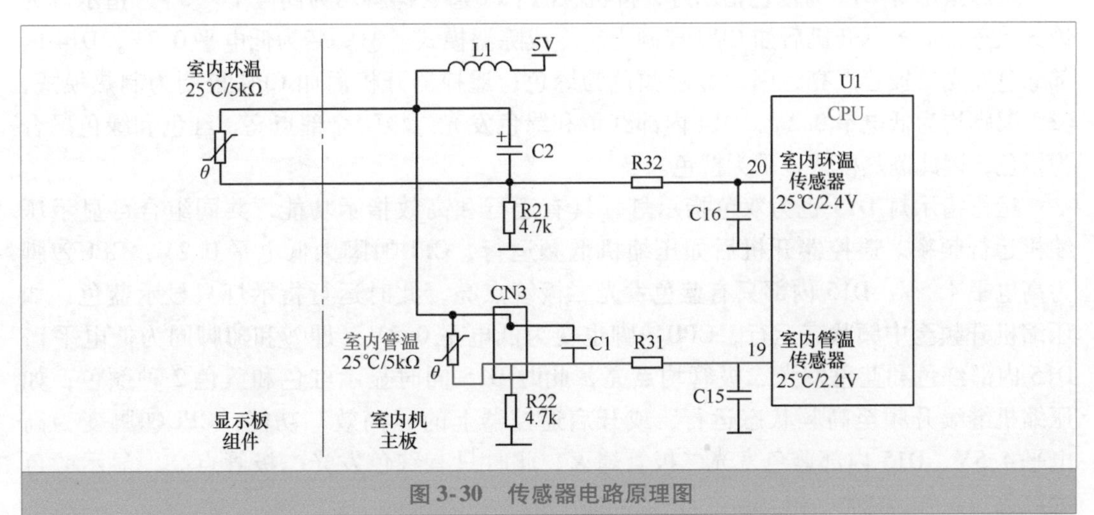

图 3-30 传感器电路原理图

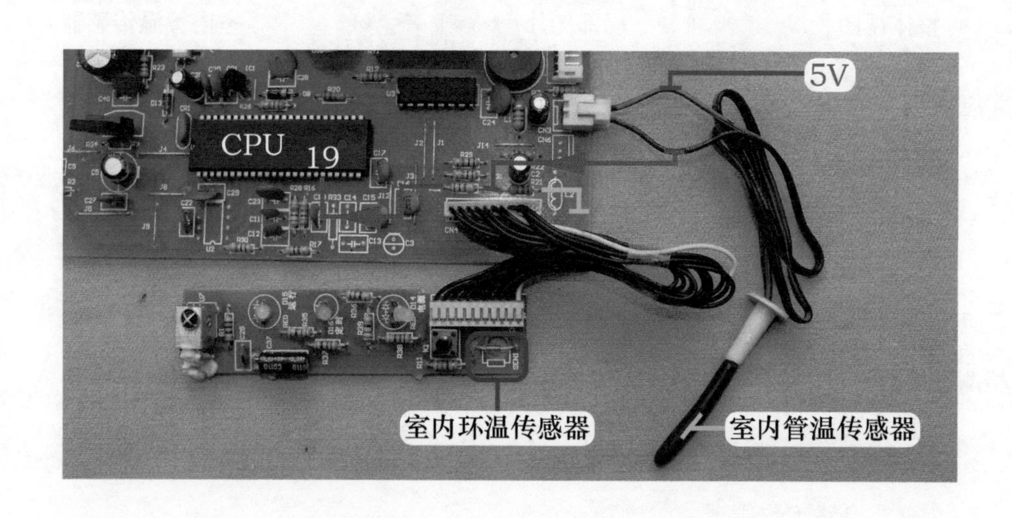

图3-31 管温传感器信号流程

六、指示灯电路

图3-32为指示灯电路原理图，图3-33为电源指示灯信号流程，该电路的作用是指示空调器工作状态，或者出现故障时以指示灯的亮、灭、闪的组合显示代码。

CPU㉙~㉝脚分别是高效、运行、定时、电源指示灯控制引脚，运行D15、电源D14指示灯均为双色指示灯。

定时指示灯D16为单色指示灯，正常情况下，CPU㉛脚为高电平4.5V，D16因两端无电压差而熄灭；如遥控器开启“定时”功能，CPU处理后开始计时，同时㉛脚变为低电平0.2V，D16两端电压为1.9V而点亮，显示绿色。

电源指示灯D14为双色指示灯，待机状态CPU㉜、㉝脚均为高电平4.5V，指示灯为熄灭状态；遥控器开机后如CPU控制为制冷或除湿模式，㉝脚变为低电平0.2V，D14内部绿色发光二极管点亮，因此显示颜色为绿色；遥控器开机后如CPU控制为制热模式，㉜、㉝脚均为低电平0.2V，D14内部红色和绿色发光二极管全部点亮，红色和绿色融合为橙色，因此制热模式显示为橙色。

运行指示灯D15也为双色指示灯，具有运行和高效指示功能，共同组合可显示压缩机运行频率。遥控器开机后如压缩机低频运行，CPU㉚脚为低电平0.2V，CPU㉙脚为高电平4.5V，D15内部只有蓝色发光二极管点亮，此时运行指示灯只显示蓝色；如压缩机升频至中频状态运行，CPU㉙脚也变为低电平0.2V（即㉙和㉚脚同为低电平），D15内部红色和蓝色发光二极管均点亮，此时D15同时显示红色和蓝色2种颜色；如压缩机继续升频至高频状态运行，或开启遥控器上的“高效”功能，CPU㉚脚变为高电平4.5V，D15内部蓝色发光二极管熄灭，此时只有红色发光二极管点亮，显示颜色为红色。

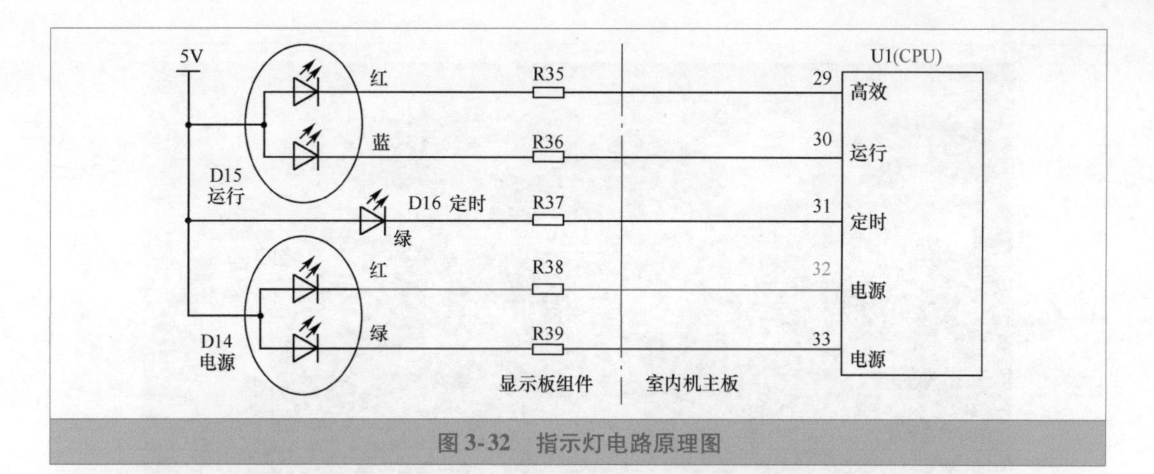

图 3-32 指示灯电路原理图

图 3-33 电源指示灯信号流程

七、蜂鸣器电路

图 3-34 为蜂鸣器电路原理图，图 3-35 为实物图，该电路的作用为提示（响一声）CPU 接收到遥控器信号且已处理。

CPU㉞脚是蜂鸣器控制引脚，正常时为低电平；当接收到遥控器信号且处理后引脚变为高电平，反相驱动器 U3 的输入端①脚也为高电平，输出端⑯脚则为低电平，蜂鸣器发出预先录制的音乐。

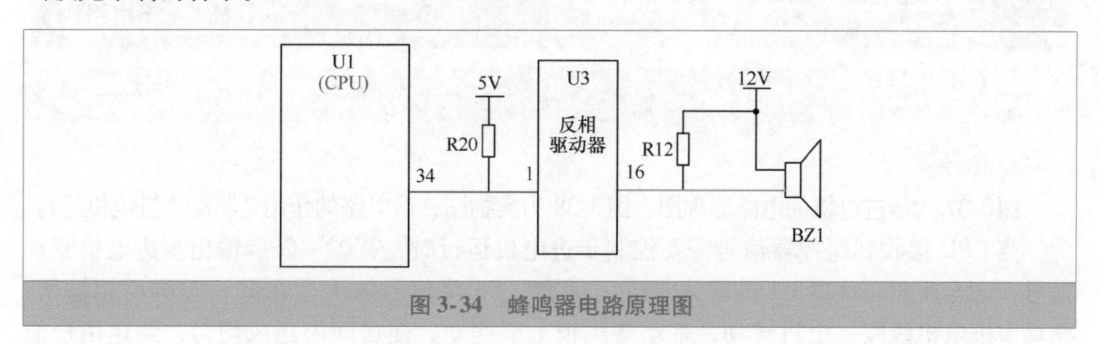

图 3-34 蜂鸣器电路原理图

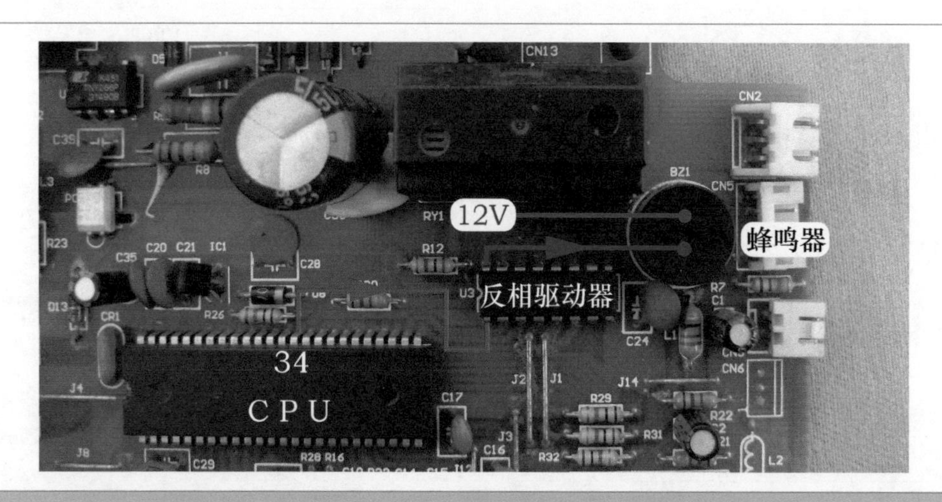

图 3-35　蜂鸣器电路实物图

八、步进电机电路

1. 步进电机安装位置

步进电机的作用是驱动室内机导风板，安装位置和实物外形见图 3-36。制冷时吹出的空气潮湿，于是自然下沉，使用时应将导风板角度设置为水平状态，避免直吹人体；制热时吹出的空气干燥，于是自然向上漂移，使用时将导风板角度设置为向下状态，这样可以使房间内送风合理且均匀。

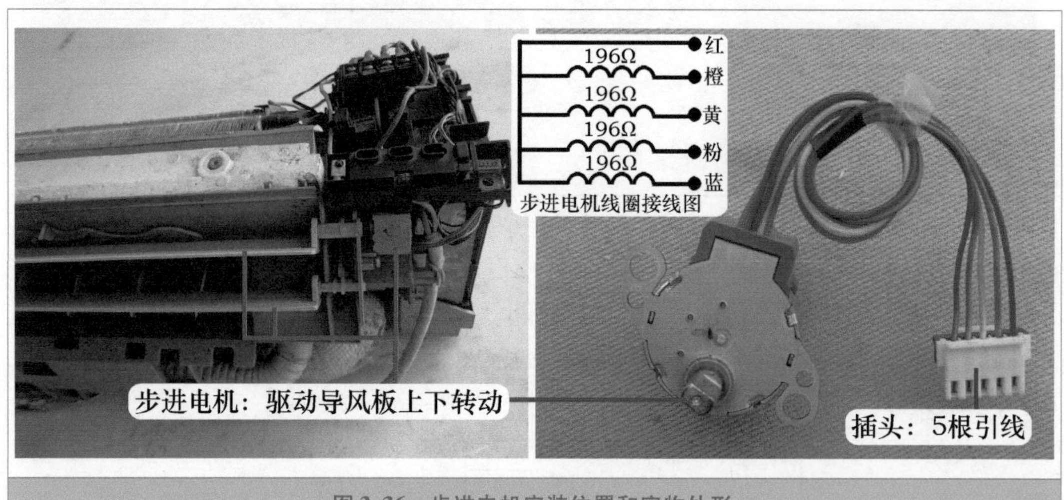

图 3-36　步进电机安装位置和实物外形

2. 工作原理

图3-37 为步进电机的电路原理图，图3-38 为实物图，该电路的作用是驱动步进电机运行。

当 CPU 接收到遥控器信号需要控制步进电机运行时，其㉓～㉖脚输出步进电机驱动信号，送至反相驱动器 U3 的输入端⑤～②脚，U3 将信号放大后在⑫～⑮脚反相输出，驱动步进电机线圈，电机转动，带动导风板上下摆动，使房间内送风均匀，到达用户需要的地方；需要控制步进电机停止转动时，CPU㉓~㉖脚输出低电平0V，线圈无驱动电压，使得步进电机停止运行。

驱动步进电机运行时，CPU的4个引脚按顺序输出高电平，实测电压在1.3V左右变化；反相驱动器输入端电压在1.3V左右变化，输出端电压在8.5V左右变化。

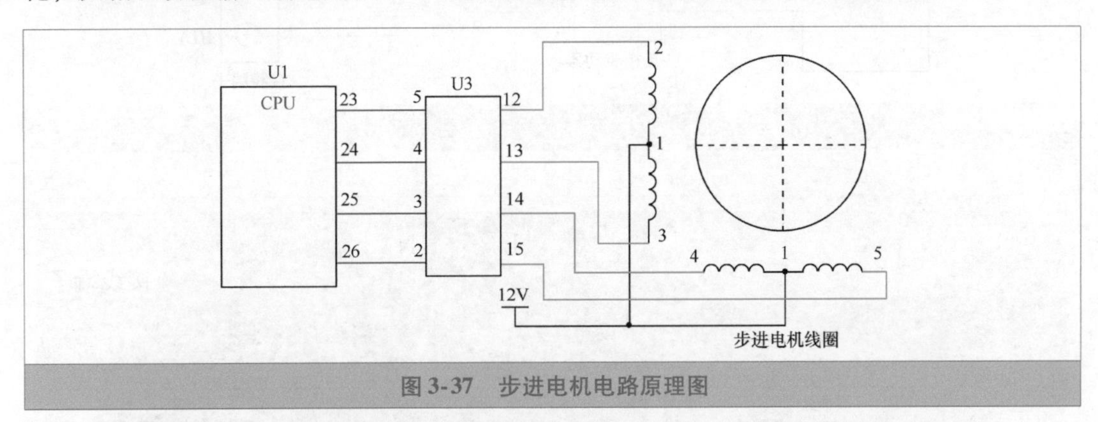

图3-37 步进电机电路原理图

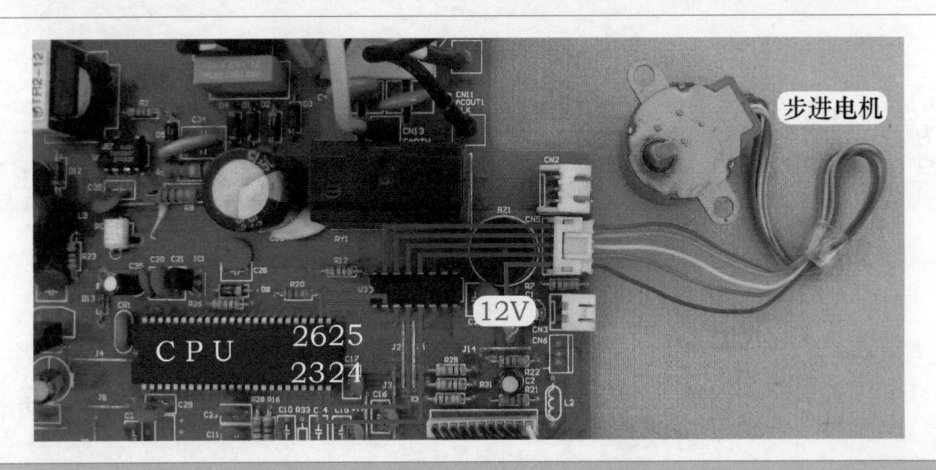

图3-38 步进电机电路实物图

九、主控继电器电路

图3-39为主控继电器驱动电路原理图，图3-40为继电器触点闭合过程，图3-41为继电器触点断开过程，该电路的作用是接通或断开室外机的供电。

当CPU处理输入的信号，需要为室外机供电时，㉗脚变为高电平5V，送至反相驱动器U3的输入端⑥脚，⑥脚为高电平5V，U3内部电路翻转，使得输出端引脚接地，其对应输出端⑪脚为低电平0.8V，继电器RY1线圈得到11.2V供电，产生电磁吸力使触点3-4闭合，电源电压由L端经主控继电器3-4触点去接线端子，与N端组合为交流220V电压，为室外机供电。

当CPU处理输入的信号，需要断开室外机供电时，㉗脚为低电平0V，U3输入端⑥脚也为低电平0V，内部电路不能翻转，对应输出端⑪脚不能接地，继电器RY1线圈电压为0V，触点3-4断开，室外机也就停止供电。

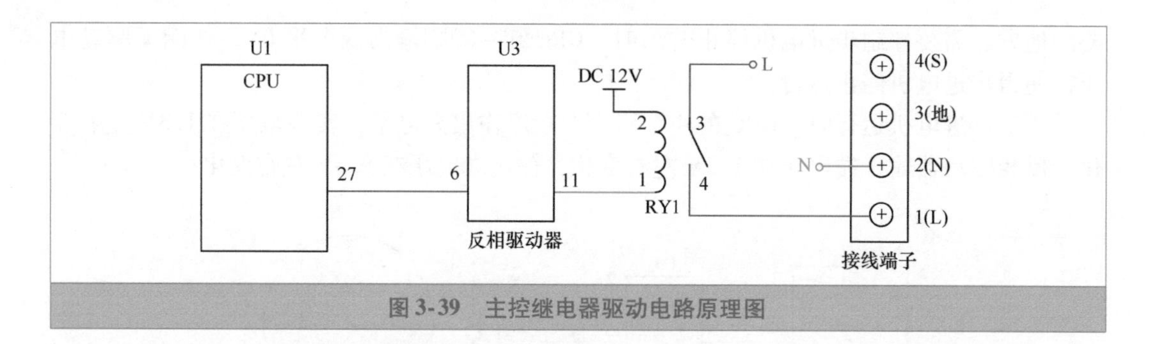

图3-39　主控继电器驱动电路原理图

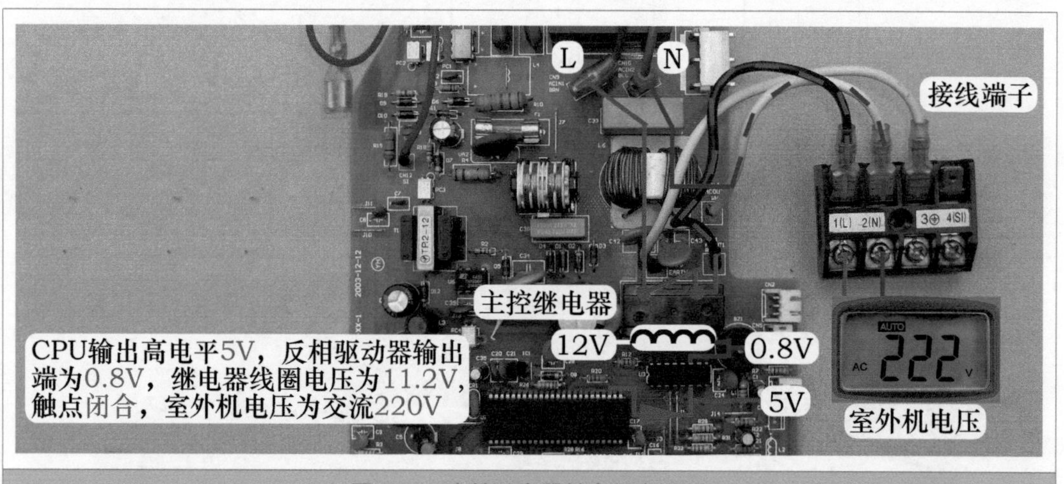

图3-40　主控继电器触点闭合过程

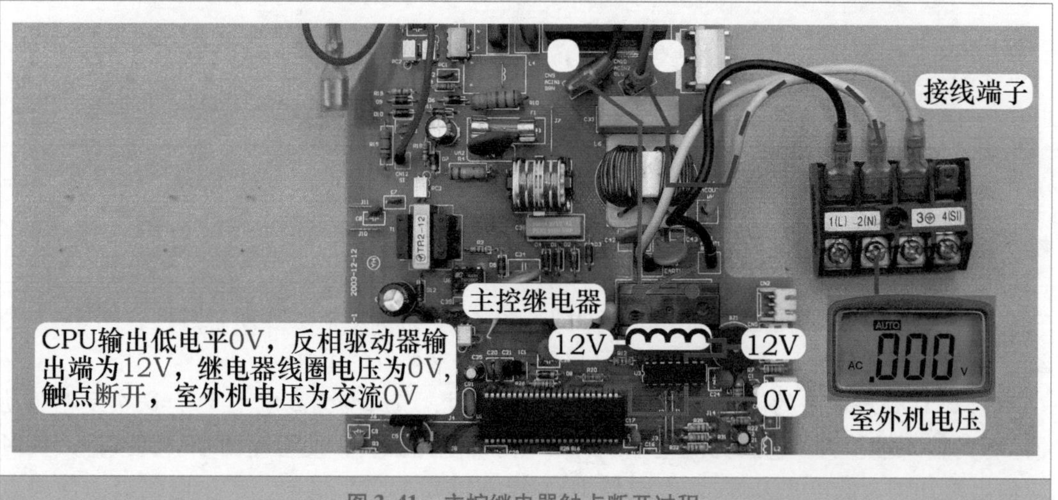

图3-41　主控继电器触点断开过程

十、过零检测电路

1. 作用

图3-42为过零检测电路原理图，图3-43为实物图，该电路的作用是为CPU提供电

源电压的零点位置信号，以便 CPU 在零点附近驱动光耦晶闸管的触发延迟角，并通过软件计算出电源供电是否存在瞬时断电的故障。本机主板供电使用开关电源电路，过零检测电路的取样点为交流 220V。

➡ 说明：如果室内机主板使用变压器降压型电源电路，则过零检测电路取样点为变压器二次绕组整流电路的输出端。两者电路设计思路不同，使用的元器件和检测点也不相同，但工作原理类似，所起的作用是相同的。

2. 工作原理

过零检测电路主要由电阻 R4、光耦 PC3 等主要元器件组成。交流电源处于正半周即 L 正、N 负时，光耦 PC3 初级得到供电，内部发光二极管发光，使得次级光敏晶体管导通，5V 电压经 PC3 次级、电阻 R30 为 CPU⑩脚供电，为高电平 5V；交流电源为负半周即 L 负、N 正时，光耦 PC3 初级无供电，内部发光二极管无电流通过不能发光，使得次级光敏晶体管截止，CPU⑩脚经电阻 R30、R3 接地，引脚电压为低电平 0V。

交流电源正半周和负半周极性交替变换，光耦反复导通、截止，在 CPU⑩脚形成 100Hz 脉冲波形，CPU 内部电路通过处理，检测电源电压的零点位置及供电是否存在瞬时断电。

交流电源频率为每秒 50Hz，每 1Hz 为一周期，一周期由正半周和负半周组成，也就是说 CPU⑩脚电压每秒变化 100 次，速度变化极快，万用表显示值不为跳变电压而是稳定的直流电压，实测⑩脚电压为直流 2. 2V，光耦 PC3 初级为直流 0. 2V。

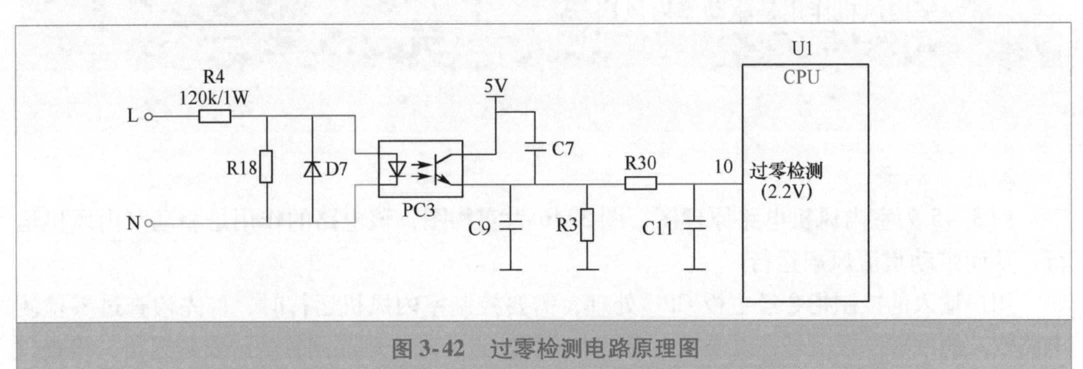

图 3-42　过零检测电路原理图

图 3-43　过零检测电路实物图

十一、室内风机驱动电路

1. 室内风机安装位置和实物外形

室内风机（PG电机）安装在室内机右侧部分，见图3-44，作用是驱动室内风扇（贯流风扇），在制冷时将蒸发器产生的冷量带出吹向房间内，从而降低房间温度。

室内风机电路用于驱动室内风机运行，由过零检测电路、室内风机驱动电路和霍尔反馈电路3个单元电路组成。

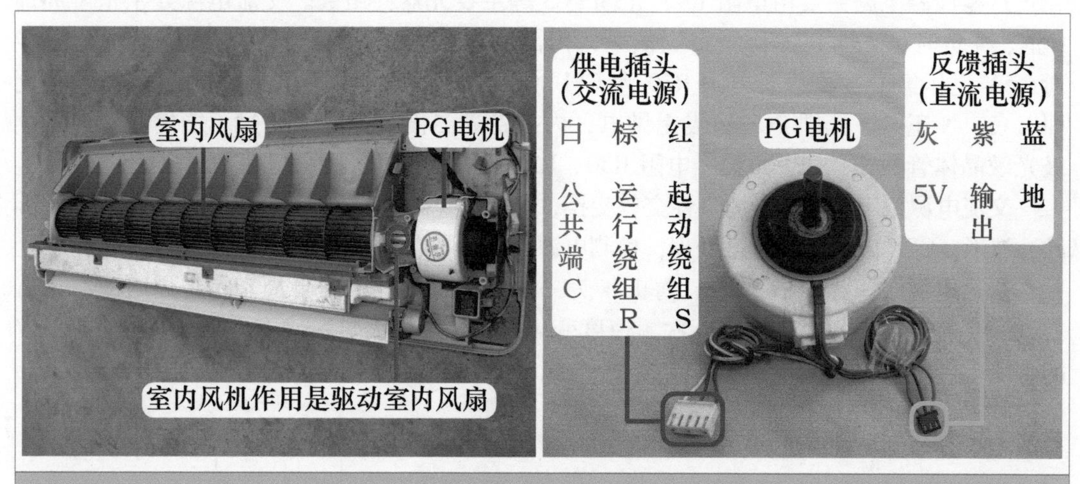

图3-44 室内风机安装位置和实物外形

2. 工作原理

图3-45为室内风机电路原理图，图3-46为实物图，该电路的作用是驱动室内风机运行，从而带动贯流风扇运行。

用户输入的控制指令经主板CPU处理，需要控制室内风机运行时，首先检查过零检测电路输入的过零位置信号，以便在电源零点位置附近驱动光耦晶闸管的触发延迟角，检查过零信号正常后CPU㊴脚输出驱动信号，经R34送至U5（光耦晶闸管）初级发光二极管的负极，次级晶闸管导通，室内风机开始运行。电机运行之后输出代表转速的霍尔信号经电路反馈至CPU的相关引脚，CPU计算实际转速并与程序设定的转速相比较，如有误差则改变光耦晶闸管的触发延迟角，改变室内风机的工作电压，从而改变转速，使之与目标转速相同。

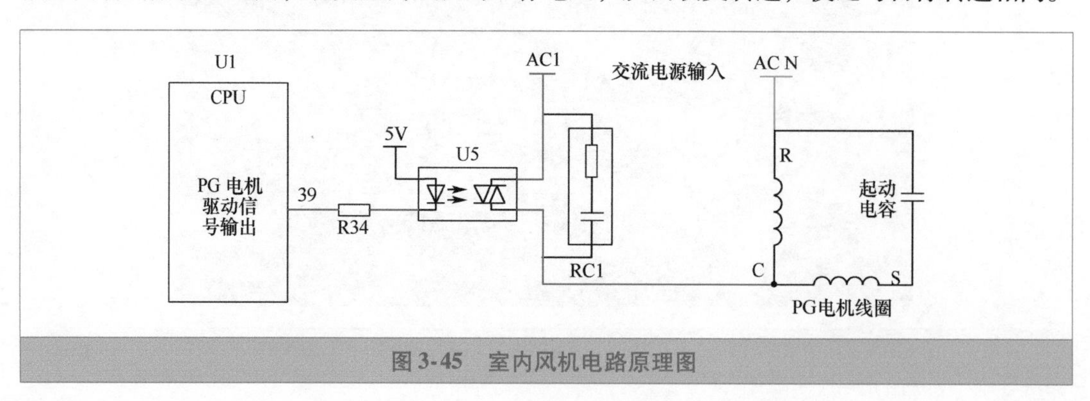

图3-45 室内风机电路原理图

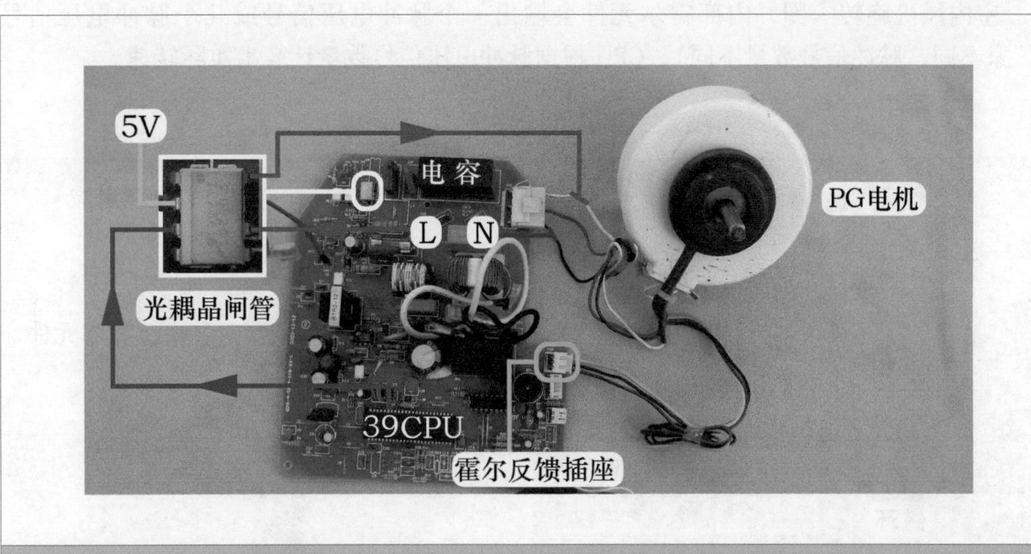

图 3-46 室内风机电路实物图

十二、霍尔反馈电路

1. 霍尔元件

霍尔元件实物外形和引脚功能见图 3-47 左图，是一种基于霍尔效应的磁传感器，用它们可以检测磁场及其变化，可在各种与磁场有关的场合中使用。

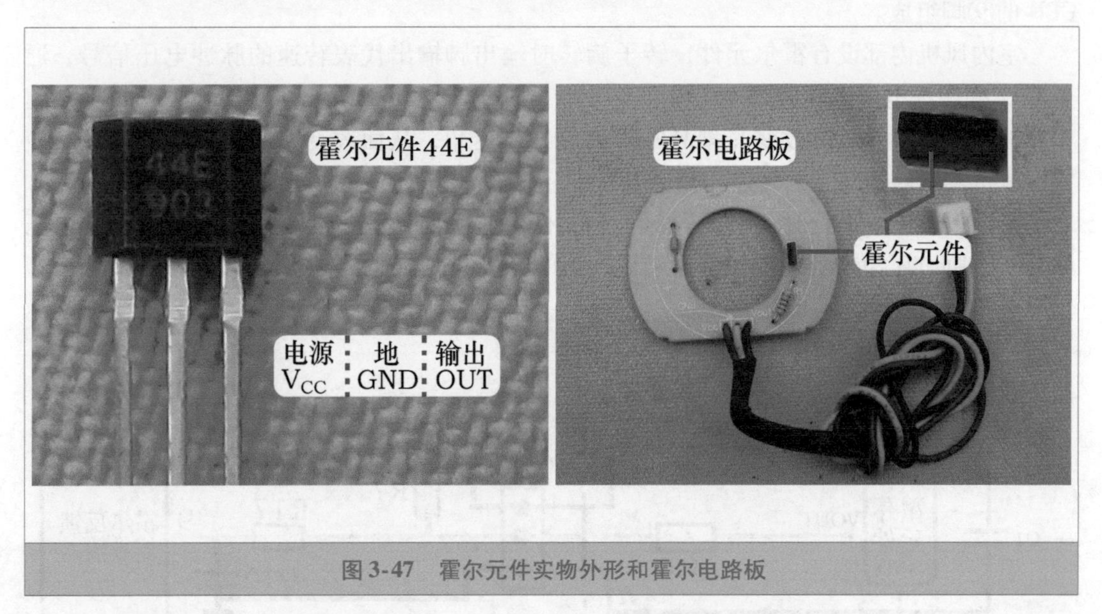

图 3-47 霍尔元件实物外形和霍尔电路板

应用在室内风机电路中时，霍尔元件安装在电路板上（见图 3-47 右图），电机的转子上面安装有磁环（见图 3-48 左图），在空间位置上霍尔元件与磁环相对应（见图 3-48 右图），转子旋转时带动磁环转动，霍尔元件将磁感应信号转化为高电平或低电平的脉冲电压由输出脚输出并送至主板 CPU，CPU 根据脉冲电压信号计算出电机的实际转速。

室内风机旋转一圈，内部霍尔元件会输出一个脉冲电压信号或几个脉冲电压信号（厂家不同，脉冲信号数量不同），CPU 根据脉冲电压信号数量计算出实际转速。

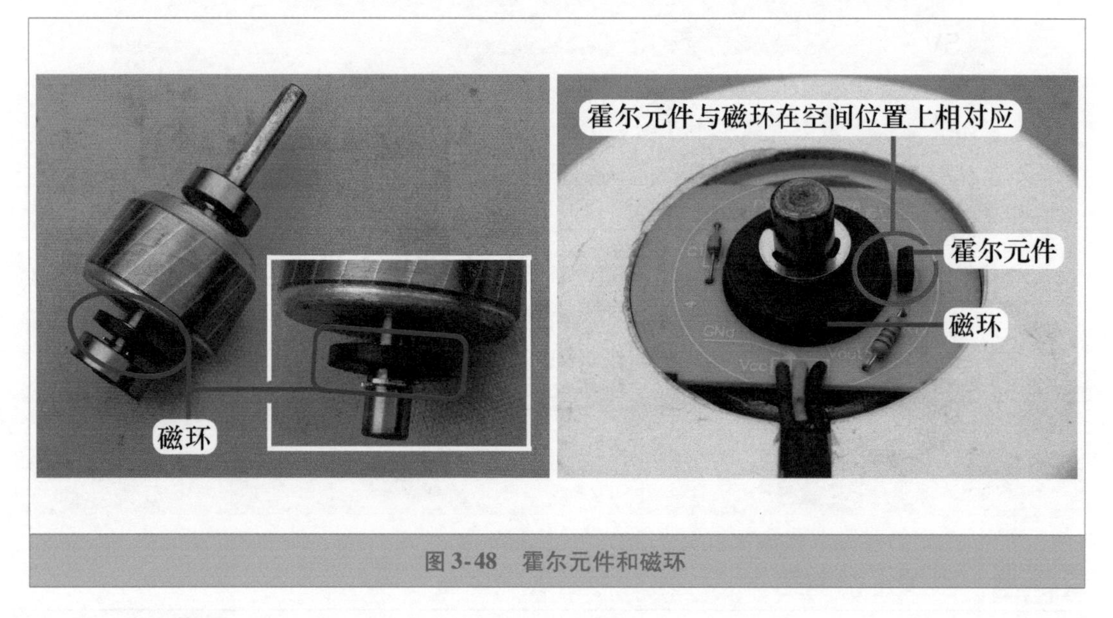

图 3-48 霍尔元件和磁环

2. 工作原理

图 3-49 为霍尔反馈电路原理图，图 3-50 为实物图，该电路的作用是向 CPU 提供代表室内风机实际转速的霍尔信号，由室内风机内部霍尔元件、电阻 R7/R17、电容 C12 和 CPU 的⑨脚组成。

室内风机内部设有霍尔元件，转子旋转时输出脚输出代表转速的脉冲电压信号，通过 CN2 插座、电阻 R17 提供给 CPU 的⑨脚，CPU 内部电路计算出实际转速，与目标转速相比较，如有误差通过改变光耦晶闸管的触发延迟角，从而改变室内风机工作电压，使室内风机实际转速与目标转速相同。

室内风机停止运行时，根据内部霍尔元件位置不同，霍尔反馈插座的信号引针电压即 CPU⑨脚电压为 5V 或 0V；室内风机运行时，不论高速还是低速，电压恒为 2.5V，即供电电压 5V 的一半。

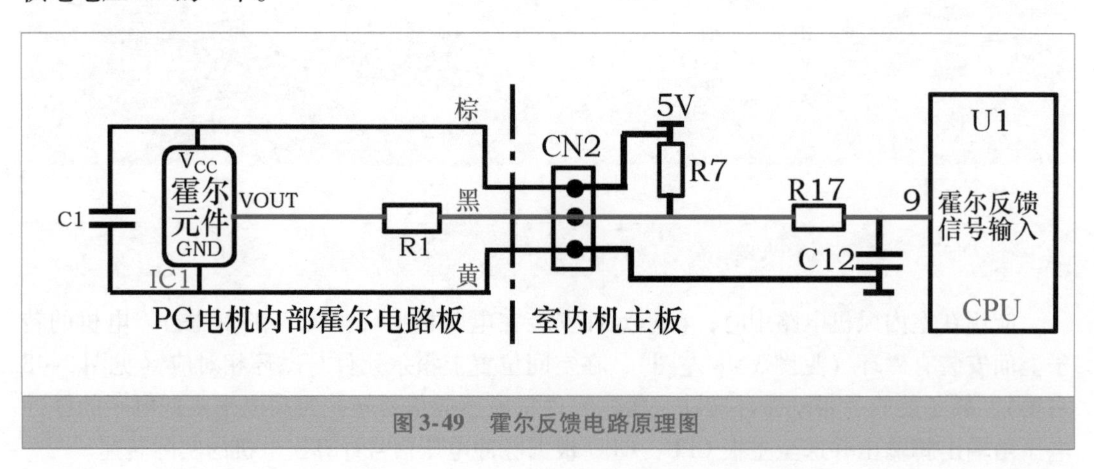

图 3-49 霍尔反馈电路原理图

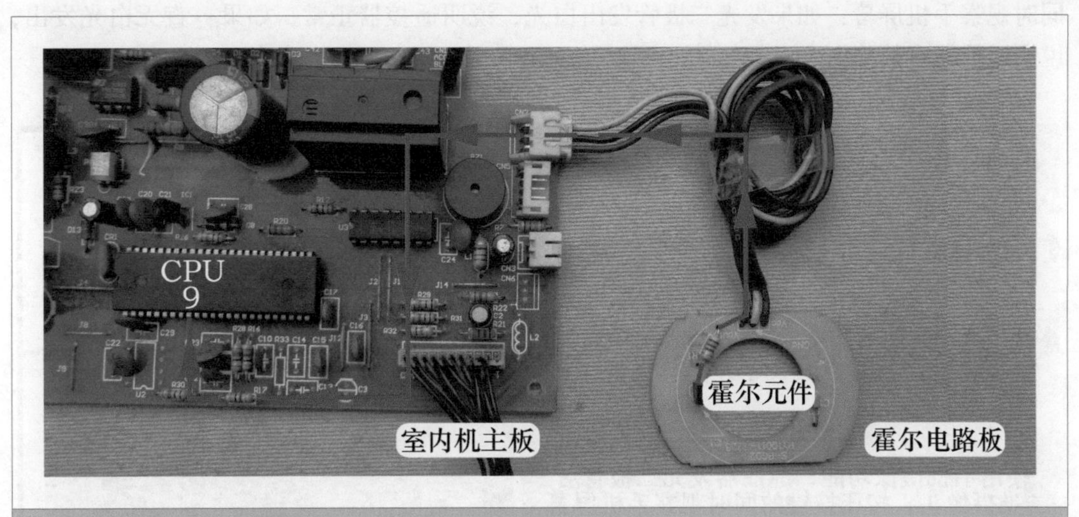

图 3-50　霍尔反馈电路实物图

十三、遥控器电路

1. 发射电路工作原理

遥控器由外壳、主板、显示屏、按键和电池组成。遥控器主板上的红外信号发射电路最容易损坏出现故障，本小节只介绍此部分电路，电路原理图和实物图见图 3-51。

遥控器 CPU 接收到按键信号，进行编码，并将调制信号以 38kHz 为载波频率，由㉒脚输出，经电阻 R1 到 T1 基极进行放大，驱动红外发光二极管 LED1、LED2 将信号发出，室内机接收器电路接收信号传送至主板 CPU，CPU 分析出按键信息对整机电路进行控制，使空调器按用户意愿工作。

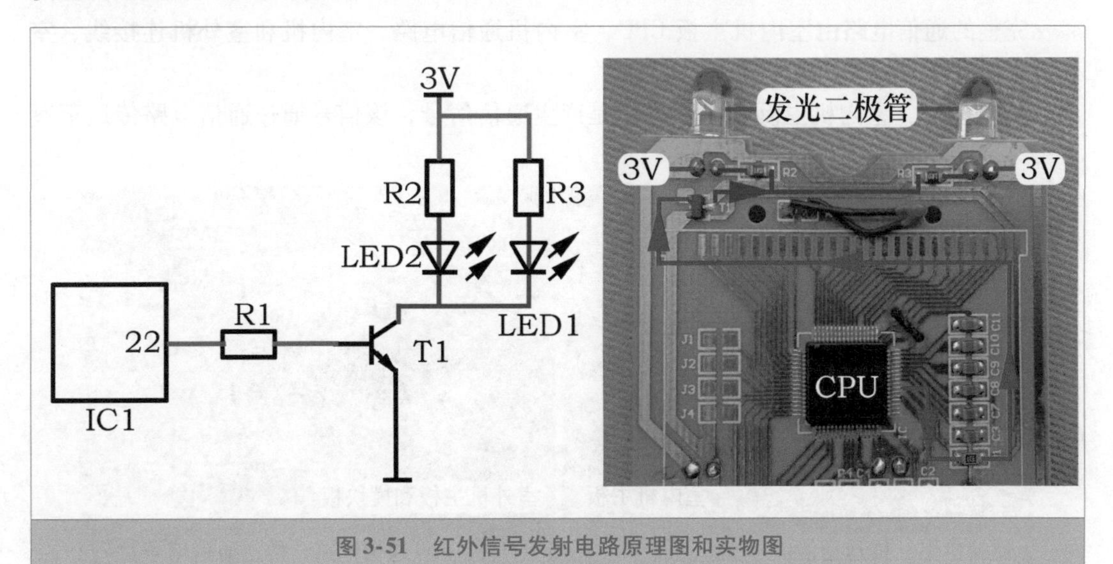

图 3-51　红外信号发射电路原理图和实物图

2. 遥控器检测方法

开启手机摄像功能，见图 3-52，将遥控器发光二极管对准手机摄像头，按压按键的同时观察手机屏幕：如果发光二极管发出白光，说明遥控器正常；如果一直无白光发出，说明遥控器有故障。

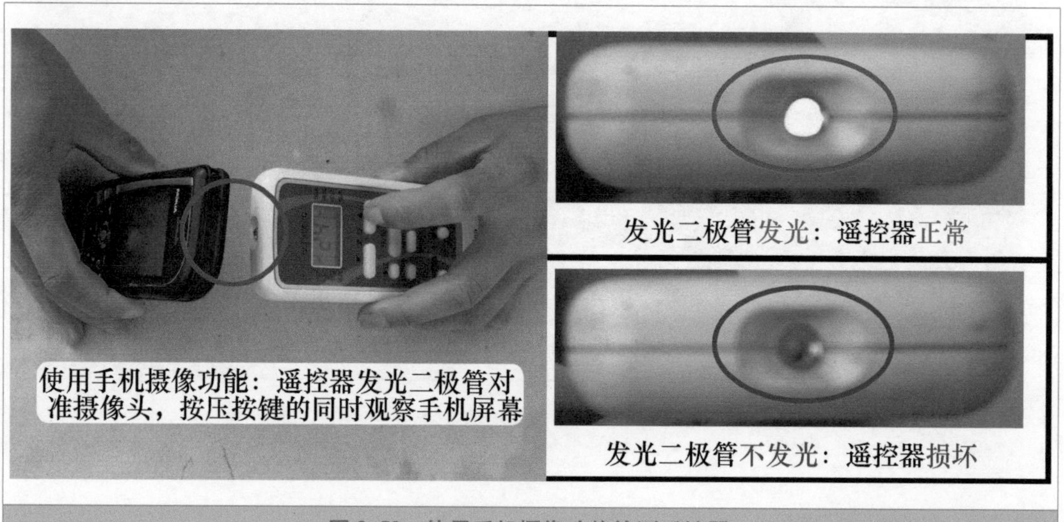

图3-52　使用手机摄像功能检测遥控器

第三节　通信电路

一、电路组成

1. 主板

完整的通信电路由室内机主板CPU、室内机通信电路、室内机和室外机连接线、室外机主板CPU、室外机通信电路组成。

见图3-53，室内机主板CPU的作用是产生通信信号，该信号通过通信电路传送至室

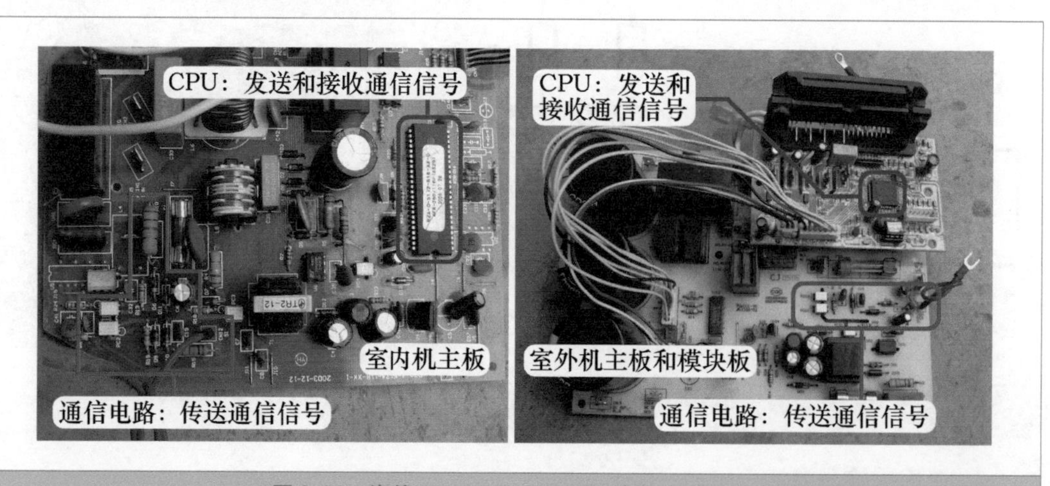

图3-53　海信KFR-26GW/11BP主板通信电路

外机主板 CPU，同时接收由室外机主板 CPU 反馈的通信信号并做处理；室外机主板 CPU 的作用与室内机主板 CPU 相同，也是发送和接收通信信号。

2. 室内机、室外机连接线

变频空调器室内机和室外机共有 4 根连接线，见图 3-54，作用分别是：1 号 L 为相线、2 号 N 为零线、3 号为地线、4 号 SI 为通信线。

L 与 N 组合为交流 220V 电压，由室内机输出为室外机供电，此时 N 为零线；S 与 N 组合为室内机和室外机的通信电路提供回路，SI 为通信引线，此时 N 为通信电路专用电源（直流 24V）的负极，因此 N 同时有双重作用，既为交流 220V 的零线，又为通信电路直流 24V 电压的负极，所以在接线时室内机接线端子上 L 与 N 和室外机接线端子应相同，不能接反，否则通信电路不能构成回路，造成通信故障。

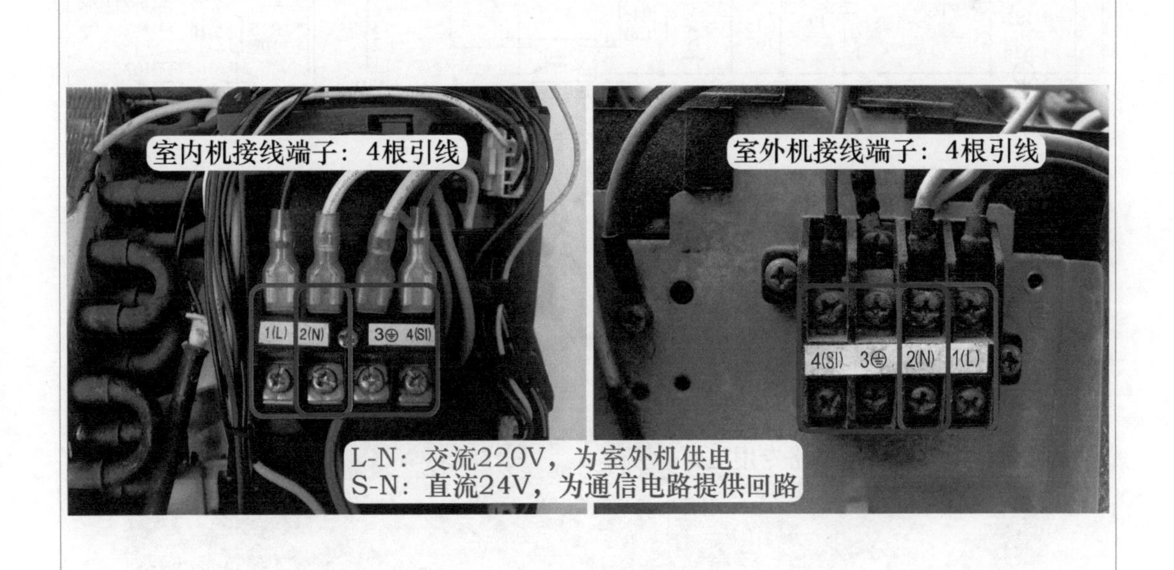

图 3-54 室内机、室外机连接线

二、工作原理

图 3-55 为海信 KFR-26GW/11BP 通信电路原理图。从图中可知，室内机 CPU㊷脚为发送引脚、㊶脚为接收引脚，PC1 为发送光耦、PC2 为接收光耦；室外机 CPU㉓脚为发送引脚、㉒脚为接收引脚，PC02 为发送光耦、PC03 为接收光耦。

1. 直流 24V 电压形成电路

通信电路电源使用专用的直流 24V 电压，见图 3-56，设在室内机主板，交流 220V 中相线 L 由电阻 R10 降压、D6 整流、C6 滤波，在稳压管 D11（稳压值 24V）两端形成直流 24V 电压，为通信电路供电，N 为直流 24V 电压的负极。

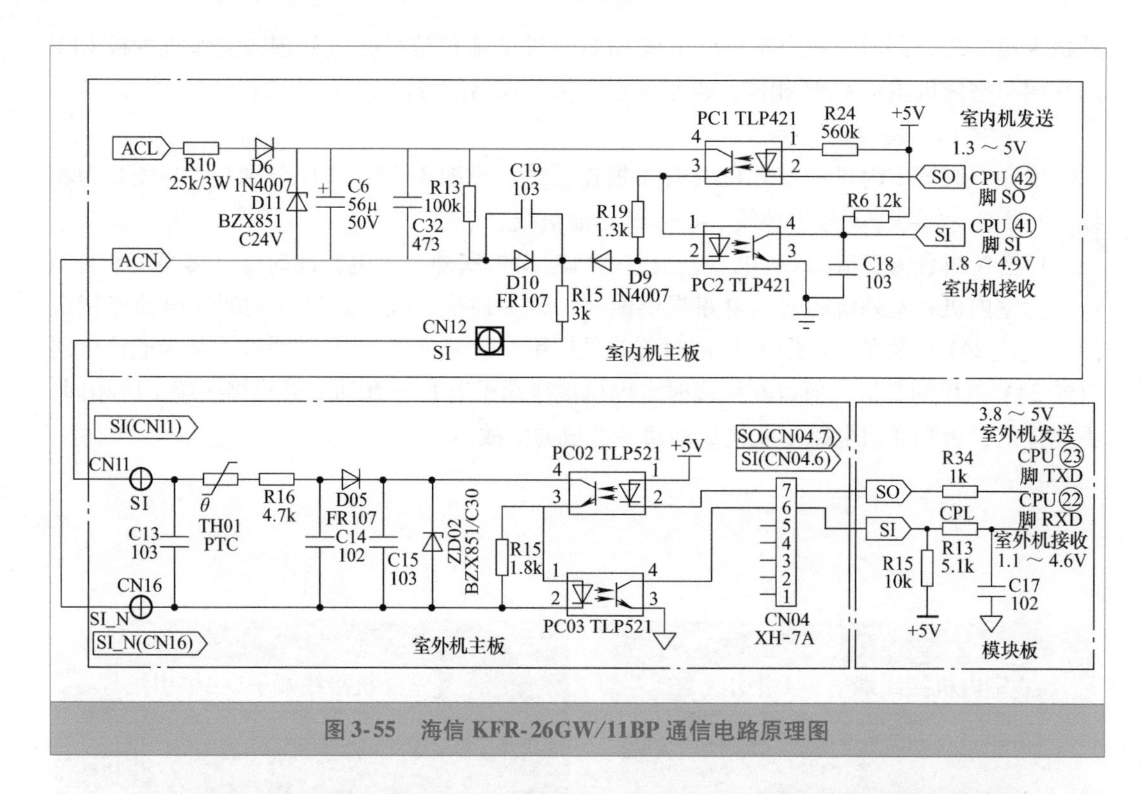

图 3-55 海信 KFR-26GW/11BP 通信电路原理图

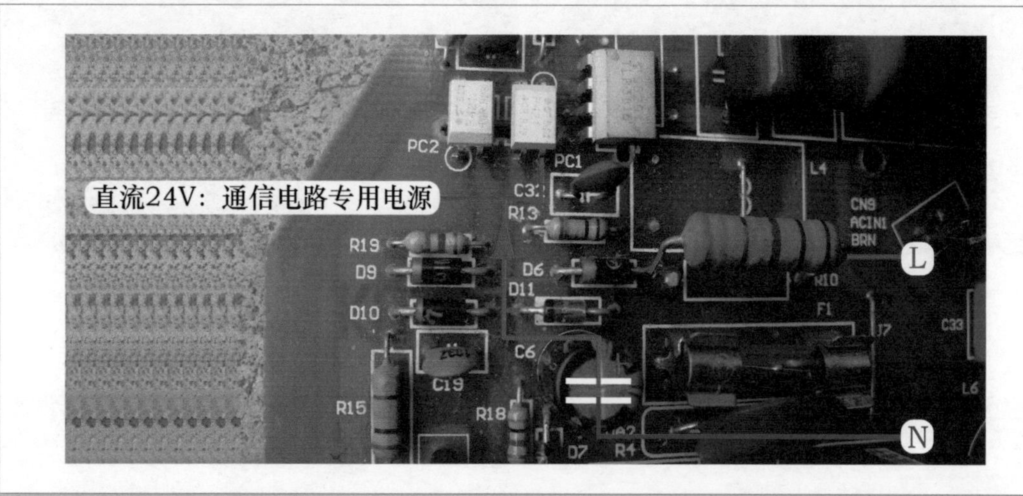

图 3-56 直流 24V 电压形成电路

2. 室内机发送信号、室外机接收信号过程

信号流程见图 3-57。

通信电路处于室内机 CPU 发送信号、室外机 CPU 接收信号状态时，首先室外机 CPU ㉓脚为低电平，发送光耦 PC02 初级发光二极管两端的电压约 1.1V，使得次级光敏晶体管一直处于导通状态，为室内机 CPU 发送信号提供先决条件。

若室内机 CPU㊷脚为低电平信号，发送光耦 PC1 初级发光二极管得到电压，使得次级光敏晶体管导通，整个通信环路闭合。信号流程如下：直流 24V 电压正极→PC1 的④

脚→PC1 的③脚→PC2 的①脚→PC2 的②脚→D9→R15→室内机、室外机通信引线 SI→PTC 电阻 TH01→R16→D05→PC02 的④脚→PC02 的③脚→PC03 的①脚→PC03 的②脚→N 构成回路，室外机接收光耦 PC03 初级在通信信号的驱动下得电，次级光敏晶体管导通，室外机 CPU㉒脚经电阻 R13、PC03 次级接地，电压为低电平。

若室内机 CPU㊷脚为高电平信号，PC1 初级无电压，使得次级光敏晶体管截止，通信环路断开，室外机接收光耦 PC03 初级无驱动信号，使得次级光敏晶体管截止，5V 电压经电阻 R15、R13 为 CPU㉒脚供电，电压为高电平。

由此可以看出，室外机接收光耦 PC03 输出至 CPU㉒脚的脉冲信号，就是室内机 CPU㊷脚经发送光耦 PC1 输出的脉冲信号。根据以上原理，实现了由室内机发送信号、室外机接收信号的过程。

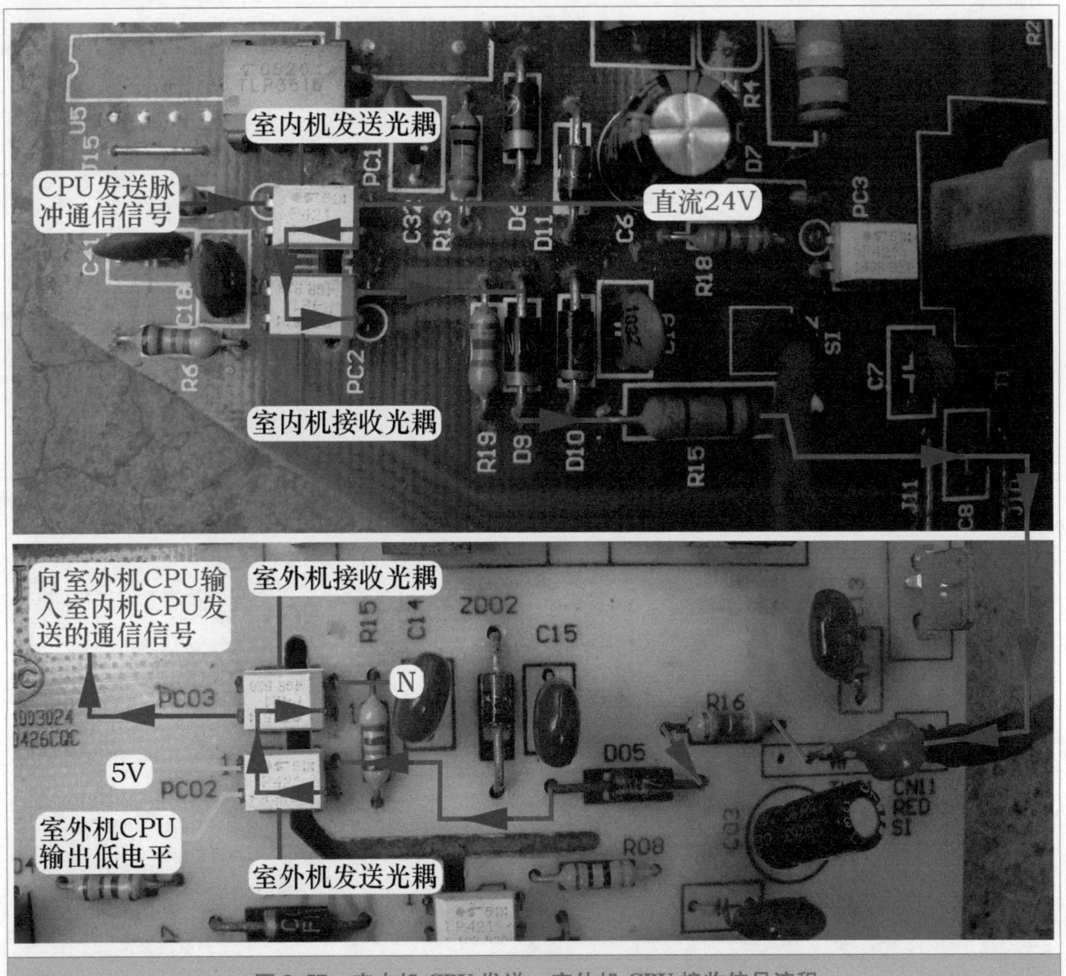

图 3-57 室内机 CPU 发送、室外机 CPU 接收信号流程

3. 室外机发送信号、室内机接收信号过程

信号流程见图 3-58。

通信电路处于室外机 CPU 发送信号、室内机 CPU 接收信号状态时，首先室内机 CPU㊷脚为低电平，使 PC1 次级光敏晶体管一直处于导通状态，室内机接收光耦 PC2 的①脚

恒为直流24V，为室外机CPU发送信号提供先决条件。

若室外机CPU发送的脉冲通信信号为低电平，发送光耦PC02初级发光二极管得到电压，使得次级光敏晶体管导通，通信环路闭合，室内机接收光耦PC2初级也得到驱动电压，次级光敏晶体管导通，室内机CPU㊶脚经PC2次级接地，电压为低电平。

当室外机CPU发送的脉冲通信信号为高电平时，PC02初级两端的电压为0V，次级光敏晶体管截止，通信环路断开，室内机接收光耦PC2初级无驱动电压，次级截止，5V电压经电阻R6为CPU㊶脚供电，电压为高电平。

由此可见，室内机CPU㊶脚即通信信号接收引脚电压的变化，由室外机CPU㉓脚即通信信号发送引脚的电压决定。根据以上原理，实现了室外机CPU发送信号、室内机CPU接收信号的过程。

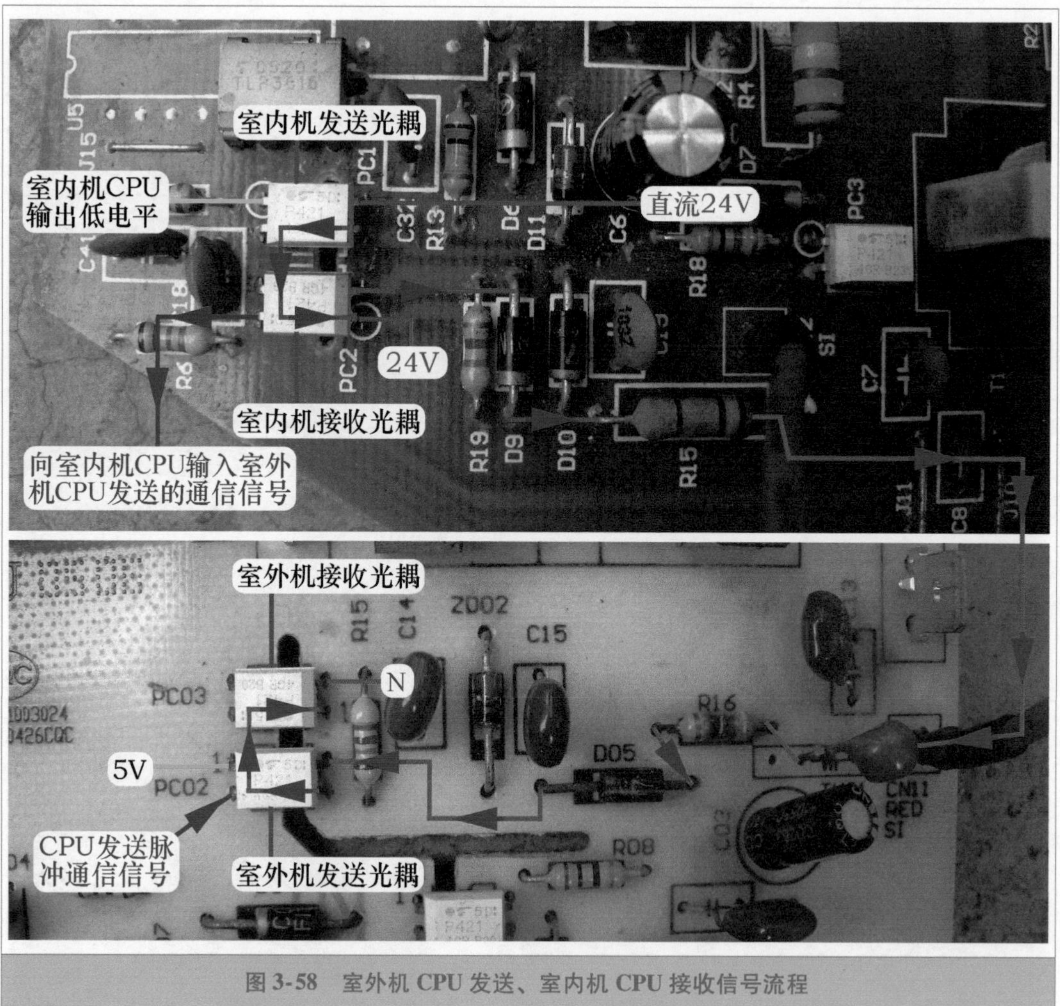

图3-58 室外机CPU发送、室内机CPU接收信号流程

三、通信电压跳变范围

室内机和室外机CPU输出的通信信号均为脉冲电压，通常在0~5V之间变化。光耦初级发光二极管的电压也是时有时无，有电压时次级光敏晶体管导通，无电压时次级光

敏晶体管截止，通信回路由于光耦次级光敏晶体管的导通与截止，工作时也是时而闭合时而断开，因此通信回路工作电压为跳动变化的电压。

测量通信电路电压时，使用万用表直流电压档，黑表笔接 N 端子、红表笔接 SI 端子，可得出以下结果。

① 室内机发送光耦 PC1 次级光敏晶体管截止、室外机发送光耦 PC02 次级光敏晶体管导通，直流 24V 电压供电断开，此时 N 与 SI 端子电压为直流 0V。

② PC1 次级导通、PC02 次级导通，此时相当于直流 24V 电压对串联的 R_N 和 R_W 电阻进行分压。在海信 KFR-26GW/11BP 的通信电路中，$R_N = R_{15} = 3k\Omega$，$R_W = R_{16} = 4.7k\Omega$，此时测量 N 与 SI 端子的电压相当于测量 R_W 两端的电压，根据分压公式 $R_W/(R_N + R_W) \times$ 24V 可计算得出，约等于 15V。

③ PC1 次级导通、PC02 次级截止，此时 N 与 SI 端子电压为直流 24V。

根据以上结果得出的结论是：测量通信电压即 N 与 SI 端子电压，理论的通信电压变化范围为 0V ~ 15V ~ 24V，但是实际测量时，由于光耦次级光敏晶体管导通与截止的转换频率非常快，见图 3-59，万用表显示值通常在 0V ~ 15V ~ 22V 之间变化。

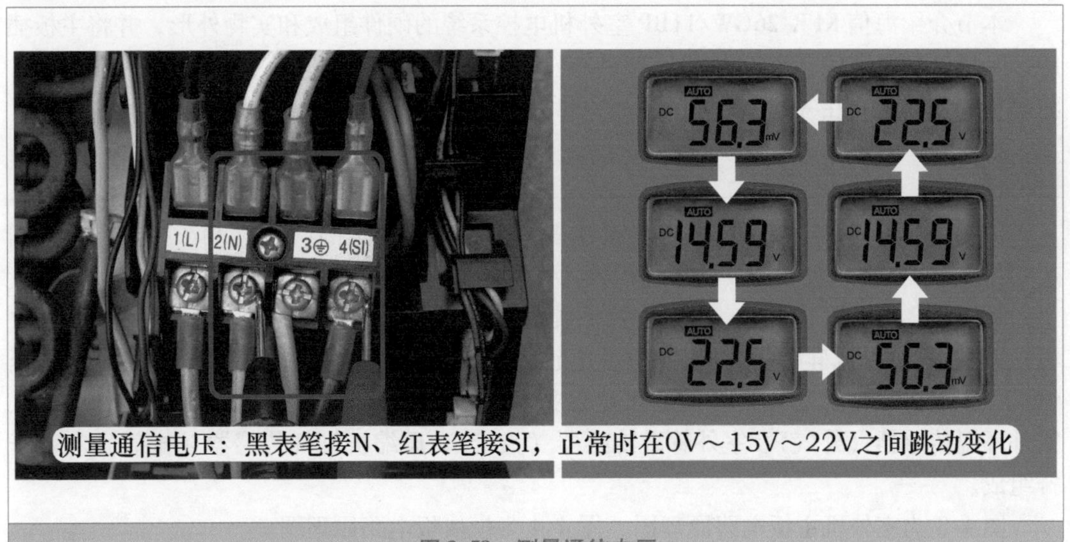

图 3-59　测量通信电压

第四章 Chapter 4

室外机电路

本章以海信 KFR-26GW/11BP 室外机为基础，介绍变频空调器室外机的系统组成和单元电路作用。如本章中无特别注明，所有空调器型号均默认为海信 KFR-26GW/11BP。

第一节 基础知识

本节介绍海信 KFR-26GW/11BP 室外机电控系统的硬件组成和实物外形，并将主板插座、主板外围元器件、主板电子元器件标上代号，使电路原理图、实物外形一一对应，将理论和实际结合在一起。

一、室外机电控系统组成

图 4-1 为室外机电控系统的电气接线图，图 4-2 为实物图（不含端子排、电感线圈 A、压缩机、室外风机、滤波器等体积较大的元器件）。

从图 4-2 上可以看出，室外机电控系统由室外机主板（控制板）、模块板（IPM 模块板）、滤波器、整流硅桥（电流硅桥）、电感线圈 A、电容、滤波电感（电感线圈 B）、压缩机、压缩机顶盖温度开关（压缩机热保护器）、室外风机（风扇电机）、四通阀线圈、室外环温传感器（外气）、室外管温传感器（盘管）、压缩机排气传感器（排气）和端子排组成。

图 4-3 为室外机主板电路原理图，图 4-4 为模块板电路原理图。

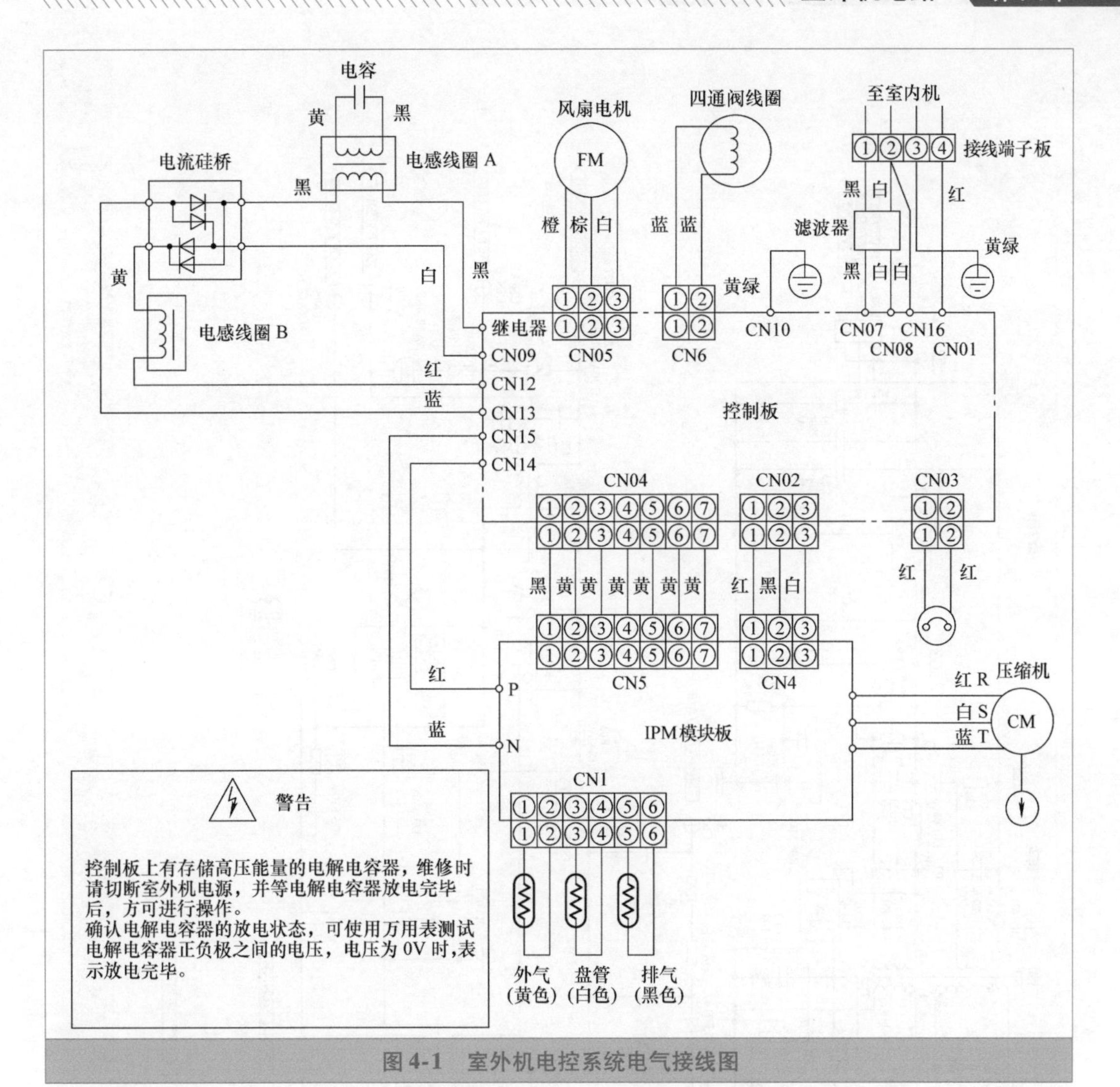

图 4-1 室外机电控系统电气接线图

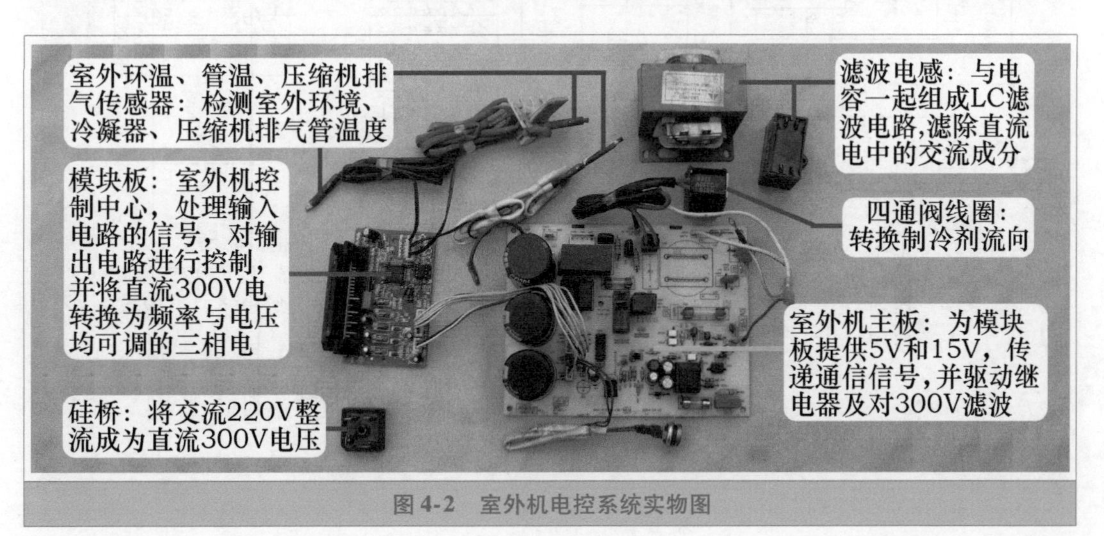

图 4-2 室外机电控系统实物图

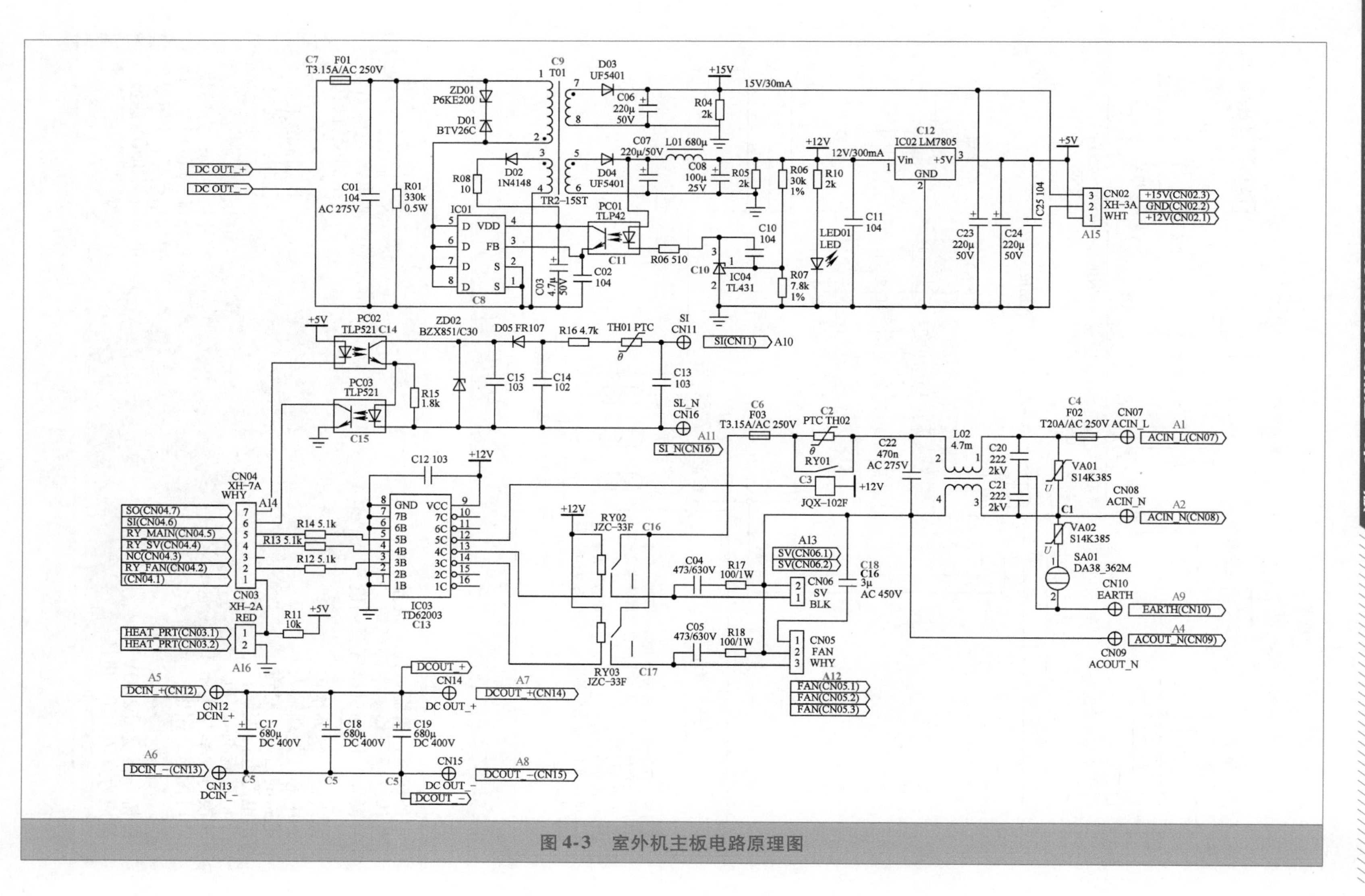

图 4-3 室外机主板电路原理图

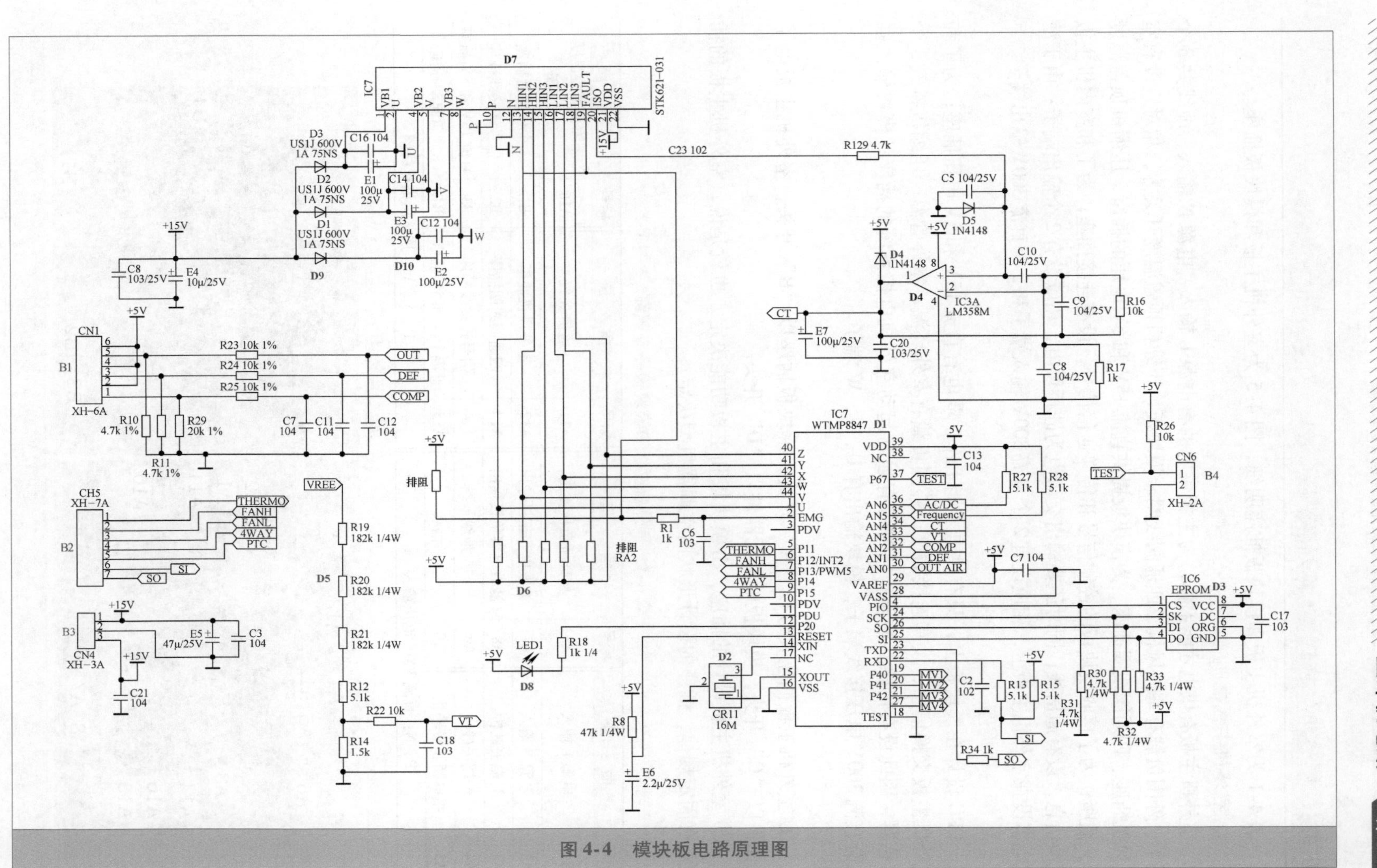

图 4-4 模块板电路原理图

二、室外机主板和模块板插座

表4-1为室外机主板和模块板插座明细，图4-5为室外机主板和模块板插座。

1. 室外机主板插座

室外机主板有供电才能工作，为主板供电的有电源L输入、电源N输入、地线共3个端子；外围负载有室外风机、四通阀线圈、模块板、压缩机顶盖温度开关等，相对应设有室外风机插座、四通阀线圈插座、为模块板提供直流15V和5V电压的插座、压缩机顶盖温度开关插座；为了接收模块板的控制信号和传递通信信号，设有连接插座；为了和室内机主板交换信息，设有通信线；同时还要输出交流电为硅桥供电，相应设有2个输出端子；由于滤波电容设在室外机主板上，相应设有2个直流300V输入端子和2个直流300V输出端子。

2. 模块板插座

CPU设计在模块板上，只有供电才能工作，弱电有直流15V和5V电压插座；为了和室外机主板交换信息，设有连接插座；外围负载有室外环温、室外管温、压缩机排气3个传感器，因此设有传感器插座；同时带有强制起动室外机电控系统的插座；模块输入强电有直流300V电压接线端子，模块输出有U、V、W端子。

➡ 说明

① 室外机主板插座代号以“A”开头，模块板插座以“B”开头，室外机主板电子元器件以“C”开头，模块板电子元器件以“D”开头。

② 室外机主板设计的插座，由模块板和主板功能决定，也就是说，室外机主板的插座没有固定规律，插座的设计形状由空调器机型决定。

表4-1　室外机主板和模块板插座明细

标号	插　座	标号	插　座	标号	插　座	标号	插　座
A1	电源L输入	A6	接硅桥负极输出	A11	通信N线	A16	压缩机顶盖温度开关插座
A2	电源N输入	A7	滤波电容正极输出	A12	室外风机插座	B1	3个传感器插座
A3	L端去硅桥	A8	滤波电容负极输出	A13	四通阀线圈插座	B2	信号连接线插座
A4	N端去硅桥	A9	地线	A14	信号连接线插座	B3	直流15V和5V插座
A5	接硅桥正极输出	A10	通信线	A15	直流15V和5V插座	B4	应急起动插座
P、N：直流300V电压输入				U、V、W：连接压缩机线圈			

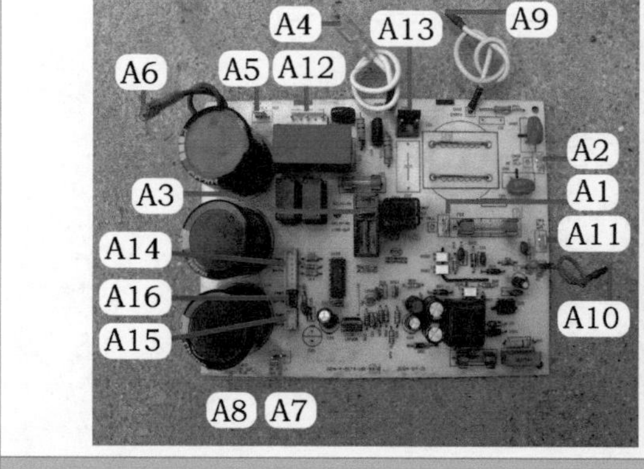

图4-5　室外机主板和模块板插座

三、室外机单元电路中的主要电子元器件

表4-2为室外机主板和模块板上主要电子元器件明细，图4-6左图为室外机主板主要电子元器件，图4-6右图为模块板主要电子元器件。

表4-2 室外机主板和模块板主要电子元器件明细

标号	元　器　件	标号	元　器　件	标号	元　器　件	标号	元　器　件
C1	压敏电阻	C8	开关电源集成电路	C15	接收光耦	D4	LM358
C2	PTC电阻	C9	开关变压器	C16	室外风机继电器	D5	取样电阻
C3	主控继电器	C10	TL431	C17	四通阀线圈继电器	D6	排阻
C4	15A熔丝管	C11	稳压光耦	C18	风机电容	D7	模块
C5	滤波电容	C12	7805稳压块	D1	CPU	D8	发光二极管
C6	3.15A熔丝管	C13	反相驱动器	D2	晶振	D9	二极管
C7	3.15A熔丝管	C14	发送光耦	D3	存储器	D10	电容

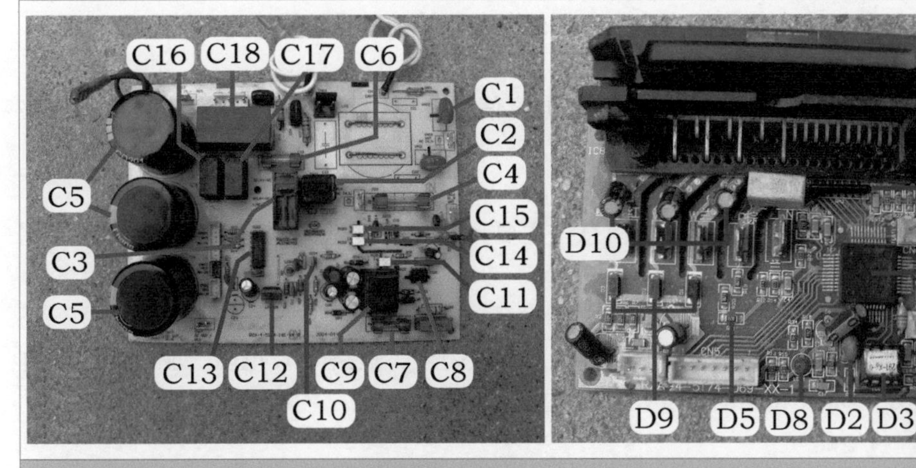

图4-6 室外机主板和模块板主要电子元器件

1. 交流220V输入电压电路

交流220V输入电压电路的作用是过滤电网带来的干扰，以及在输入电压过高时保护后级电路，由外置交流滤波器、压敏电阻（C1）、15A熔丝管（C4）、电感线圈和电容等元器件组成。

2. 直流300V电压形成电路

该电路的作用是将交流220V电压变为纯净的直流300V电压，由PTC电阻（C2）、主控继电器（C3）、硅桥、滤波电感、滤波电容（C5）和15A熔丝管（C4）等元器件组成。

3. 开关电源电路

该电路的作用是将直流300V电压转换成直流15V、直流12V、直流5V电压，其中直流15V为模块（D7）内部控制电路供电（模块设有15V自举升压电路，主要元器件为二

极管 D9 和电容 D10)，直流 12V 为继电器和反相驱动器供电，直流 5V 为 CPU 等供电。开关电源电路设计在室外机主板上，主要由 3.15A 熔丝管（C7）、开关电源集成电路（C8）、开关变压器（C9）、稳压光耦（C11）、稳压取样集成块 TL431（C10）和 5V 电压产生电路 7805（C12）等元器件组成。

4. CPU 和其三要素电路

CPU（D1）是室外机电控系统的控制中心，处理输入部分电路的信号后对负载进行控制；CPU 三要素电路是 CPU 正常工作的前提，由复位电路和晶振（D2）等元器件组成。

5. 存储器电路

存储器电路存储相关参数，供 CPU 运行时调取使用，主要元器件为存储器（D3）。

6. 传感器电路

传感器电路为 CPU 提供温度信号。环温传感器检测室外环境温度，管温传感器检测冷凝器温度，压缩机排气传感器检测压缩机排气管温度，压缩机顶盖温度开关检测压缩机顶部温度是否过高。

7. 电压检测电路

电压检测电路向 CPU 提供输入市电电压的参考信号，主要元器件为取样电阻（D5）。

8. 电流检测电路

电流检测电路向 CPU 提供压缩机运行电流信号，主要元器件为电流放大集成电路 LM358（D4）。

9. 通信电路

通信电路用来与室内机主板交换信息，主要元器件为发送光耦（C14）和接收光耦（C15）。

10. 主控继电器电路

滤波电容充电完成后，主控继电器（C3）触点闭合，短路 PTC 电阻。驱动主控继电器线圈的器件为 2003 反相驱动器（C13）。

11. 室外风机电路

室外风机电路控制室外风机运行，主要由风机电容（C18）、室外风机继电器（C16）和室外风机等元器件组成。

12. 四通阀线圈电路

四通阀线圈电路控制四通阀线圈的供电与断电，主要由四通阀线圈继电器（C17）等元器件组成。

13. 6 路信号电路

6 路信号控制模块内部 6 只 IGBT 开关管的导通与截止，使模块产生频率与电压均可调的模拟三相交流电，6 路信号由室外机 CPU 输出，直接连接模块的输入引脚，设有排阻（D6）。

14. 模块保护信号电路

模块保护信号由模块输出，直接送至室外机 CPU 相关引脚。

15. 指示灯电路

指示灯电路的作用是指示室外机的工作状态，主要元器件为发光二极管（D8）。

四、室外机单元电路对比

1. 直流300V电压形成电路

直流300V电压形成电路对比见图4-7，作用是将输入的交流220V电压转换为平滑的直流300V电压，为模块和开关电源电路供电。

早期和目前的电控系统均是由PTC电阻、主控继电器、硅桥、滤波电感和滤波电容共5种主要元器件组成的；不同之处在于滤波电容的结构形式，早期电控系统通常由1个容量较大的电容组成，目前电控系统通常由2～4个容量较小的电容并联组成。

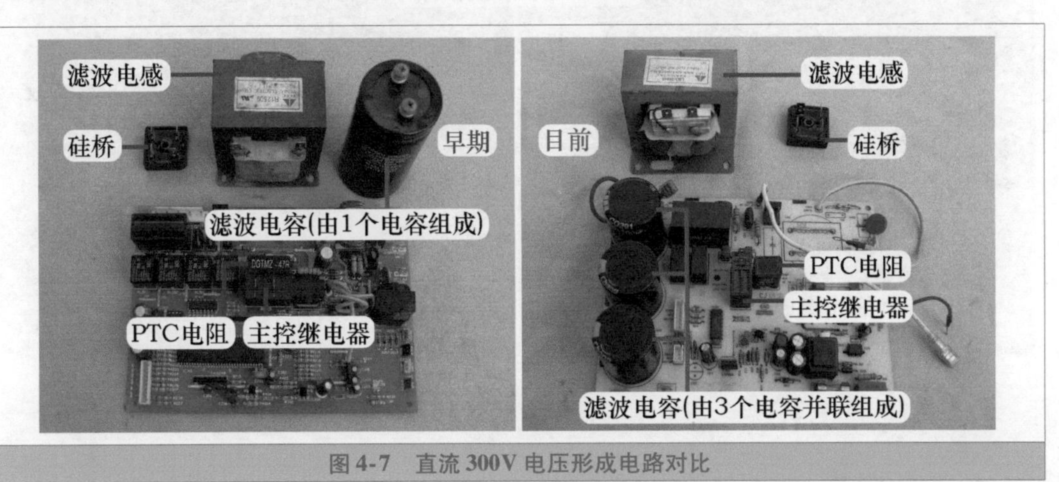

图4-7 直流300V电压形成电路对比

2. 开关电源电路

开关电源电路对比见图4-8，变频空调器的室外机电源电路全部使用开关电源电路，为室外机主板提供直流12V和5V电压、为模块内部控制电路提供直流15V电压。

早期主板的开关电源电路通常由分立元器件组成，以开关管和开关变压器为核心，输出的直流15V电压通常为4路。

目前主板的开关电源电路通常使用集成电路的形式，以集成电路和开关变压器为核心，直流15V电压通常为单路输出。

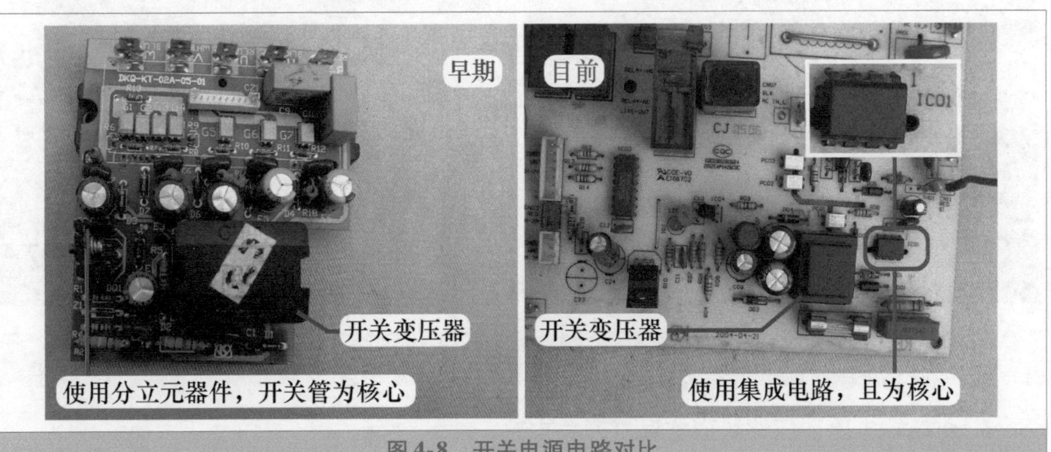

图4-8 开关电源电路对比

3. CPU三要素电路

CPU三要素电路对比见图4-9，CPU三要素电路是CPU正常工作的必备电路，具体内容参见室内机CPU。

早期和目前的主板CPU三要素电路原理均相同，只是早期的主板CPU多使用直插式集成电路，目前的主板CPU多使用贴片式集成电路。

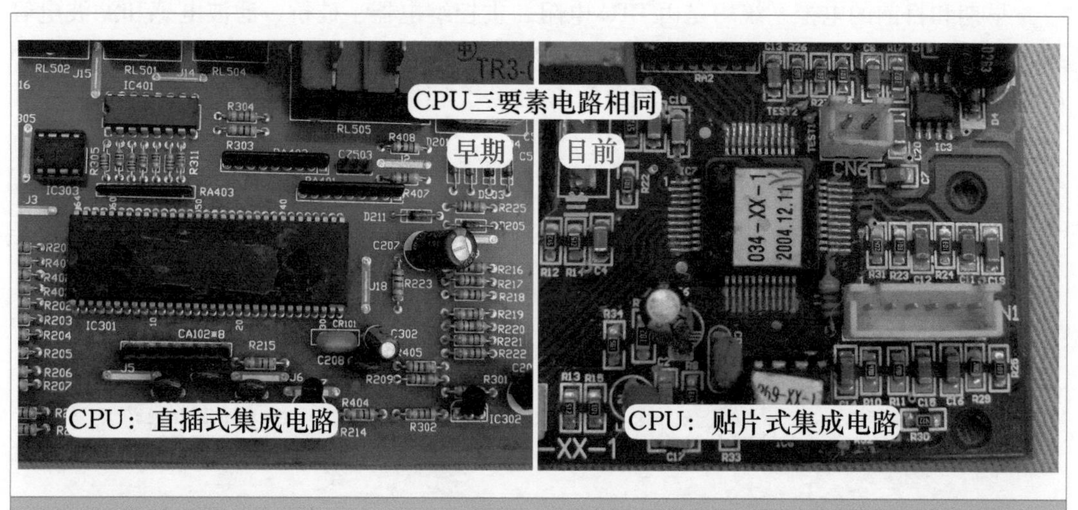

图4-9　室外机CPU三要素电路对比

4. 存储器电路

存储器电路对比见图4-10，作用是存储相关数据，供CPU运行时调取使用。

早期主板的存储器多使用93C46，目前主板的存储器多使用24C××系列（24C01、24C02、24C04等）。

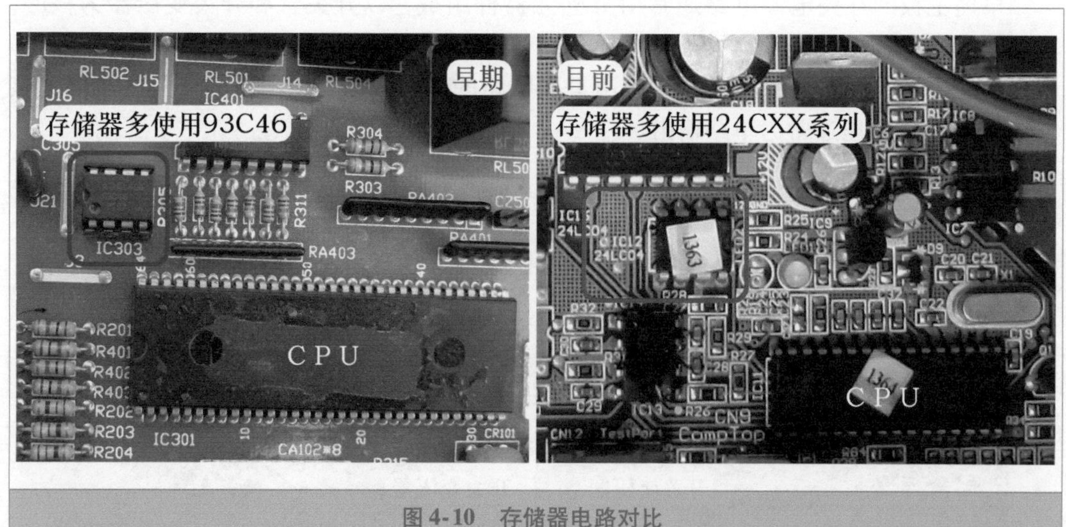

图4-10　存储器电路对比

5. 传感器电路、压缩机顶盖温度开关电路

传感器电路和压缩机顶盖温度开关电路对比见图4-11，作用是为CPU提供温度信号，

环温传感器检测室外环境温度，管温传感器检测冷凝器温度，压缩机排气传感器检测压缩机排气管温度，压缩机顶盖温度开关检测压缩机顶部温度是否过高。

早期和目前的主板中传感器电路和压缩机顶盖温度开关电路相同。

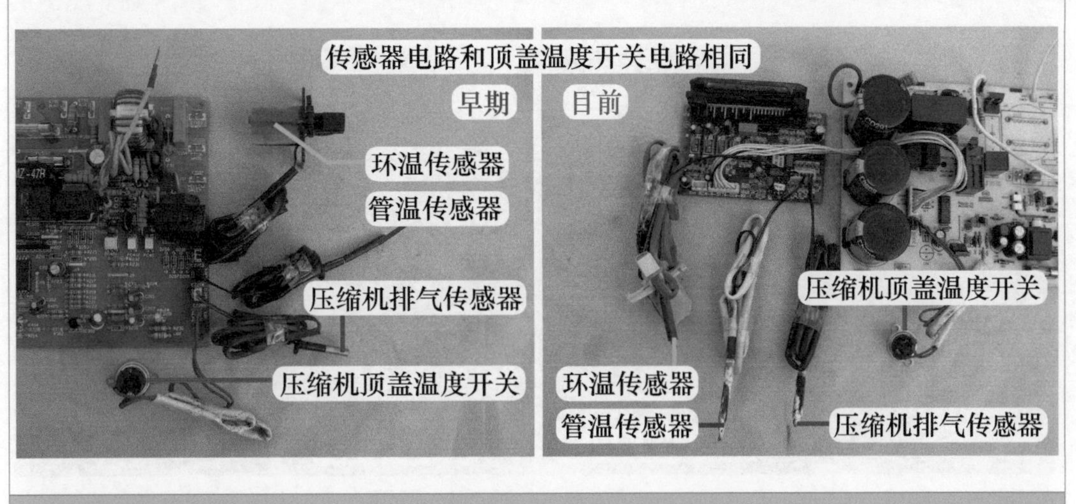

图 4-11　传感器电路和压缩机顶盖温度开关电路对比

6. 瞬时停电检测电路

瞬时停电检测电路对比见图 4-12，作用是向 CPU 提供输入市电电压是否接触不良的信号。

早期的主板使用光耦检测，目前的主板则不再设计此电路，通常由室内机 CPU 检测过零信号，通过软件计算得出输入的市电电压是否正常。

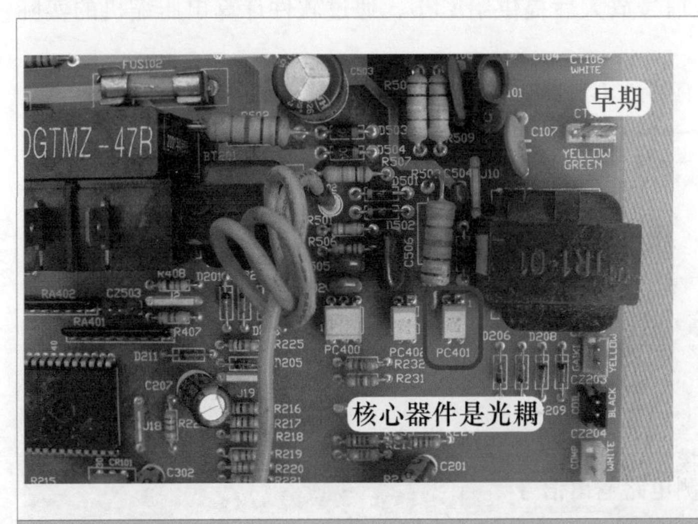

目前

无

图 4-12　瞬时停电检测电路对比

7. 电压检测电路

电压检测电路对比见图 4-13，作用是向 CPU 提供输入市电电压的参考信号。

早期的主板多使用电压检测变压器，向CPU提供随市电电压变化而变化的电压，CPU内部电路根据软件计算出相应的市电电压值。

目前的主板CPU通过检测直流300V电压，经软件计算出相应的交流市电电压值，起到间接检测市电电压的目的。

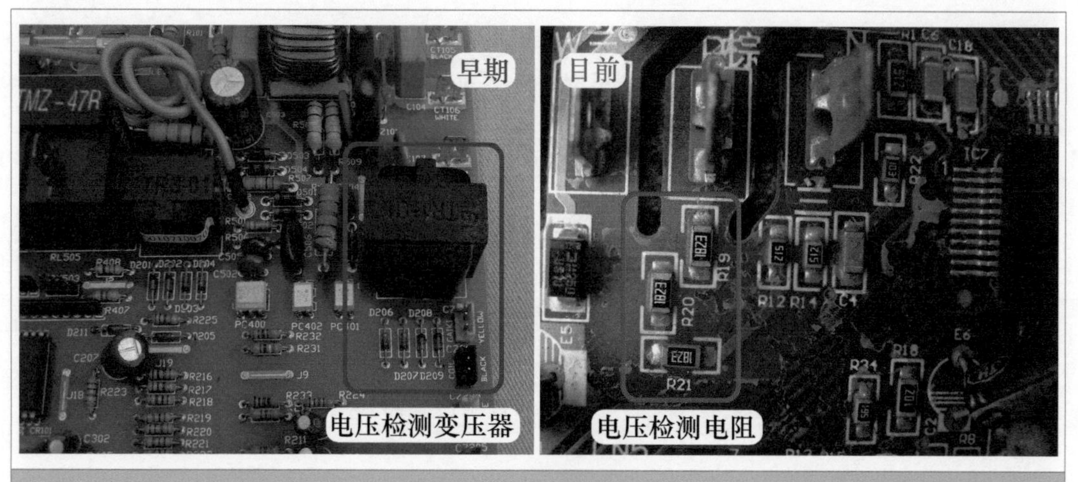

图4-13　电压检测电路对比

8. 电流检测电路

电流检测电路对比见图4-14，作用是提供室外机运行电流信号或压缩机运行电流信号，由CPU通过软件计算出实际的运行电流值，以便更好地控制压缩机。

早期的主板通常使用电流检测变压器，向CPU提供室外机运行电流的参考信号。

目前的主板由模块其中的1个引脚，或模块电流取样电阻，输出代表压缩机运行的电流参考信号，由外部电路将电流信号放大后提供给CPU，通过软件计算出压缩机的实际运行电流值。

➡ 说明：早期和目前的主板还有另外1种常见形式，就是使用电流互感器。

图4-14　电流检测电路对比

9. 模块保护电路

模块保护电路对比见图 4-15，模块保护信号由模块输出，送至室外机 CPU。

早期模块输出的保护信号经光耦耦合送至室外机主板 CPU，目前模块输出的保护信号直接送至室外机主板 CPU。

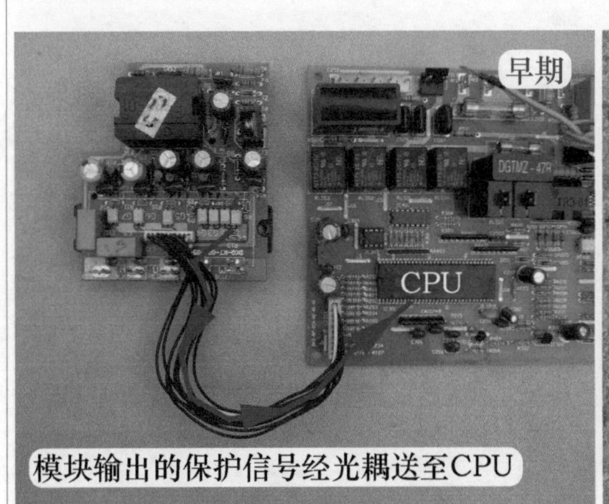

图 4-15　模块保护电路对比

10. 主控继电器电路、四通阀线圈电路

主控继电器和四通阀线圈电路对比见图 4-16，主控继电器电路控制主控继电器触点的闭合与断开，四通阀线圈电路控制四通阀线圈的供电与失电。

早期和目前的主板中主控继电器电路和四通阀线圈电路相同。

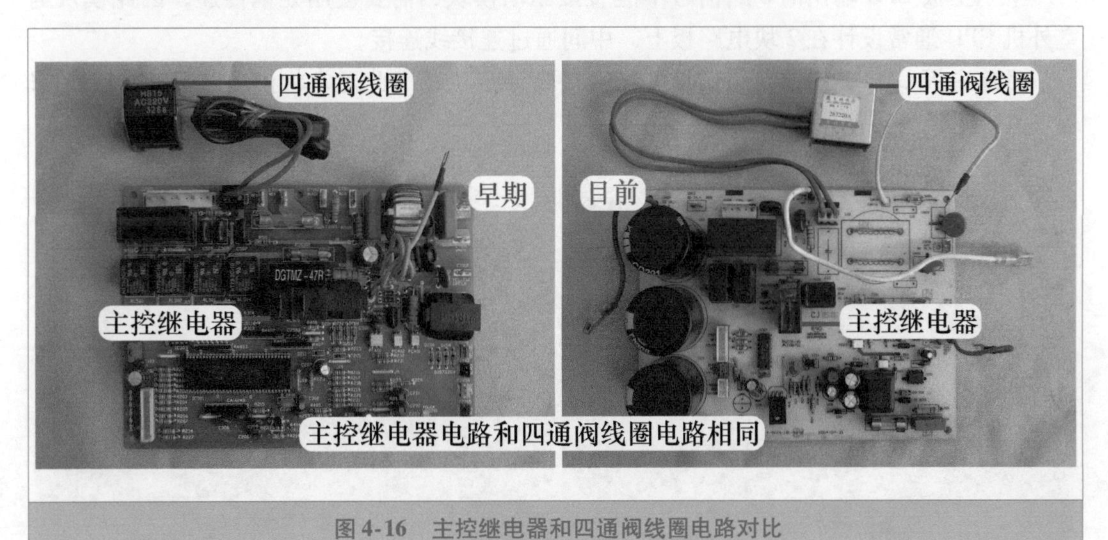

图 4-16　主控继电器和四通阀线圈电路对比

11. 室外风机电路

室外风机电路对比见图 4-17，作用是控制室外风机运行。

早期的空调器室外风机一般为 2 档风速或 3 档风速，因此室外机主板有 2 个或 3 个继电器；目前的空调器室外风机转速一般只有 1 个档位，因此室外机主板只设有 1 个继电器。

➡ 说明：目前空调器部分品牌的机型也有使用 2 档或 3 档风速的室外风机；如果为全直流变频空调器，室外风机供电为直流 300V，不再使用继电器。

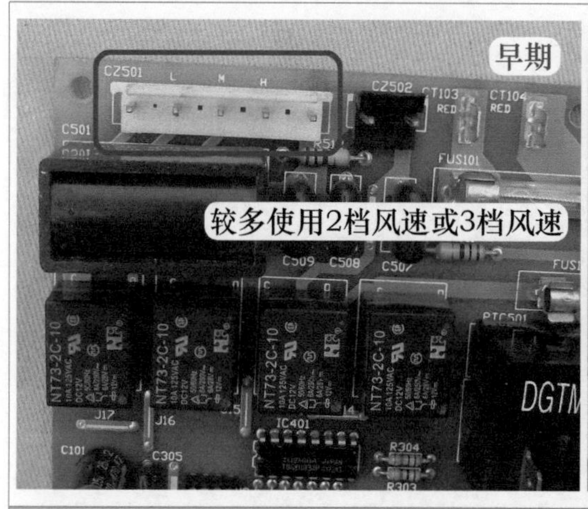

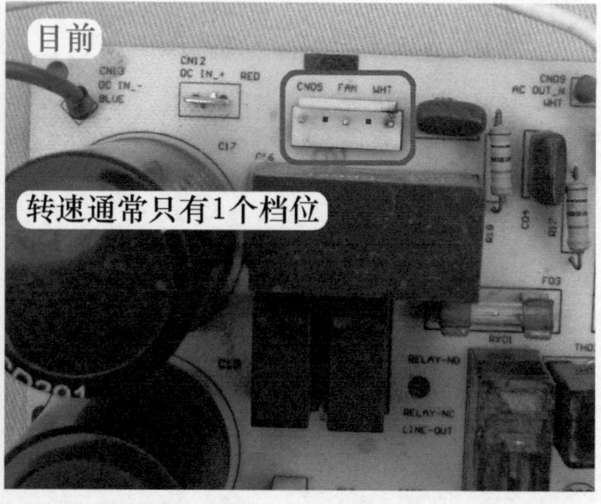

图 4-17 室外风机电路对比

12. 6 路信号电路

6 路信号电路对比见图 4-18，6 路信号由室外机 CPU 输出，通过控制模块内部 6 个 IGBT 开关管的导通与截止，将直流 300V 电转换为频率与电压均可调的模拟三相交流电，驱动压缩机运行。

早期主板 CPU 输出的 6 路信号不能直接驱动模块，需要使用光耦传递，因此模块与室外机 CPU 通常设计在 2 块电路板上，中间通过连接线连接。

目前主板 CPU 输出的 6 路信号可以直接驱动模块，因此通常将模块和 CPU 设计在 1 块电路板上，不再使用连接线和光耦。

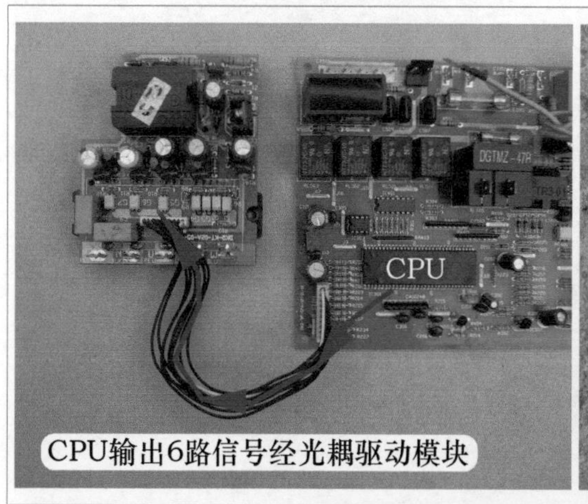

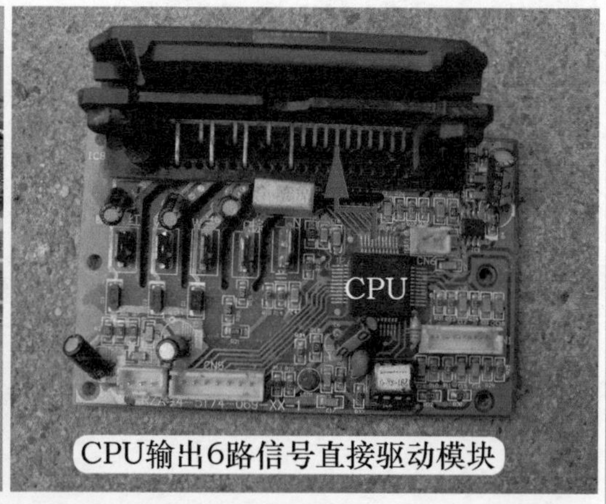

图 4-18 6 路信号电路对比

第二节 单元电路

本节介绍海信 KFR-26GW/11BP 室外机的单元电路，图 4-19 为室外机单元电路框图，左侧为输入部分电路，右侧为输出部分电路。

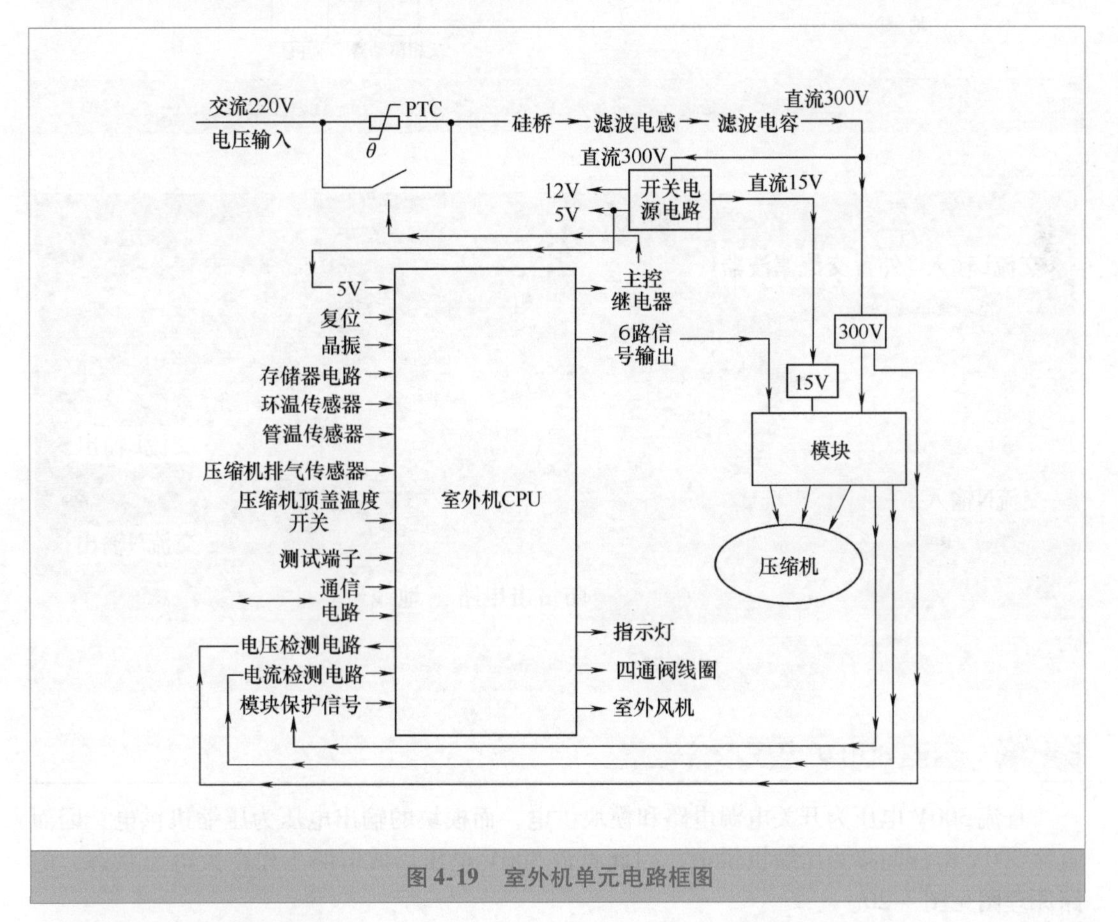

图 4-19 室外机单元电路框图

一、交流输入电路

图 4-20 为交流输入电路和直流 300V 电压形成电路的原理图，图 4-21 为交流输入电路实物图。

外置的交流滤波器具有双向作用，既能吸收电网中的谐波，防止对电控系统的干扰，又能防止电控系统的谐波进入电网；压敏电阻 VA01 为过电压保护元件，当输入的电网电压过高时击穿，使前端 15A 熔丝管熔断进行保护；SA01、VA02 组成防雷击保护电路，SA01 为放电管。

常见故障为外置的交流滤波器内部电感开路，交流 220V 电压不能输送至后级，造成室外机上电无反应故障。

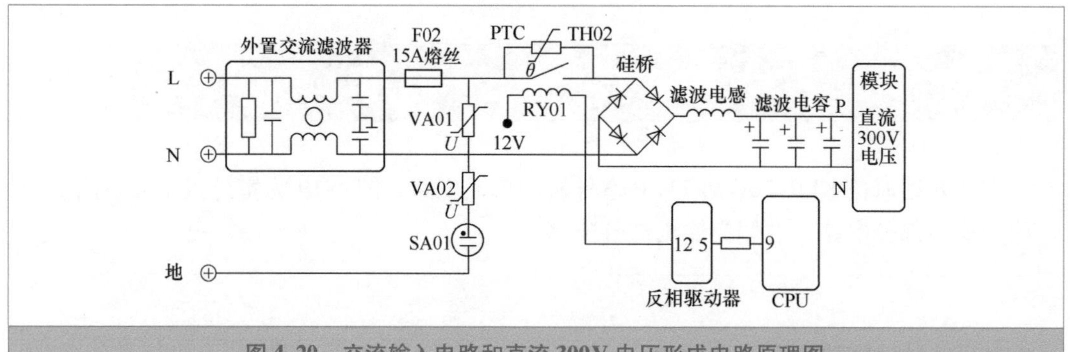

图 4-20 交流输入电路和直流 300V 电压形成电路原理图

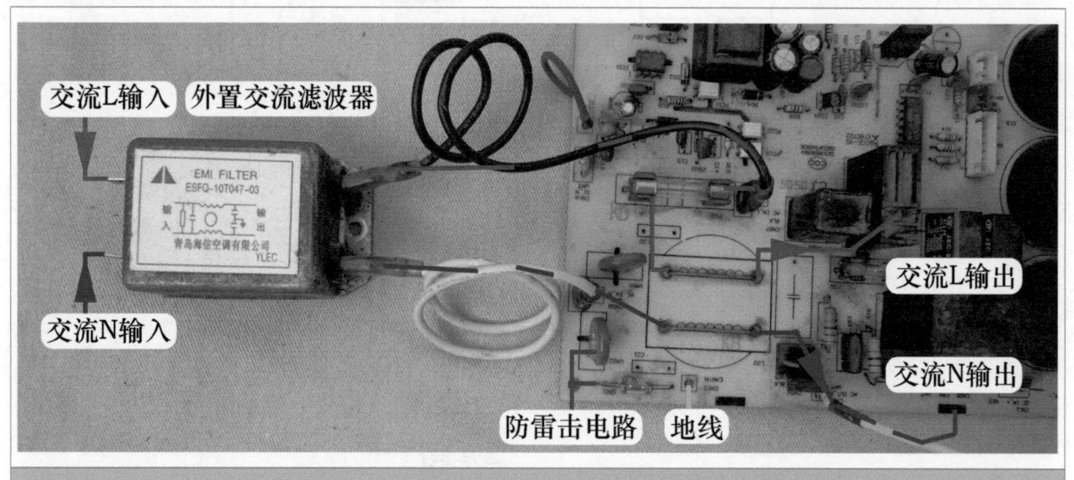

图 4-21 交流输入电路实物图

二、直流 300V 电压形成电路

直流 300V 电压为开关电源电路和模块供电，而模块的输出电压为压缩机供电，因而直流 300V 电压间接为压缩机供电，因此直流 300V 电压形成电路工作在大电流状态，电路原理图见图 4-20。

该电路的主要元器件为硅桥和滤波电容，硅桥将交流 220V 电压整流后变为脉动直流 300V 电压，而滤波电容将脉动直流 300V 电压经滤波后变为平滑的直流 300V 电压为模块供电。滤波电容的容量通常很大（本机容量为 1500μF），上电时如果直接为其充电，初始充电电流会很大，容易造成空调器插头与插座间打火，甚至引起整流硅桥或 15A 供电熔丝管损坏，因此变频空调器室外机电控系统设有延时防瞬间大电流充电电路，本机由 PTC 电阻 TH02、主控继电器 RY01 组成。

直流 300V 电压形成电路工作时分为 2 部分，第 1 部分为初始充电电路，第 2 部分为正常工作电路。

1. 初始充电

初始充电时工作流程见图 4-22。

室内机主板主控继电器触点闭合为室外机供电时，交流 220V 电压中 N 端经交流滤波器直接送至硅桥交流输入端，L 端经交流滤波器和 15A 熔丝管至延时防瞬间大电流充电电路，由于主控继电器触点为断开状态，因此 L 端电压经 PTC 电阻 TH02 送至硅桥交流输入端。

PTC 电阻为正温度系数的热敏电阻，阻值随温度上升而上升，刚上电时因充电电流很大，使 PTC 电阻温度迅速升高，阻值也随之增加，限制了滤波电容的充电电流，使得滤波电容两端电压逐步上升至直流 300V，防止由于充电电流过大而损坏硅桥。

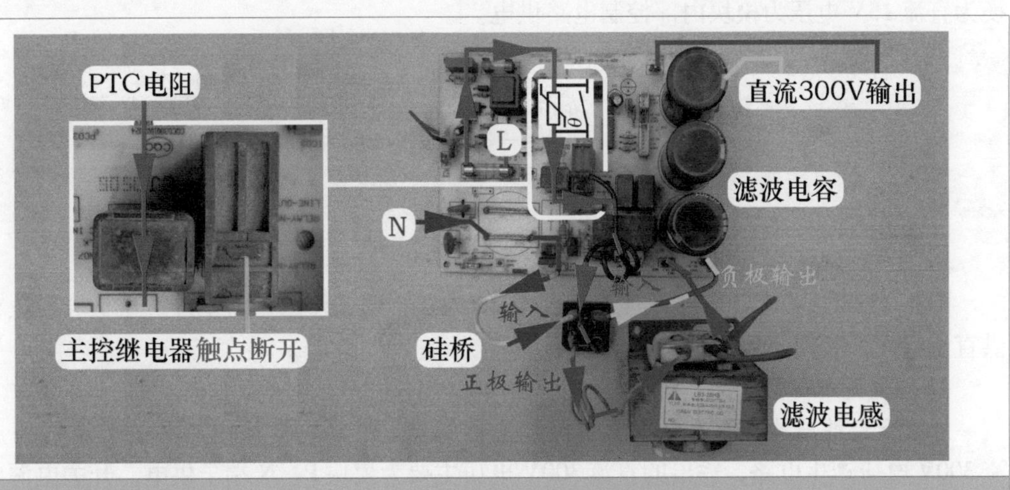

图 4-22　初始充电时的工作流程

2. 正常运行

正常运行时的工作流程见图 4-23。

滤波电容两端的直流 300V 电压 1 路送到模块的 P、N 端子，1 路送到开关电源电路，开关电源电路开始工作，输出支路中的其中 1 路输出直流 12V 电压，经 7805 稳压块后变为稳定的直流 5V，为室外机 CPU 供电，在三要素电路的作用下 CPU 工作，其⑨脚输出高电平 5V 电压，经反相驱动器反相放大，驱动主控继电器 RY01 线圈，线圈得电使触点闭合，L 端电压经触点直接送至硅桥的交流输入端，PTC 电阻退出充电电路，空调器开始正常工作。

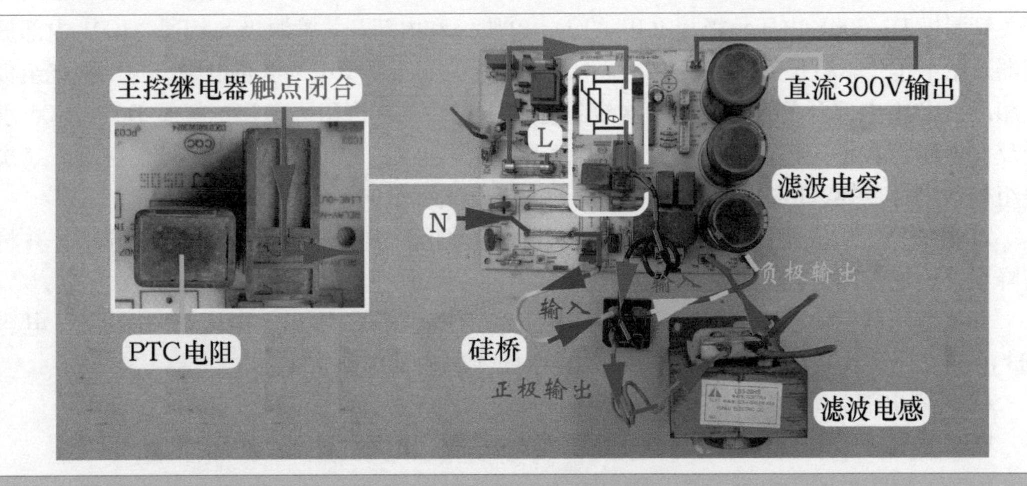

图 4-23　正常运行时的工作流程

三、开关电源电路

1. 作用

本机使用开关电源电路，电路简图见图4-24，开关电源电路也可称为电压转换电路，就是将输入的直流300V电压转换为直流12V和5V电压为主板CPU等负载供电，以及转换为直流15V电压为模块内部控制电路供电。

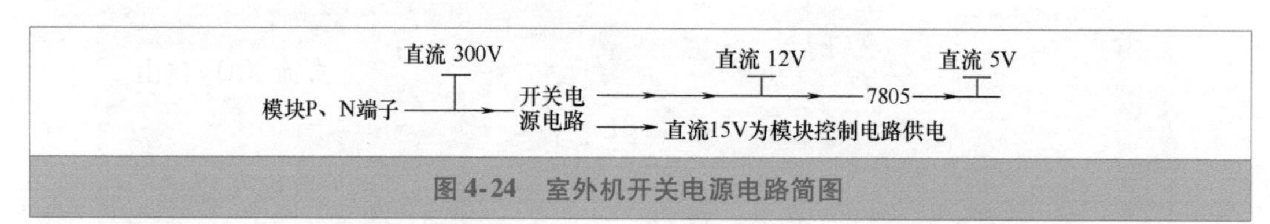

图4-24 室外机开关电源电路简图

2. 工作原理

图4-25为开关电源电路原理图，图4-26为实物图，作用是为室外机主板和模块板提供直流15V、12V、5V电压。

（1）直流300V电压

外置交流滤波器、PTC电阻、主控继电器触点、硅桥、滤波电感和滤波电容组成直流300V电压产生电路，输出的直流300V电压主要为模块P、N端子供电，开关电源电路工作所需的直流300V电压就是取自滤波电容输出端子。

模块输出供电，使压缩机工作，处于低频运行时模块P、N端电压约直流300V；压缩机如升频运行，P、N端子电压会逐步下降，压缩机在最高频率运行时P、N端子电压实测约240V，因此室外机开关电源电路供电在直流240～300V之间。

（2）开关振荡电路

以开关电源集成电路VIPer22A（主板代号IC01）为核心，内置振荡电路和场效应晶体（开关管），振荡开关频率固定，通过改变脉冲宽度来调整占空比。其采用反激式开关方式，电网的干扰就不能经开关变压器直接耦合至二次绕组，具有较好的抗干扰能力。

直流300V电压正极经开关变压器一次供电绕组送至集成电路IC01的⑤～⑧脚，接内部开关管漏极D；300V电压负极接IC01的①、②脚，和内部开关管源极S相通。IC01内部振荡器开始工作，驱动开关管的导通与截止，由于开关变压器T01一次供电绕组与二次绕组极性相反，IC01内部开关管导通时一次绕组存储能量，二次绕组因整流二极管D03、D04承受反向电压而截止，相当于开路；U6内部开关管截止时，T01一次绕组极性变换，二次绕组极性同样变换，D03、D04正向偏置导通，一次绕组向二次绕组释放能量。

ZD01、D01组成钳位保护电路，吸收开关管截止时加在漏极D上的尖峰电压，并将其降至一定的范围之内，防止过电压损坏开关管。

开关变压器一次侧反馈绕组的感应电压经二极管D02整流、电阻R08限流、电容C03滤波，得到约直流20V的电压，为IC01的④脚内部电路供电。

（3）输出部分电路

IC01内部开关管交替导通与截止，开关变压器二次绕组得到高频脉冲电压。

1路经D03整流，电容C06、C23滤波，成为纯净的直流15V电压，经连接线送至模块板，为模块的内部控制电路和驱动电路供电。

1 路经 D04 整流，电容 C07、C08、C11 和电感 L01 滤波，成为纯净的直流 12V 电压，为室外机主板的继电器和反相驱动器等供电。

直流 12V 电压的其中 1 个支路送至 7805 的①脚输入端，其③脚输出端输出稳定的 5V 电压，由 C24、C25 滤波后，经连接线送至模块板，为模块板上的 CPU 和弱电信号处理电路供电。

注：海信 KFR-26GW/11BP 室外机使用型号为三洋 STK621-031 单电源模块驱动压缩机，因此开关电源只输出 1 路直流 15V 电压；而海信 KFR-2601GW/BP 使用三菱第二代模块，需要 4 路相互隔离的直流 15V 电压，因此其室外机开关电源电路输出 4 路直流 15V 电压。

（4）稳压电路

稳压电路采用脉宽调制方式，由分压精密电阻 R06 和 R07、三端误差放大器 IC04（TL431）、光耦 PC01 和 IC01 的③脚组成。

如因输入电压升高或负载发生变化引起直流 12V 电压升高，分压电阻 R06 和 R07 的分压点电压升高，TL431 的①脚参考极电压也相应升高，内部晶体管导通能力加强，TL431 的③脚阴极电压降低，光耦 PC01 初级两端电压上升，使得次级光敏晶体管导通能力加强，IC01 的③脚电压上升，IC01 通过减少开关管的占空比，开关管导通时间缩短而截止时间延长，开关变压器存储的能量变小，输出电压也随之下降。

如直流 12V 输出电压降低，TL431 的①脚参考极电压降低，内部晶体管导通能力变弱，TL431 的③脚阴极电压升高，光耦 PC01 初级发光二极管两端电压降低，次级光敏晶体管导通能力下降，IC01 的③脚电压下降，IC01 通过增加开关管的占空比，开关变压器存储能量增加，输出电压也随之升高。

（5）输出电压直流 12V

输出电压直流 12V 的高低，由分压电阻 R06、R07 的阻值决定，调整分压电阻阻值即可改变直流 12V 输出端电压，直流 15V 也做相应变化。

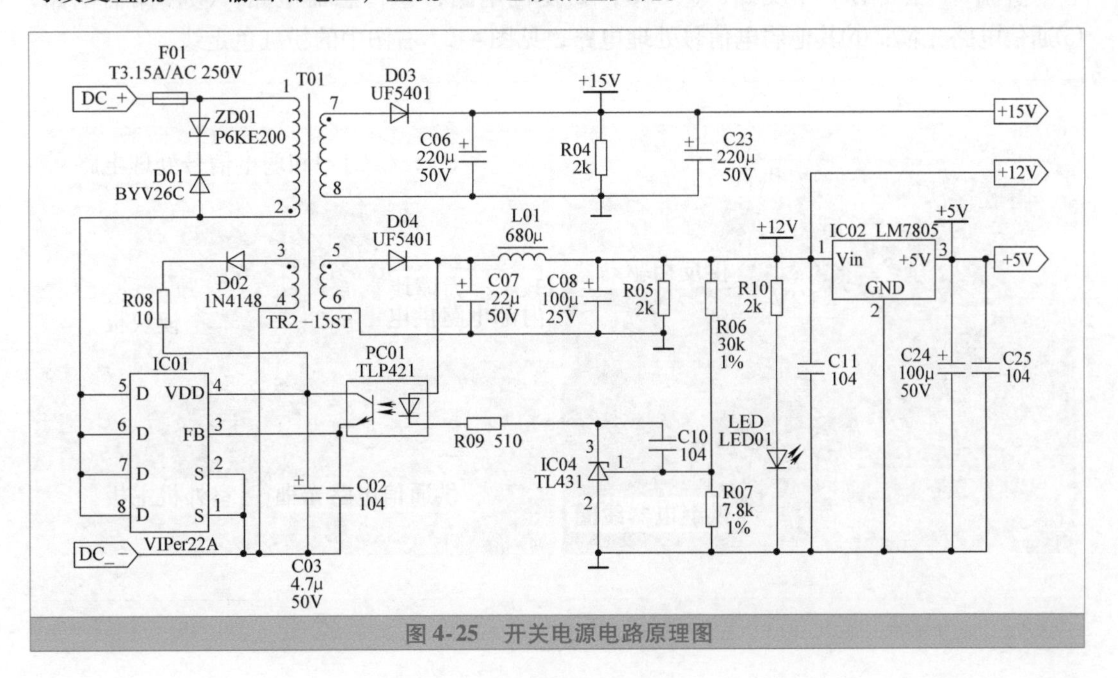

图 4-25 开关电源电路原理图

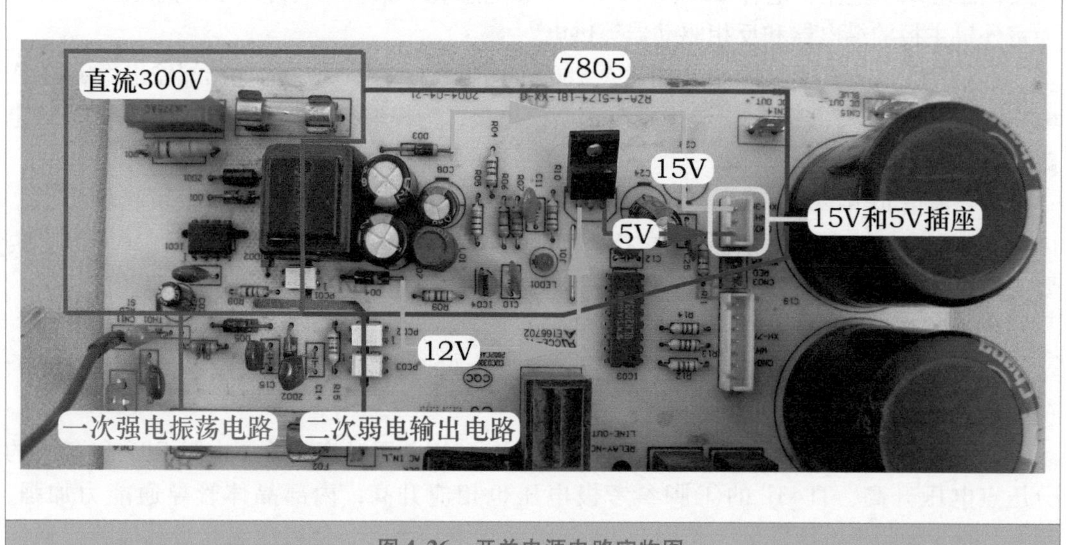

图 4-26 开关电源电路实物图

3. 电源电路负载

（1）直流 12V

直流 12V 主要有 3 个支路：①5V 电压产生电路 7805 稳压块的①脚输入端；②2003 反相驱动器；③继电器线圈，见图 4-27 左图。

（2）直流 15V

直流 15V 主要为模块内部控制电路供电，见图 4-27 右图中的浅蓝色走线。

（3）直流 5V

直流 5V 主要有 6 个支路：①CPU；②复位电路；③传感器电路；④存储器电路；⑤通信电路光耦；⑥其他弱电信号处理电路，见图 4-27 右图中的粉红色走线。

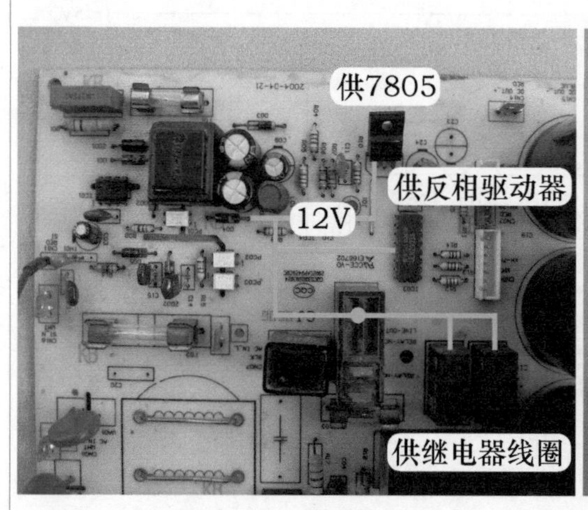

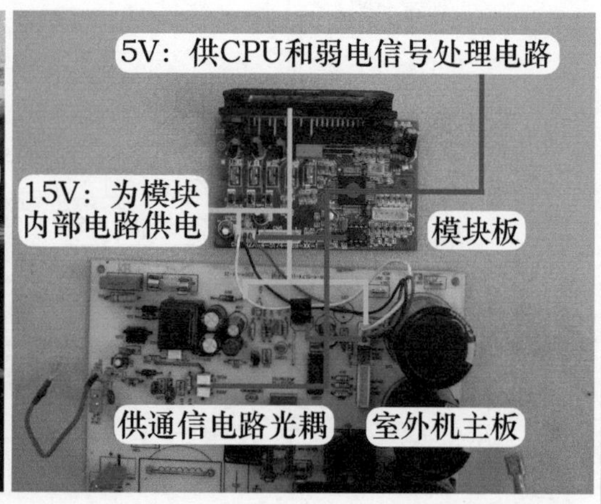

图 4-27 开关电源电路负载

四、CPU 和其三要素电路

1. CPU 简介

CPU 是主板上体积最大、引脚最多、功能最强大的集成电路，也是整个电控系统的控制中心，内部写入了运行程序（或工作时调取存储器中的程序）。

室外机 CPU 工作时与室内机 CPU 交换信息，并结合温度、电压、电流等输入部分的信号，处理后输出 6 路信号驱动模块控制压缩机运行，输出电压驱动继电器对室外风机和四通阀线圈进行控制，并驱动指示灯显示室外机的运行状态。

本机室外机 CPU 型号为 88CH47FG，主板代号 IC7，共有 44 个引脚在四面引出，采用贴片封装。图 4-28 为 88CH47FG 实物外形，表 4-3 为其主要引脚功能。

本机 CPU 安装在模块板上面，相应的弱电信号处理电路也设计在模块板上面，主要原因是模块内部的驱动电路改用专用芯片，无需绝缘光耦，可直接接收 CPU 输出的 6 路信号。

图 4-28　88CH47FG 实物外形

表 4-3　88CH47FG 主要引脚功能

引　脚	英文符号	功　能	说　明
㊴	V_{DD}	电源	CPU 三要素电路
⑯	V_{SS}	地	
⑭	OSC1	16MHz 晶振	
⑮	OSC2		
⑬	RESET	复位	
④	CS	片选	存储器电路（93C46）
㉔	SCK	时钟	
㉖	SO	命令输出	
㉕	SI	数据输入	

（续）

引　脚	英文符号	功　能	说　明
㉒	SI 或 RXD	接收信号	通信电路
㉓	SO 或 TXD	发送信号	
㉚	GAIKI	室外环温传感器输入	输入部分电路
㉛	COIL	室外管温传感器输入	
㉜	COMP	压缩机排气传感器输入	
⑤	THERMO	压缩机顶盖温度开关	
㉝	VT	过/欠电压检测	
㉞	CT	电流检测	
㊲	TEST	应急检测	
②	FO	模块保护信号输入	
㊵~㊹、①	U、V、W、X、Y、Z	模块6路信号输出	输出部分电路
⑨		主控继电器	
⑧	SV 或 4V	四通阀线圈	
⑥、⑦	FAN	室外风机	
⑫	LED	指示灯	

2. CPU 三要素电路工作原理

图4-29为CPU三要素电路原理图，图4-30为实物图。电源、复位、时钟振荡电路称为三要素电路，是CPU正常工作的前提，缺一不可，否则会死机，引起空调器上电后室外机无反应的故障。

（1）电源电路

开关电源电路设计在室外机主板，直流5V和15V电压由3芯连接线通过CN4插座为模块板供电。CN4的①针接红线为5V，②针接黑线为地，③针接白线为15V。

CPU㊴脚是电源供电引脚，供电由CN4的①针直接提供。

CPU⑯脚为接地引脚，和CN4的②针相连。

（2）复位电路

复位电路使内部程序处于初始状态。本机未使用复位集成电路，而是使用简单的RC元件组成复位电路。CPU⑬脚为复位引脚，电阻R8和电容E6组成低电平复位电路。

室外机上电，开关电源电路开始工作，直流5V电压经电阻R8为E6充电，开始时CPU⑬脚电压较低，使CPU内部电路清零复位；随着充电的进行，E6电压逐渐上升，当CPU⑬脚电压上升至供电电压5V时，CPU内部电路复位结束开始工作。

（3）时钟振荡电路

时钟振荡电路提供时钟频率。CPU⑭、⑮为时钟引脚，内部振荡器电路与外接的晶振 CR11 组成时钟振荡电路，提供稳定的 16MHz 时钟信号，使 CPU 能够连续执行指令。

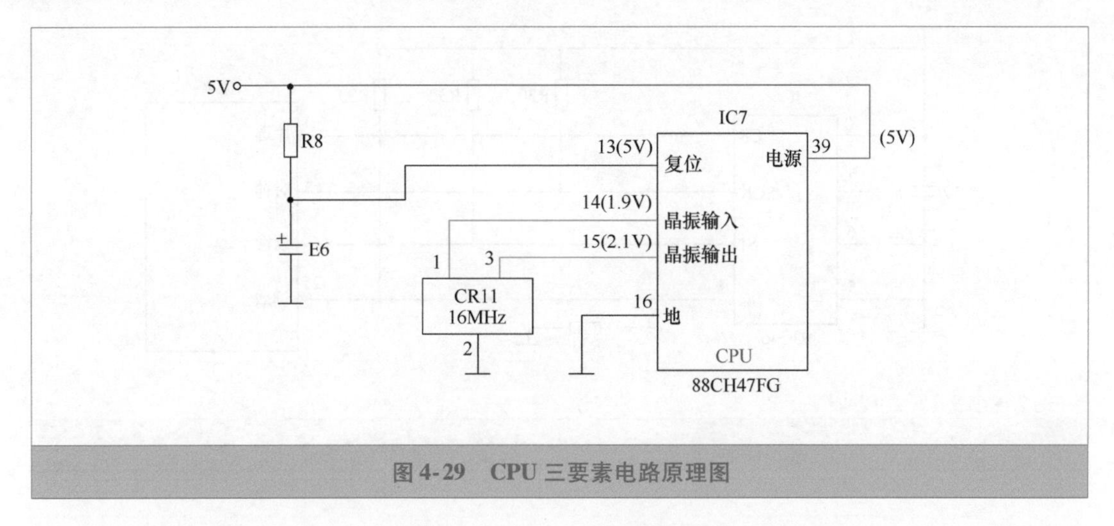

图 4-29　CPU 三要素电路原理图

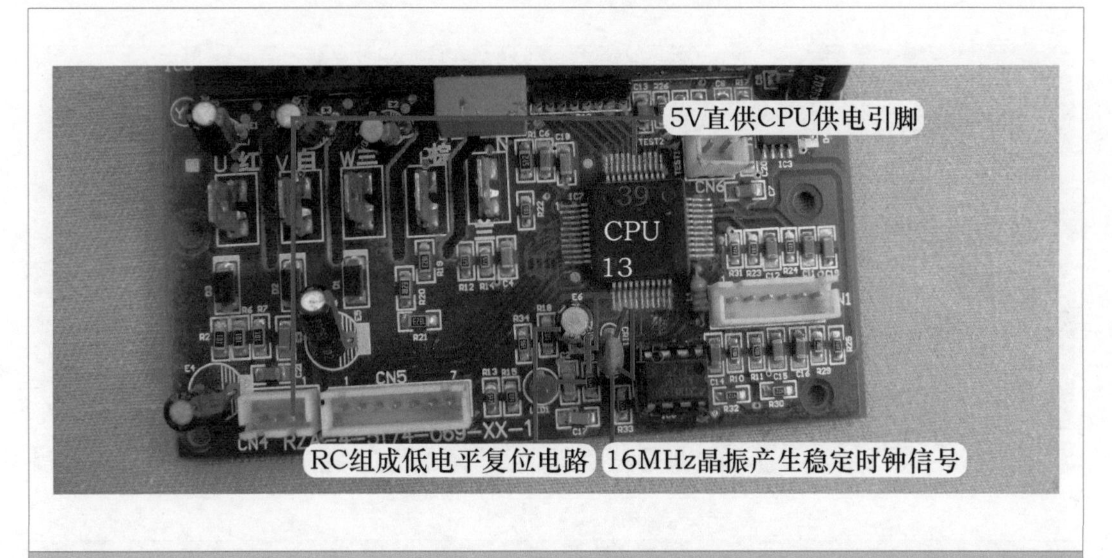

图 4-30　CPU 三要素电路实物图

五、 存储器电路

图 4-31 为存储器电路原理图，图 4-32 为实物图，该电路的作用是向 CPU 提供工作时所需要的数据。

存储器内部存储室外机运行的程序、压缩机 *U/f* 值、电流和电压保护值等数据，CPU 工作时调取存储器的数据对室外机电路进行控制。

CPU 需要读写存储器的数据时，④脚变为高电平 5V，片选存储器 IC6 的①脚，㉔脚向 IC6 的②脚发送时钟信号，㉖脚将需要查询数据的指令输入到 IC6 的③脚，㉕脚读取 IC6④脚反馈的数据。

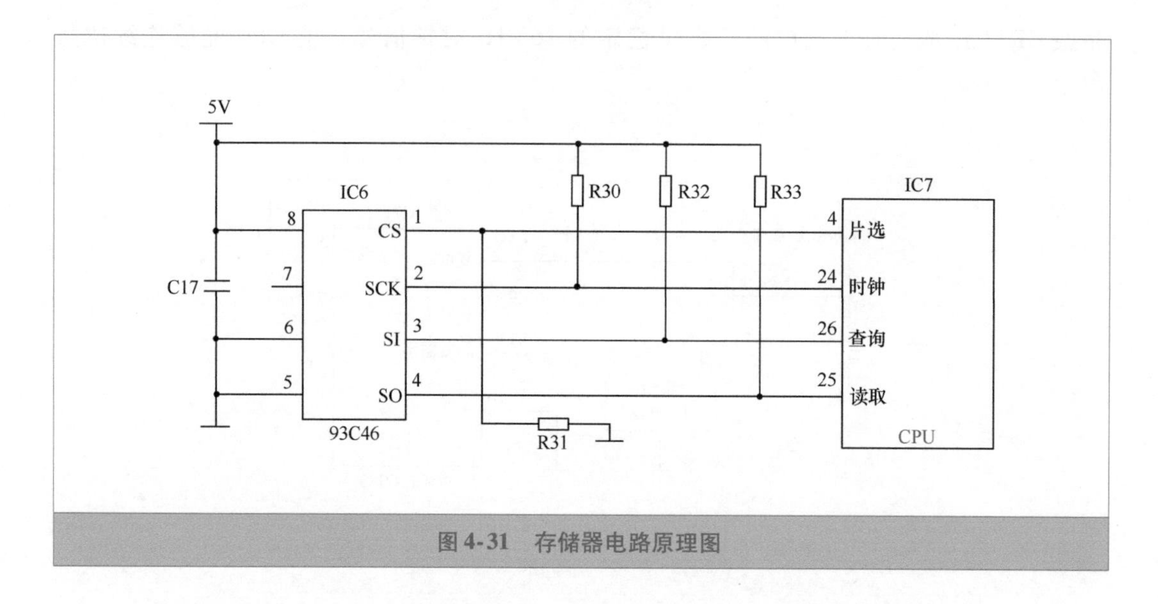

图 4-31　存储器电路原理图

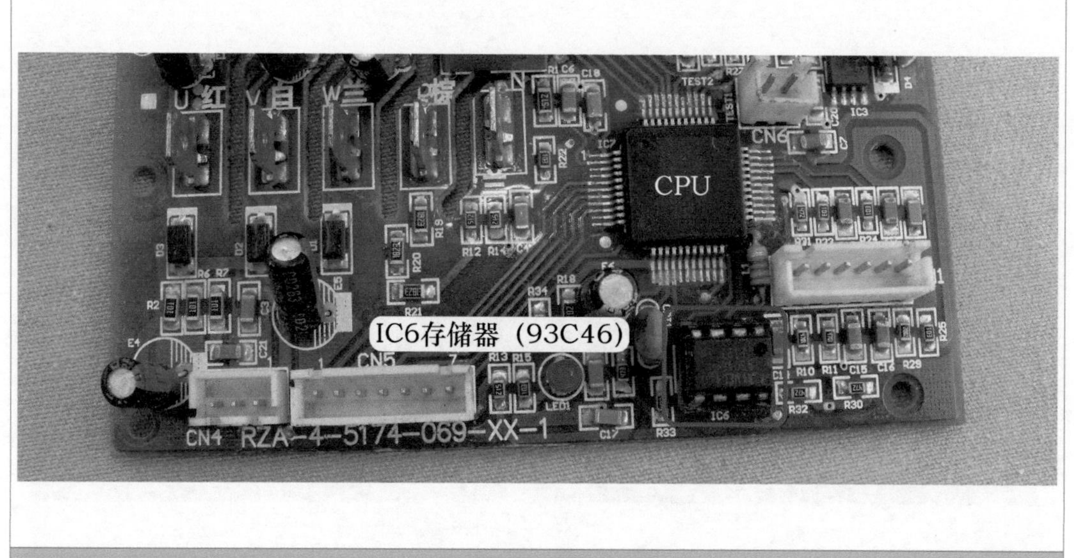

图 4-32　存储器电路实物图

六、传感器电路

传感器电路向室外机 CPU 提供室外环境温度、冷凝器温度和压缩机排气管温度共 3 种温度信号。

1. 室外环温传感器安装位置和电路作用

图 4-33 为室外环温传感器安装位置和实物外形。

① 该电路的作用是检测室外环境温度，由室外环温传感器（25℃/5kΩ）和分压电阻 R10（4.7 kΩ 电阻）等元器件组成。

② 在制热模式，与室外管温传感器温度组成进入除霜状态的条件。

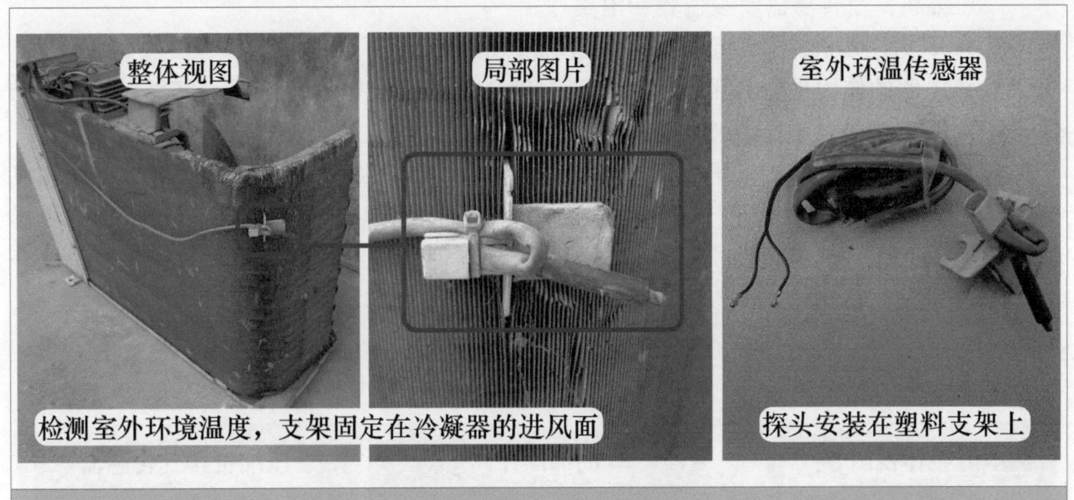

图 4-33 室外环温传感器安装位置和实物外形

2. 室外管温传感器安装位置和电路作用

图 4-34 为室外管温传感器安装位置和实物外形。

① 该电路的作用是检测冷凝器温度，由室外管温传感器（25℃/5kΩ）和分压电阻 R11（4.7kΩ 电阻）等元器件组成。

② 在制冷模式，判定冷凝器过载。室外管温≥70℃，压缩机停机；当室外管温≤50℃时，3min 后自动开机。

③ 在制热模式，与室外环温传感器温度组成进入除霜状态的条件。空调器运行一段时间（约 40min），室外环温 > 3℃时，室外管温≤ -3℃，且持续 5min；或室外环温 < 3℃时，室外环温 - 室外管温≥7℃，且持续 5min。

④ 在制热模式，判断退出除霜状态的条件。当室外管温 > 12℃时或压缩机运行时间超过 8min。

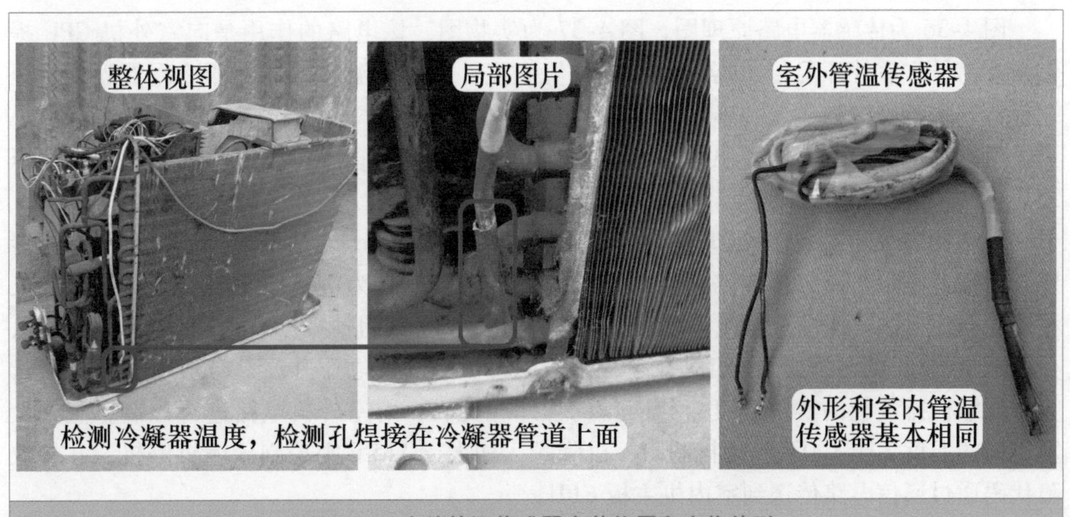

图 4-34 室外管温传感器安装位置和实物外形

3. 压缩机排气传感器安装位置和电路作用

图 4-35 为压缩机排气传感器安装位置和实物外形。

① 该电路的作用是检测压缩机排气管温度，由压缩机排气传感器（25℃/65kΩ）和分压电阻 R29（20kΩ 电阻）等元器件组成。

② 在制冷和制热模式，压缩机排气管温度≤93℃，压缩机正常运行；93℃ < 压缩机排气温度 < 115℃，压缩机运行频率被强制设定在规定的范围内或者降频运行；压缩机排气管温度 > 115℃，压缩机停机；只有当压缩机排气管温度下降到≤90℃时，才能再次开机运行。

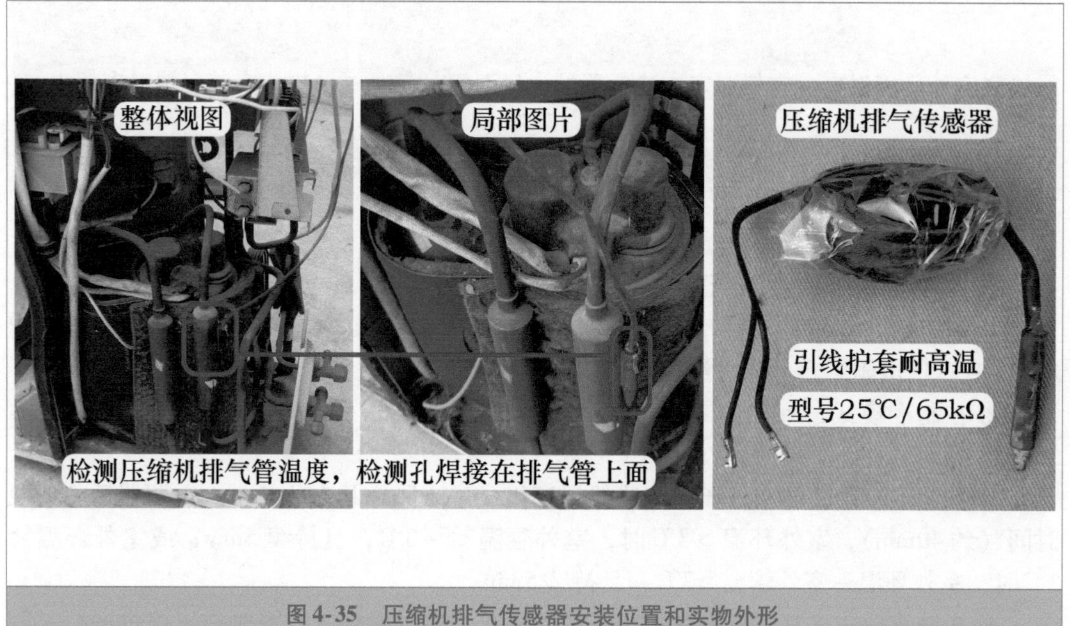

图 4-35　压缩机排气传感器安装位置和实物外形

4. 传感器电路工作原理

图 4-36 为传感器电路原理图，图 4-37 为实物图，该电路的作用是向室外机 CPU 提供温度信号，室外环温传感器检测室外环境温度，室外管温传感器检测冷凝器温度，压缩机排气传感器检测压缩机排气管温度。

CPU 的㉚脚检测室外环温传感器温度，㉛脚检测室外管温传感器温度，㉜脚检测压缩机排气传感器温度。

传感器为负温度系数（NTC）的热敏电阻，室外机 3 路传感器工作原理相同，均为传感器与偏置电阻组成分压电路。以压缩机排气传感器电路为例，如压缩机排气管由于某种原因温度升高，压缩机排气传感器温度也相应升高，其阻值变小，根据分压电路原理，分压电阻 R29 分得的电压也相应升高，输送到 CPU㉜脚的电压升高，CPU 根据电压值计算出压缩机排气管的实际温度，与内置的程序相比较，对室外机电路进行控制，假如计算得出的温度大于 100℃，则控制压缩机降频，如大于 115℃则控制压缩机停机，并将故障代码通过通信电路传送到室内机主板 CPU。

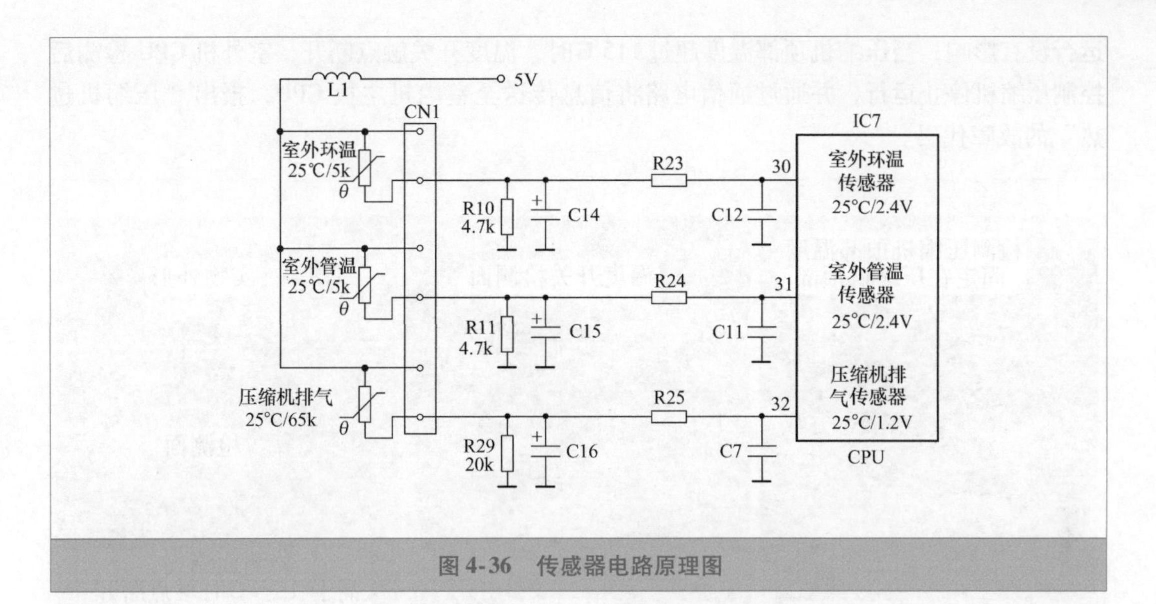

图 4-36　传感器电路原理图

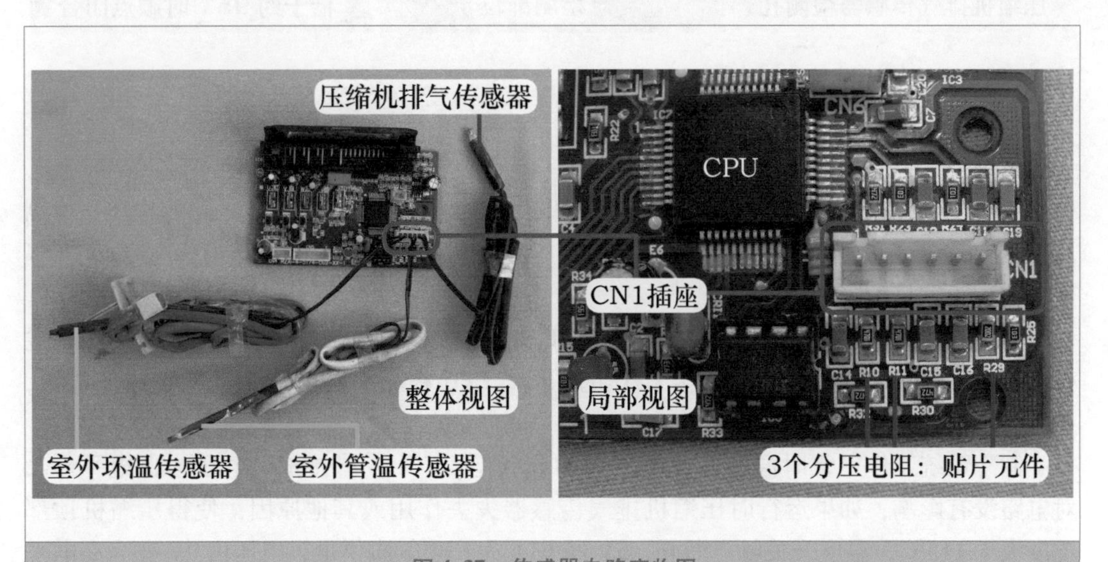

图 4-37　传感器电路实物图

七、压缩机顶盖温度开关电路

1. 作用

压缩机运行时壳体温度如果过高，内部机械部件会加剧磨损，压缩机线圈绝缘层容易因过热击穿发生短路故障。室外机 CPU 检测压缩机排气传感器温度，如果高于 90℃ 则会控制压缩机降频运行，使温度降到正常范围以内。

为防止压缩机过热，室外机电控系统还设有压缩机顶盖温度开关作为第二道保护，安装位置和实物外形见图 4-38，作用是即使压缩机排气传感器损坏，压缩机运行时如果温度过高，室外机 CPU 也能通过顶盖温度开关检测。

顶盖温度开关检测压缩机顶部温度，正常情况下温度开关触点闭合，对室外机电路运行没有影响；当压缩机顶部温度超过115℃时，温度开关触点断开，室外机CPU检测后控制压缩机停止运行，并通过通信电路将信息传送至室内机主板CPU，报出“压缩机过热”的故障代码。

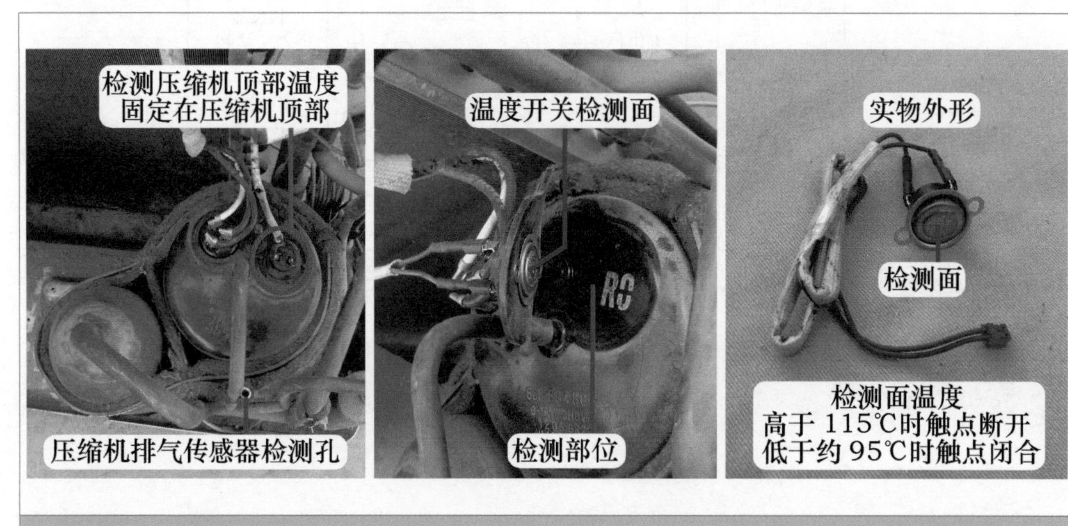

图4-38　压缩机顶盖温度开关安装位置和实物外形

2. 工作原理

图4-39为压缩机顶盖温度开关电路原理图，图4-40为实物图，该电路的作用是检测压缩机顶盖温度开关状态，温度开关安装在压缩机顶部接线端子附近，用于检测顶部温度，作为压缩机的第二道保护。

温度开关插座设计在室外机主板上，CPU安装在模块板上，温度开关通过室外机主板和模块板连接线的①号线连接至CPU的⑤脚，CPU根据引脚电压为高电平或低电平，检测温度开关的状态。

制冷系统工作正常时温度开关触点为闭合状态，CPU⑤脚接地，电压为低电平0V，对电路没有影响；如果运行时压缩机排气传感器失去作用或其他原因，使得压缩机顶部温度大于115℃，温度开关触点断开，5V经R11为CPU⑤脚供电，电压由0V变为高电平5V，CPU检测后立即控制压缩机停机，并将故障代码通过通信电路传送至室内机CPU。

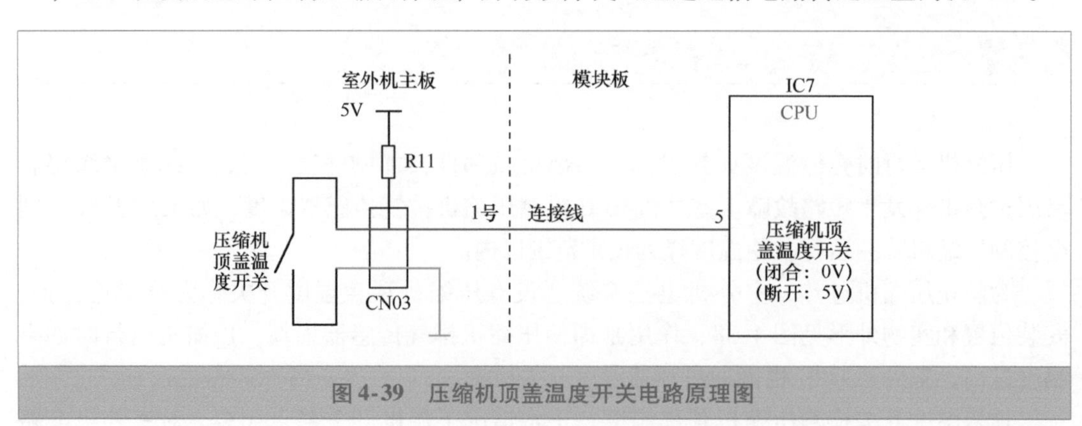

图4-39　压缩机顶盖温度开关电路原理图

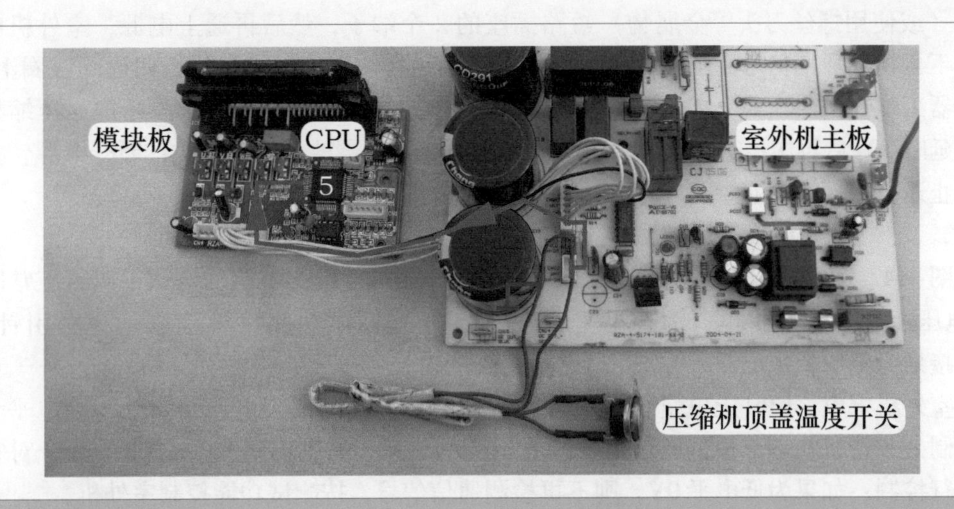

图 4-40　压缩机顶盖温度开关电路实物图

3. 常见故障

该电路的常见故障是温度开关在静态（即压缩机未起动）时触点为断开状态，引起室外机不能运行的故障。

检测时使用万用表电阻档测量引线插头，见图 4-41，正常阻值为 0Ω；如果实测结果为无穷大，则为温度开关损坏，应急时可将引线剥开，直接短路使用，待有配件时再更换。

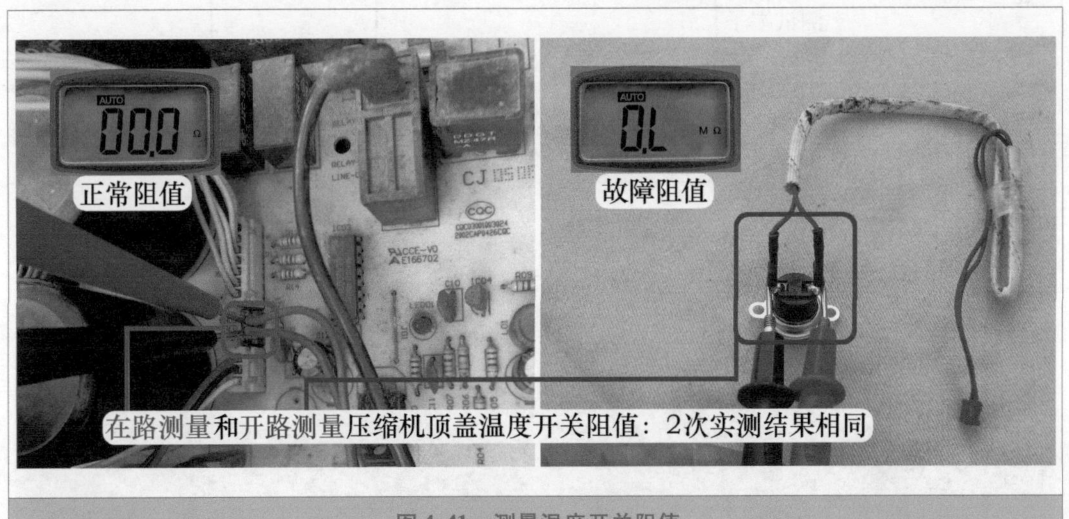

图 4-41　测量温度开关阻值

八、测试端子

1. 测试功能

模块板上的 CN6 为测试端子插座，作用是在无室内机电控系统时，可以单独检测室外机电控系统运行是否正常。方法是在室外机接线端子处断开室内机的连接线，使用连接线（或使用螺丝刀头等金属物）短路插座的2个端子，然后再通上电源，室外机电控系统不再检测通信信号并强制开机，压缩机定频运行，室外风机运行，四通阀线圈上电，空调器工作在制热模式；如果此时断开CN6插座的短接线，四通阀线圈断电，压缩机停机后延时50s后再次运行，室外风机不间断运行，空调器改为制冷模式；断开电源，空调器停止运行。

2. 工作原理

图4-42为测试端子电路原理图，图4-43为实物图。CPU㊲脚为测试引脚，正常时由5V电压经电阻R26供电，为高电平5V；如果使用测试功能短路CN6的2个引针时，㊲脚接地为低电平0V。

室外机上电，CPU上电复位结束开始工作，首先检测㊲脚电压，如果为高电平5V，则控制处于待机状态，根据通信信号接收引脚的信息，按室内机CPU输出的命令对室外机进行控制；如果为低电平0V，则不再检测通信信号，按测试功能控制室外机。

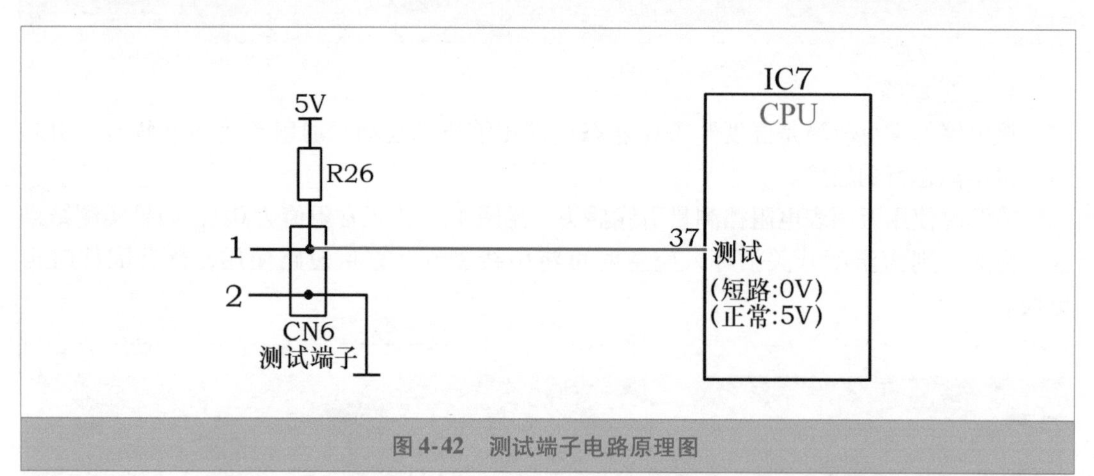

图4-42 测试端子电路原理图

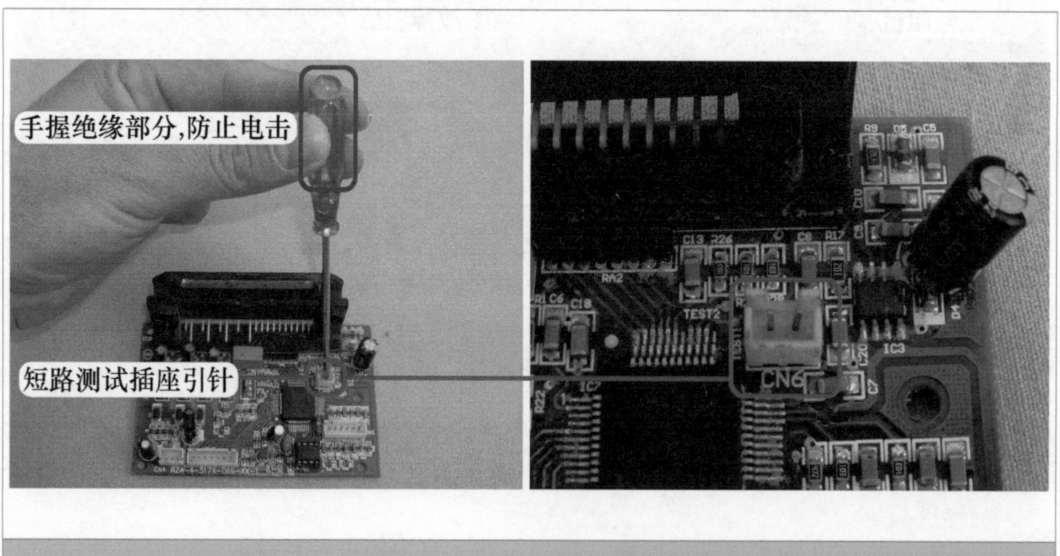

图4-43 测试端子电路实物图

九、电压检测电路

1. 作用

空调器在运行过程中，如输入电压过高，相应直流300V电压也会升高，容易引起模块或室外机主板过热、过电流或过电压损坏；如输入电压过低，制冷量下降达不到设计的要求。因此室外机主板设置电压检测电路，CPU检测输入的交流电源电压，在过高（超过交流260V）或过低（低于交流160V）时停机进行保护。

2. 工作原理

图4-44为电压检测电路原理图，图4-45为实物图，表4-4为交流输入电压与CPU引脚电压对应关系。该电路的作用是检测输入的交流电源电压，当电压高于交流260V或低于160V时停机，以保护压缩机和模块等部件。

本机电路未使用电压检测变压器等元器件检测输入的交流电压，而是通过电阻检测直流300V母线电压，通过软件计算出实际的交流电压值，参照的原理是交流电压经整流和滤波后，乘以固定的比例（近似1.36）即为输出直流电压，即交流电压乘以1.36即等于直流电压数值。CPU的㉝脚为电压检测引脚，根据引脚电压值计算出输入的交流电压值。

电压检测电路由电阻R19、R20、R21、R22、R12、R14和电容C4、C18组成，从图4-44可以看出，基本工作原理就是分压电路，取样点为P接线端子上的直流300V母线电压，R19、R20、R21、R12为上偏置电阻，R14为下偏置电阻，R14的阻值在分压电路所占的比例为1/109 [$R_{14}/(R_{19}+R_{20}+R_{21}+R_{12}+R_{14})$，即5.1/(182+182+182+5.1+5.1)]，R14两端电压经电阻R22送至CPU㉝脚，也就是说，CPU㉝脚电压值乘以109等于直流电压值，再除以1.36就是输入的交流电压值。比如CPU㉝脚当前电压值为2.75V，则当前直流电压值为299V（2.75V×109），当前输入的交流电压值为220V（299V÷1.36）。

压缩机高频运行时，即使输入电压为标准的交流220V，直流300V电压也会下降至直流240V左右；为防止误判，室外机CPU内部数据设有修正程序。

➡ 说明：室外机电控系统使用热地设计，直流300V“地”和直流5V“地”直接相连。

表4-4 CPU引脚电压与交流输入电压对应关系

CPU㉝脚的直流电压/V	对应P接线端子上的直流电压/V	对应输入的交流电压/V	CPU㉝脚的直流电压/V	对应P接线端子上的直流电压/V	对应输入的交流电压/V
1.87	204	150	2	218	160
2.12	231	170	2.2	245	180
2.37	258	190	2.5	272	200
2.63	286	210	2.75	299	220
2.87	312	230	3	326	240
3.13	340	250	3.23	353	260

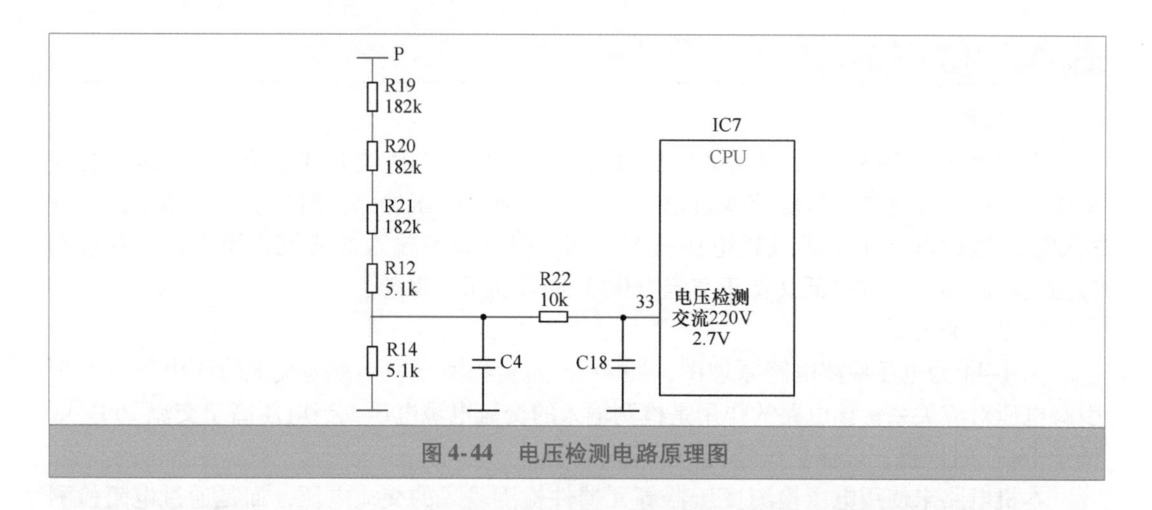

图 4-44 电压检测电路原理图

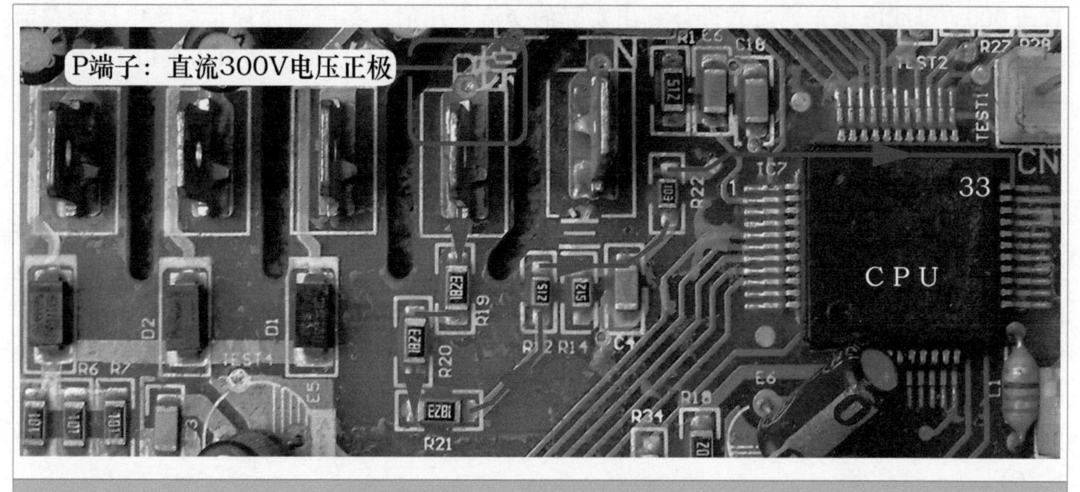

图 4-45 电压检测电路实物图

十、电流检测电路

1. 作用

空调器在运行过程中，由于某种原因（如冷凝器散热不良），引起室外机运行电流（主要是压缩机运行电流）过大，则容易损坏压缩机，因此变频空调器室外机主板均设有电流检测电路，在运行电流过高时进行保护。

2. 工作原理

图 4-46 为电流检测电路原理图，图 4-47 为实物图，表 4-5 为压缩机运行电流与 CPU 引脚电压对应关系。该电路的作用是检测压缩机的运行电流，当 CPU 检测值高于设定值（制冷 10A、制热 11A）时停机，以保护压缩机和模块等部件。

本机电路未使用电流检测变压器或电流互感器检测交流供电引线的电流，而是用模块内部取样电阻输出的电压，将电流信号转化为电压信号并放大，供 CPU 检测。

电流检测电路由模块⑳脚、IC3（LM358）、滤波电容 E7 等主要元器件组成，CPU 的

㉞脚检测电流信号。

本机模块内部设有取样电阻，将模块工作电流（可以理解为压缩机运行电流）转化为电压信号由⑳脚输出，由于电压值较低，没有直接送至 CPU 处理，而是送至运算放大器 IC3（LM358）的③脚同相输入端进行放大，IC3 将电压放大 10 倍（放大倍数由电阻 R16/R17 阻值决定），再由 IC3 的①脚输出至 CPU 的㉞脚，CPU 内部软件根据电压值计算出对应的压缩机运行电流，对室外机进行控制。假如 CPU 根据电压值计算出当前压缩机运行电流在制冷模式下大于 10A，判断为“过电流故障”，控制室外机停机，并将故障代码通过通信电路传送至室内机 CPU。

本机模块由日本三洋公司生产，型号为 STK621-031，内部⑳脚集成取样电阻，将模块运行的电流信号转化为电压信号，万用表电阻档实测模块⑳脚与 N 接线端子的阻值小于 1Ω（近似 0Ω）。

表 4-5 CPU 引脚电压与压缩机运行电流对应关系

运行电流/A	CPU㉞脚电压/V	运行电流/A	CPU㉞脚电压/V
1	0.2	3	0.6
6	1.2	8	1.6

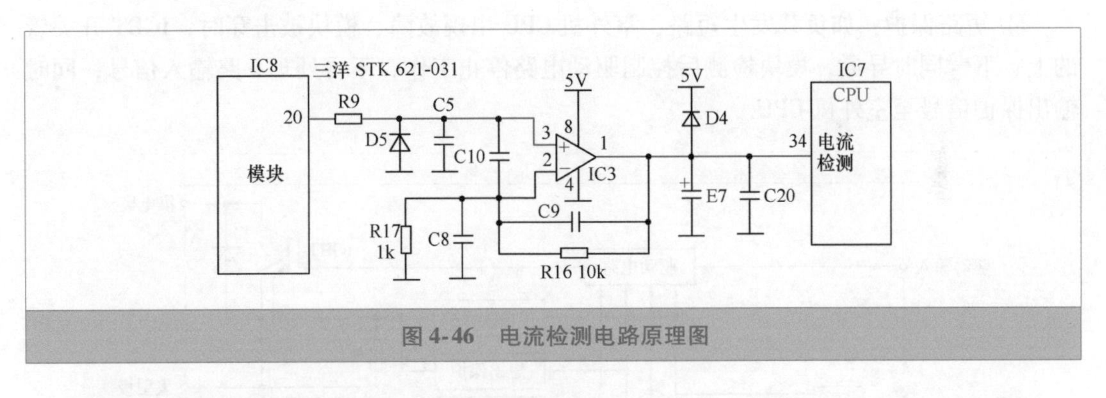

图 4-46 电流检测电路原理图

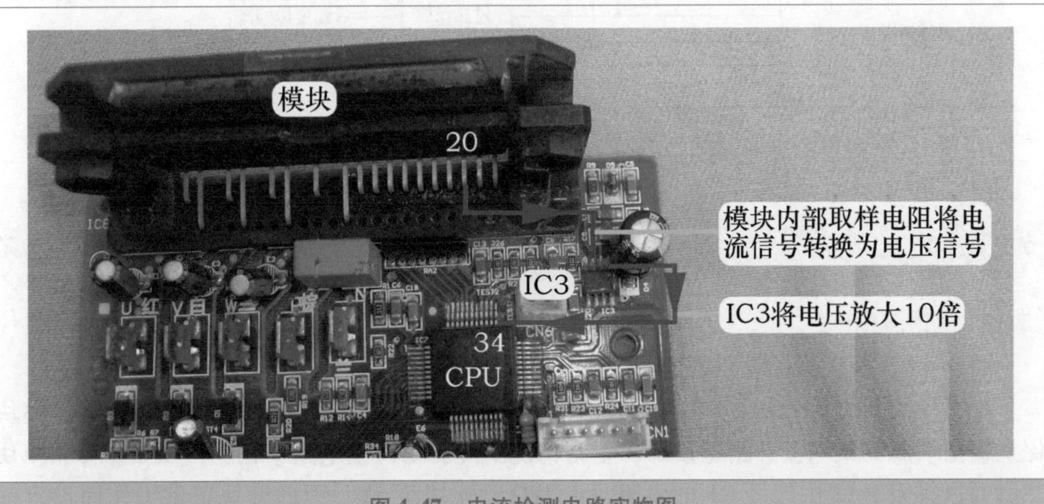

图 4-47 电流检测电路实物图

十一、模块保护电路

1. 作用

模块内部使用智能控制电路，不仅处理室外机CPU输出的6路信号，而且设有保护电路，其示意图见图4-48，当模块内部控制电路检测到直流15V电压过低、基板温度过高、运行电流过大或内部IGBT开关管短路引起电流过大故障时，均会关断IGBT开关管，停止处理6路信号，同时模块保护FO引脚变为低电平，室外机CPU检测后判断为“模块故障”，停止输出6路信号，控制室外机停机，并将故障代码通过通信电路传送至室内机CPU。

① 控制电路供电电压欠电压保护：模块内部控制电路使用外接的直流15V电压供电，当电压低于直流12.5V时，模块驱动电路停止工作，不再处理6路信号，同时输出保护信号至室外机CPU。

② 过热保护：模块内部设有温度传感器，如果检测基板温度超过设定值（约110℃），模块驱动电路停止工作，不再处理6路信号，同时输出保护信号至室外机CPU。

③ 过电流保护：模块工作时如内部电路检测IGBT开关管电流过大，模块驱动电路停止工作，不再处理6路信号，同时输出保护信号至室外机CPU。

④ 短路保护：如负载发生短路、室外机CPU出现故障、模块被击穿时，IGBT开关管的上、下臂同时导通，模块检测后控制驱动电路停止工作，不再处理6路输入信号，同时输出保护信号至室外机CPU。

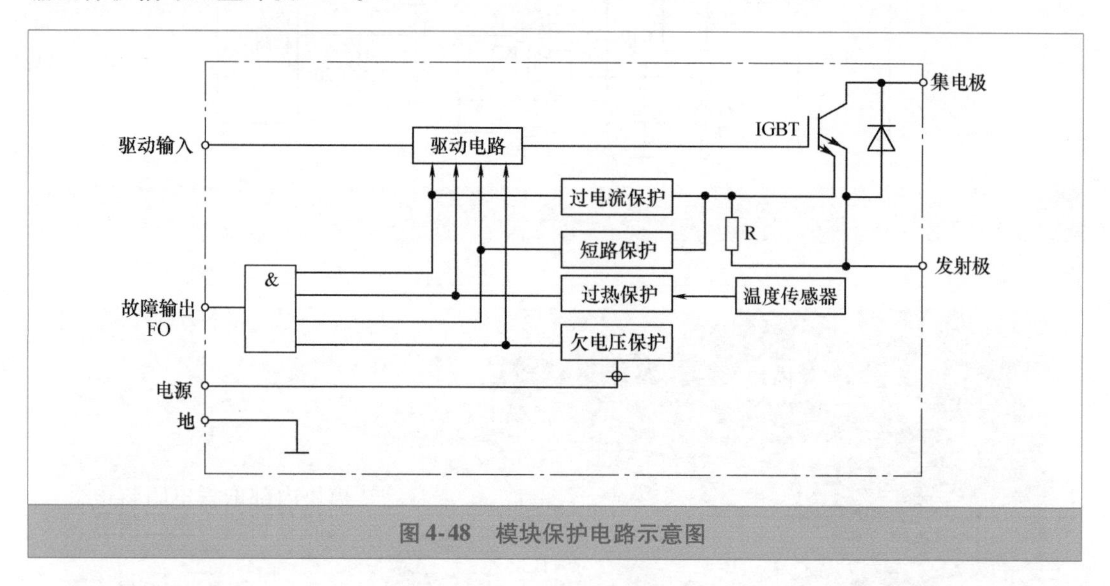

图4-48 模块保护电路示意图

2. 工作原理

图4-49为模块保护电路原理图，图4-50为实物图。

本机模块⑲脚为FO保护信号输出引脚，CPU的②脚为模块保护信号检测引脚。模块保护输出引脚为集电极开路型设计，正常情况下此脚与外围电路不相连，CPU②脚和模块⑲脚通过排阻RA2中代号R1的电阻（4.7kΩ）连接至5V，因此模块正常工作即没有输出保护信号时，CPU②脚和模块⑲脚的电压均为5V。

如果运行或待机时模块内部电路检测到上述4种保护，将停止处理6路信号，同时⑲脚接地，CPU②脚经电阻R1、模块⑲脚与地相连，电压由高电平5V变为低电平约0V，CPU内部电路检测后停止输出6路信号，停机进行保护，并将故障代码通过通信电路传送至室内机CPU。

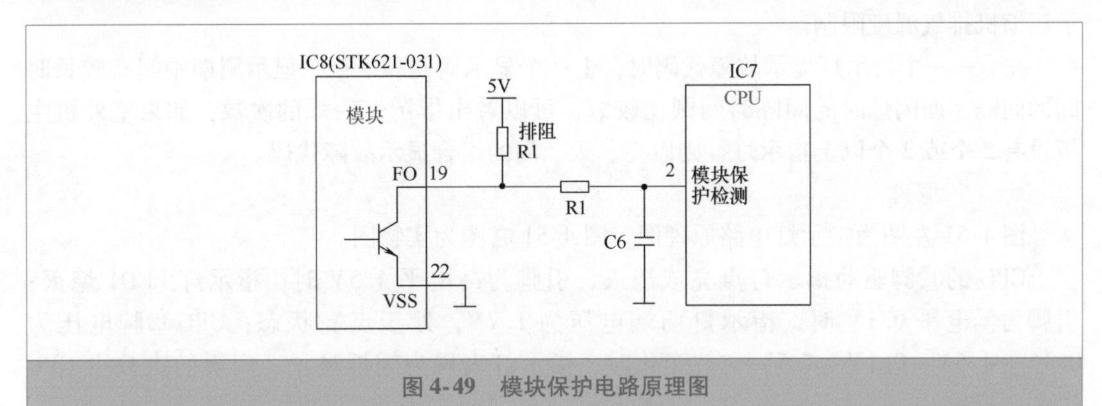

图4-49 模块保护电路原理图

图4-50 模块保护电路实物图

3. 电路说明

三洋STK621-031模块内部保护电路工作原理和三菱PM20CTM60模块基本相同，只不过本机模块内部接口电路使用专用芯片，可以直接连接CPU引脚，中间不需要光耦；而三菱PM20CTM60属于第二代模块，引脚不能和CPU相连，中间需要光耦传递信号。

三菱第三代和后续系列模块内部接口电路也使用专用芯片，同样可以直接连接CPU引脚，和本机模块相同。

十二、指示灯电路

1. 作用

该电路的作用是显示室外机电控系统的工作状态，本机只设计1个指示灯，只能以闪烁的次数表示相关内容。

室外机指示灯控制程序：待机状态下以指示灯闪烁的次数表示故障内容，如闪烁1次为室外环温传感器故障，闪烁5次为通信故障；运行时以闪烁的次数表示压缩机限频因素，如闪烁1次表示正常运行（无限频因素），闪烁2次表示电源电压限制，闪烁5次表示压缩机排气温度限制。

➡ 说明：一个指示灯显示故障代码时，上一个显示周期和下一个显示周期中间有较长时间的间隔，而闪烁时的间隔时间则比较短，可以看出指示灯闪烁的次数；如果室外机主板设有2个或2个以上指示灯，则以亮、灭、闪的组合显示故障代码。

2. 工作原理

图4-51左图为指示灯电路原理图，图4-51右图为实物图。

CPU的⑫脚驱动指示灯点亮或熄灭，引脚为高电平4.5V时，指示灯LED1熄灭；引脚为低电平0.1V时，指示灯两端电压为1.7V，处于点亮状态；CPU⑫脚电压为0.1V~4.5V~0.1V~4.5V交替变化时，指示灯表现为闪烁显示，闪烁的次数由CPU决定。

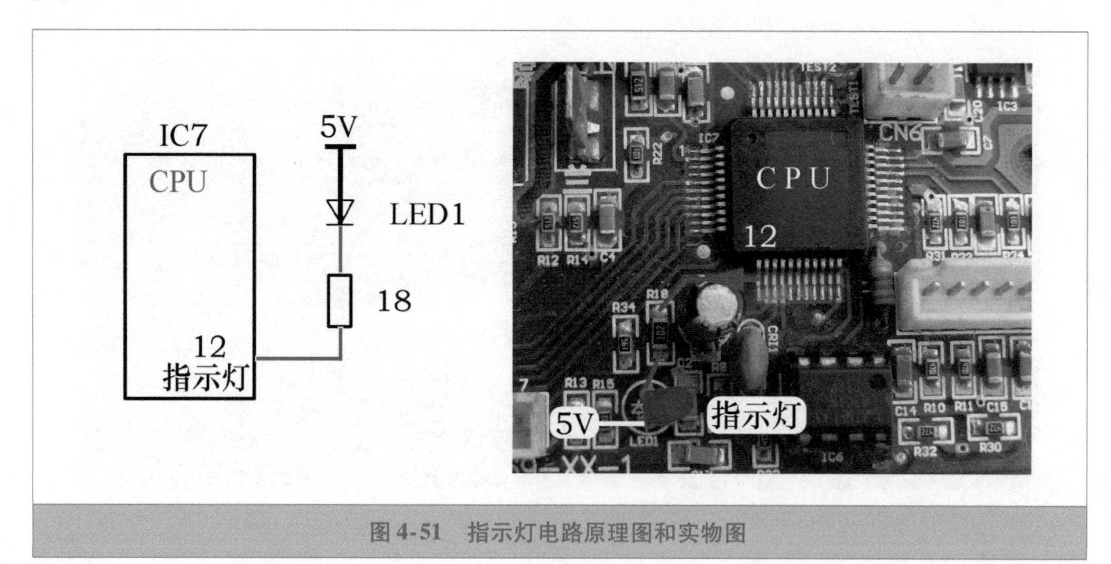

图4-51 指示灯电路原理图和实物图

十三、主控继电器电路

1. 作用

主控继电器为室外机供电，并与PTC电阻组成延时防瞬间大电流充电电路，对直流300V滤波电容充电。上电初期，交流电源经PTC电阻、硅桥为滤波电容充电，两端的直流300V电压为开关电源电路供电，开关电源电路工作后输出电压，其中的一路直流5V为室外机CPU供电，CPU工作后控制主控继电器触点闭合，由主控继电器触点为室外机供电。

2. 工作原理

图4-52为主控继电器电路原理图，图4-53为实物图，电路由CPU⑨脚、限流电阻R14、反相驱动器IC03的⑤和⑫脚以及主控继电器RY01组成。

CPU 需要控制 RY01 触点闭合时，⑨脚输出高电平 5V 电压，经电阻 R14 限流后电压为 2.5V，送到 IC03 的⑤脚，使反相驱动器内部电路翻转，⑫脚电压变为低电平（约 0.8V），主控继电器 RY01 线圈电压为直流 11.2V，产生电磁吸力，使触点 3-4 闭合。

CPU 需要控制 RY01 触点断开时，⑨脚变为低电平 0V，IC03 的⑤脚电压也为 0V，内部电路不能翻转，⑫脚不能接地，RY01 线圈电压为 0V，由于不能产生电磁吸力，触点 3-4 断开。

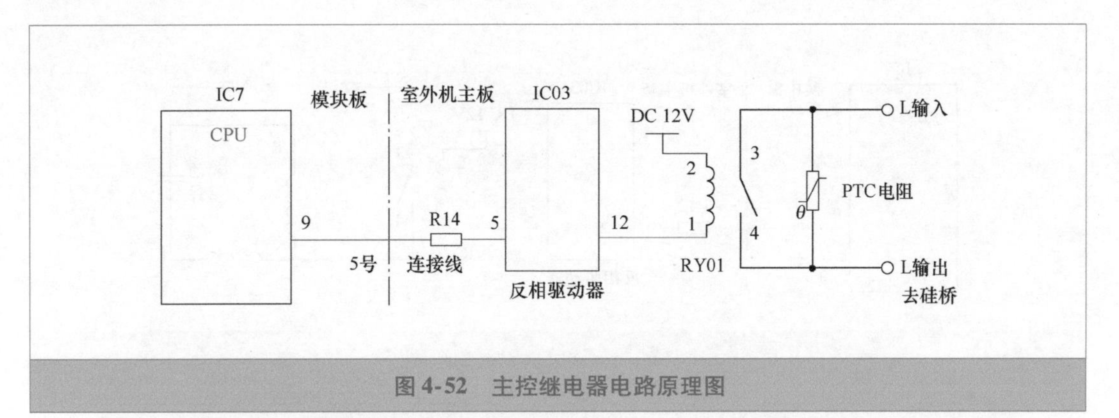

图 4-52 主控继电器电路原理图

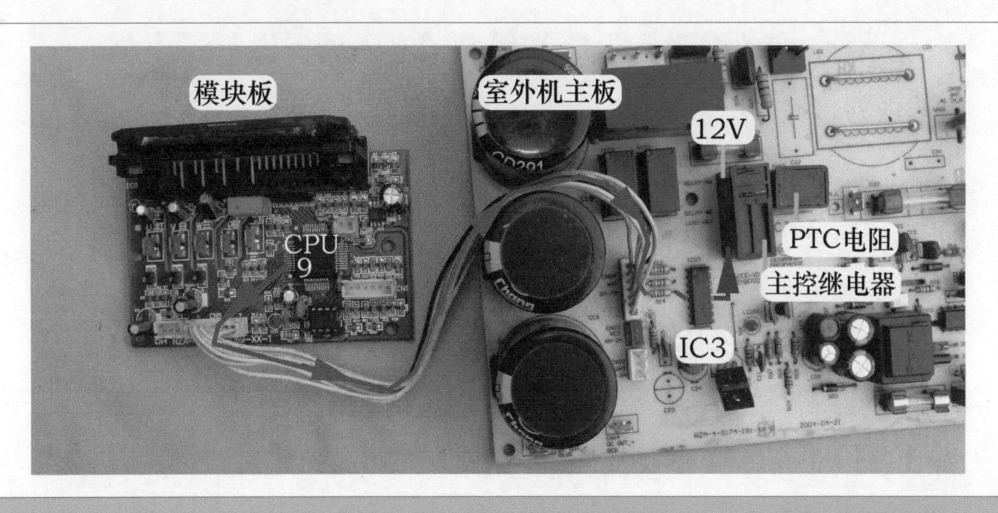

图 4-53 主控继电器电路实物图

十四、室外风机电路

图 4-54 为室外风机电路原理图，图 4-55 为实物图，该电路的作用是驱动室外风机运行，为冷凝器散热。

室外机 CPU 的⑥脚为室外风机高风控制引脚，⑦脚为低风控制引脚，由于本机室外风机只有一个转速，实际电路只使用 CPU⑥脚，⑦脚空闲。电路由限流电阻 R12、反相驱动器 IC03 的③和⑭脚、继电器 RY03 组成。

室外风机电路工作原理和主控继电器驱动电路基本相同，需要控制室外风机运行时，

CPU的⑥脚输出高电平5V电压，经电阻R12限流后为2.5V，送至IC03的③脚，反相驱动器内部电路翻转，⑭脚电压变为低电平约0.8V，继电器RY03线圈电压为11.2V，产生电磁吸力使触点3-4闭合，室外风机线圈得到供电，在电容的作用下旋转运行，制冷模式下为冷凝器散热。

室外机CPU需要控制室外风机停止运行时，⑥脚变为低电平0V，IC03的③脚也为低电平0V，内部电路不能翻转，⑭脚不能接地，RY03线圈电压为0V，由于不能产生电磁吸力，触点3-4断开，室外风机因失去供电而停止运行。

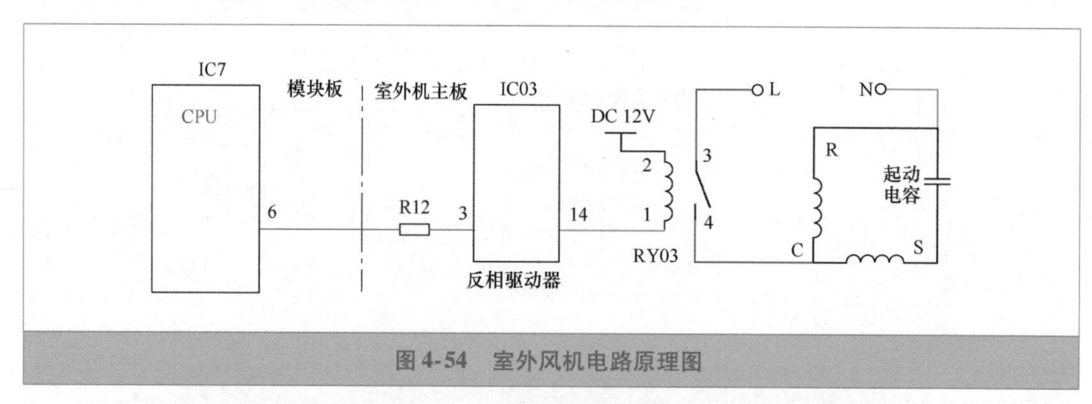

图4-54 室外风机电路原理图

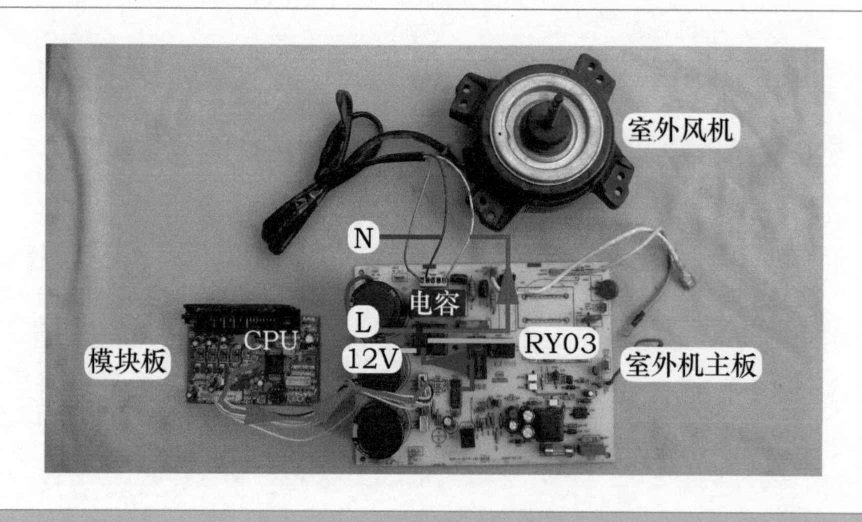

图4-55 室外风机电路实物图

十五、四通阀线圈电路

图4-56为四通阀线圈电路原理图，图4-57为实物图，该电路的作用是控制四通阀线圈的供电与否，从而控制空调器工作在制冷模式或制热模式。电路由CPU⑧脚、限流电阻R13、反相驱动器IC03的④和⑬脚、继电器RY02组成。

室内机CPU根据遥控器输入信号或应急开关信号，处理后需要空调器工作在制热模式时，将控制命令通过通信电路传送至室外机CPU，其⑧脚输出高电平5V电压，经电阻R13限流后约为2.5V，送到IC03的④脚，反相驱动器内部电路翻转，⑬脚电压变为低电平约 0.8V，继电器 RY02 线圈电压为直流 11.2V 左右，产生电磁吸力使触点 3-4 闭合，四通阀线圈得到交流 220V 电源，吸引四通阀内部磁铁移动，在压力的作用下转换制冷剂流动的方向，使空调器工作在制热模式。

当空调器需要工作在制冷模式时，室外机 CPU⑧脚为低电平 0V，IC03 的④脚电压也为 0V，内部电路不能翻转，IC03 的⑬脚不能接地，RY02 线圈电压为 0V，由于不能产生电磁吸力，触点 3-4 断开，四通阀线圈电压为交流 0V，对制冷系统中制冷剂流动方向的改变不起作用，空调器工作在制冷模式。

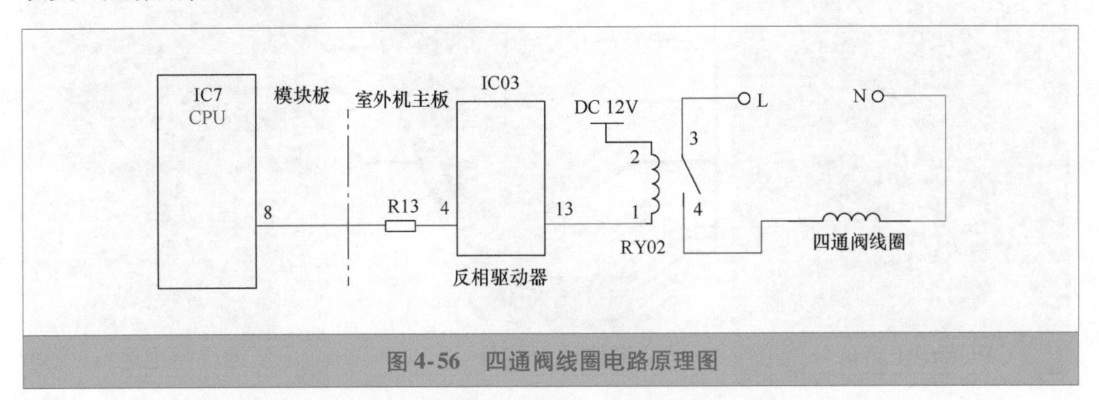

图 4-56　四通阀线圈电路原理图

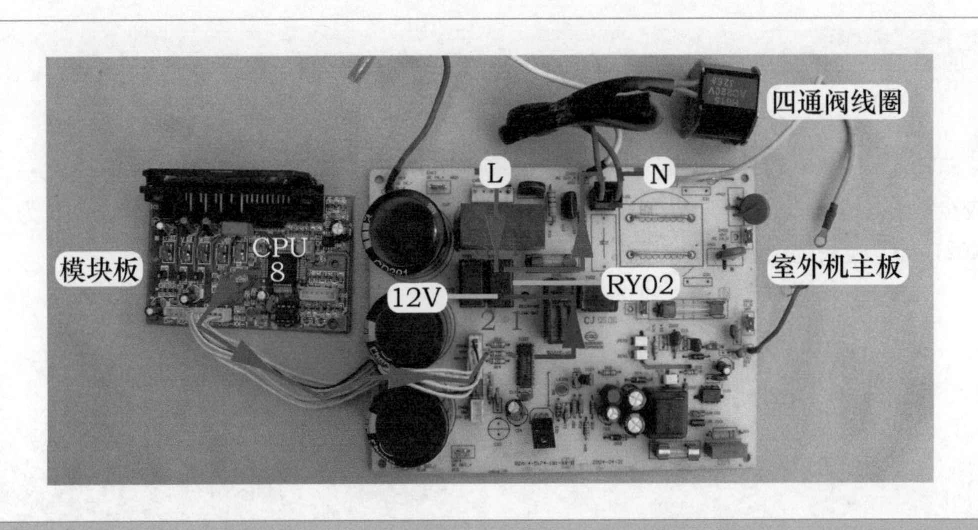

图 4-57　四通阀线圈电路实物图

十六、6 路信号电路

1. 基础知识

本机模块的型号为三洋 STK621-031（最大工作电流为 15A、最高工作电压为 600V），模块输出端有 U、V、W 共 3 个端子，每个输出端对应一组桥臂，每组桥臂由上桥（P 侧）和下桥（N 侧）组成，因此有 6 路信号输入，分别是 U+、U-、V+、V-、W+、W-。U+、V+、W+输入的信号驱动 3 只上桥（即 P 侧）IGBT 开关管，U-、V-、W-输入的信号驱动 3 只下桥（即 N 侧）IGBT 开关管。

由于模块内部有6只IGBT开关管，因此室外机CPU有6个输出信号引脚和模块的6个引脚直接连接。

2. 6路信号工作流程（见图4-58）

① 室外机CPU输出6路信号→②模块放大信号→③压缩机运行。

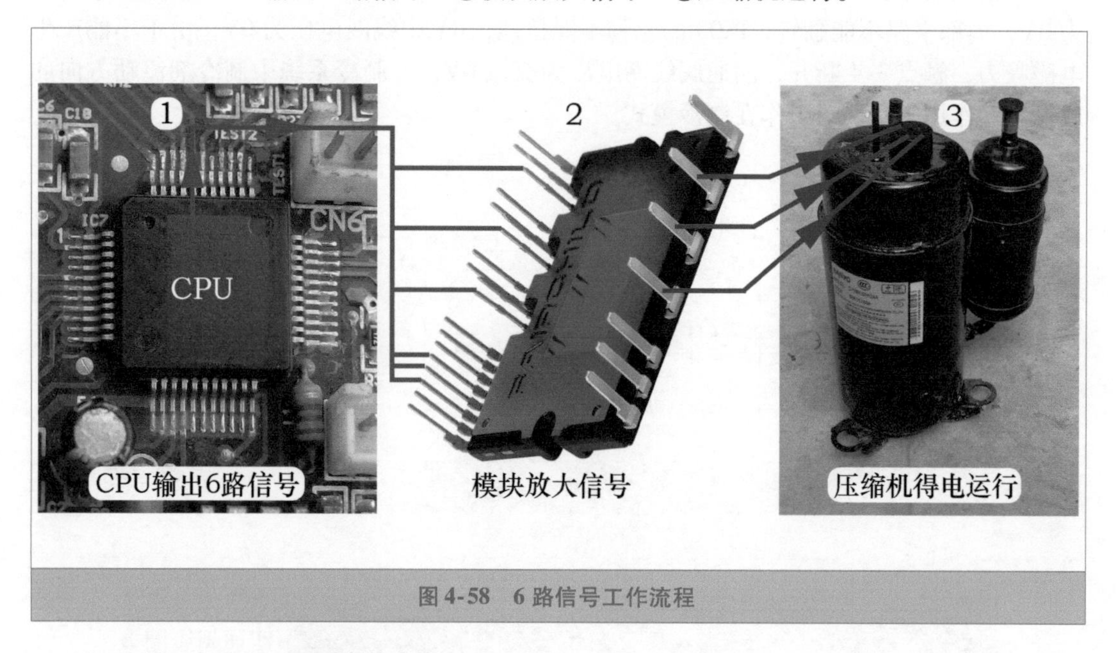

图4-58 6路信号工作流程

3. 三洋STK621-031引脚功能

STK621-031实物外形见图4-59，是最早应用在变频空调器中的单电源模块之一，引脚较少且在一侧排列，由于早期技术的限制，体积相对较大，目前已停产，表4-6为三洋STK621-031模块的引脚功能。

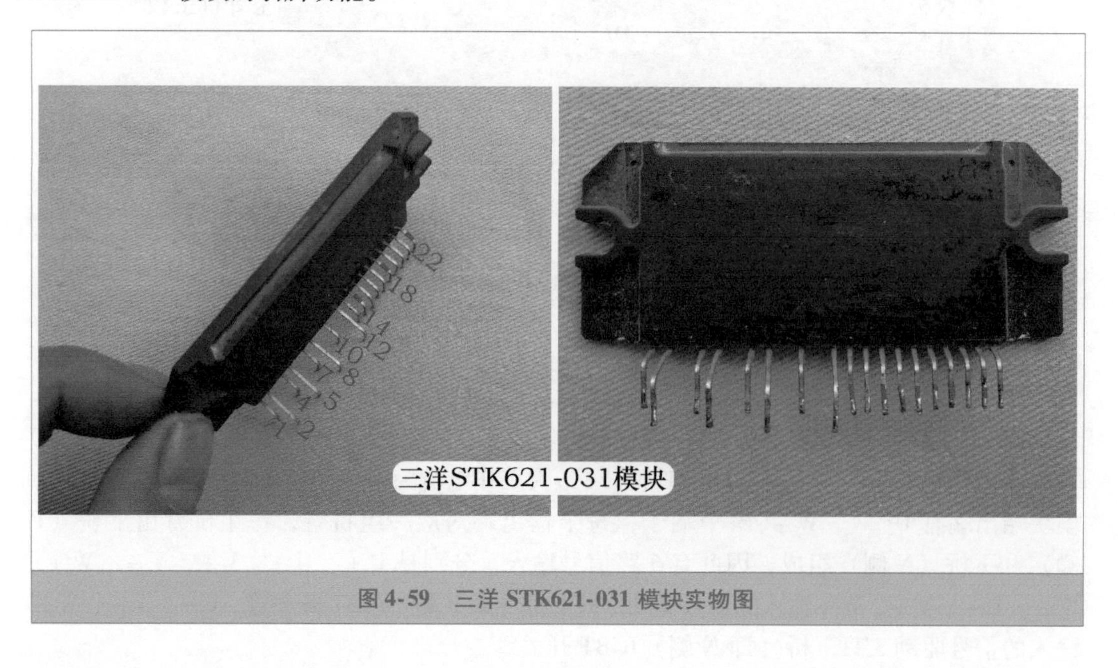

图4-59 三洋STK621-031模块实物图

表 4-6 STK621-031 模块引脚功能

引脚	符号	功　　能	备　　注	引脚	符号	功　　能	备　　注
①	VB1	U 相驱动电源正极	HVIC 供电引脚	⑬	HIN1	U 相上桥驱动信号	驱动 3 只上桥 IGBT
④	VB2	V 相驱动电源正极		⑭	HIN2	V 相上桥驱动信号	
⑦	VB3	W 相驱动电源正极		⑮	HIN3	W 相上桥驱动信号	
②	U	U 相输出端子	接压缩机线圈	⑯	LIN1	U 相下桥驱动信号	驱动 3 只下桥 IGBT
⑤	V	V 相输出端子		⑰	LIN2	V 相下桥驱动信号	
⑧	W	W 相输出端子		⑱	LIN3	W 相下桥驱动信号	
⑩	P	300V 电压正极	直流 300V 电压输入	㉑	VDD	控制电源 15V 正极	控制电路供电
⑫	N	300V 电压负极		㉒	VSS	控制电源 15V 负极	
				⑳	ISO	电流检测输出	
				⑲	FAULT	模块保护输出	

注：3、6、9、11 脚为空脚。

4. 工作原理

图 4-60 为 6 路信号电路原理图，图 4-61 为实物图。

室外机 CPU 的①、㊹、㊸、㊷、㊶、㊵共 6 个引脚输出有规律的 6 路信号，直接送至模块 IC8 的⑬、⑭、⑮、⑯、⑰、⑱的 6 路信号输入引脚，驱动内部 6 只 IGBT 开关管有规律地导通与截止，将⑩脚（P）、⑫脚（N）端子的直流 300V 电转换为频率与电压均可调的三相模拟交流电压，由②脚（U）、⑤脚（V）、⑧脚（W）3 个引脚输出，驱动压缩机高频或低频任意转速运行。

由于室外机 CPU 输出 6 路信号控制模块内部 IGBT 开关管的导通与截止，因此压缩机转速由室外机 CPU 决定，模块只起一个放大信号时转换电压的作用。

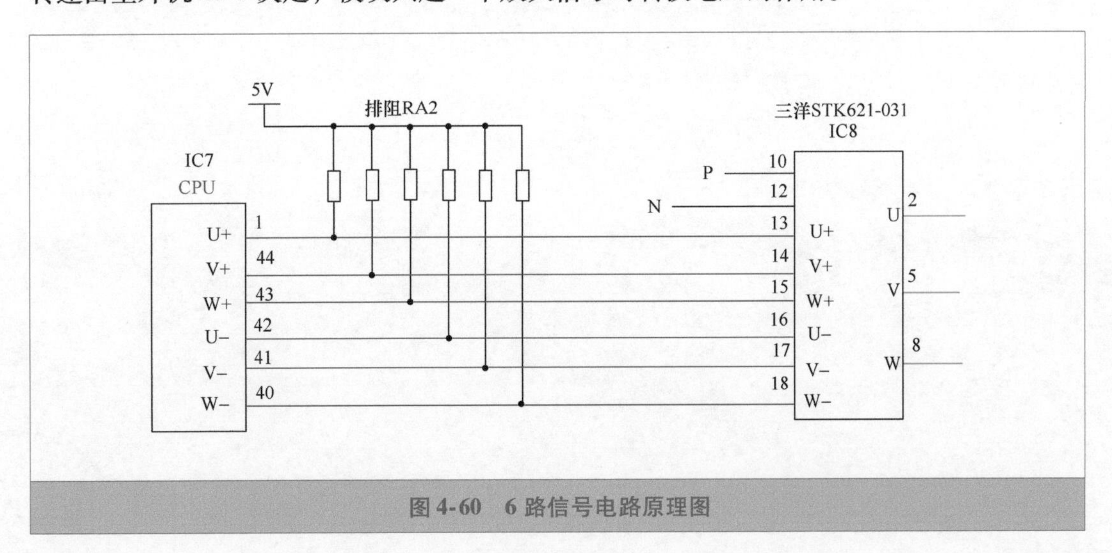

图 4-60　6 路信号电路原理图

图 4-61 6 路信号电路实物图

第五章 Chapter 5

制冷系统和单元电路故障

第一节 制冷系统故障

一、压缩机排气管裂纹

➡ 故障说明：美的 KFR-26GW/BP2DY-M（4）挂式直流变频空调器，用户反映开机后不制冷，室内房间温度一直不下降。

1. 检查过程

上门检查，用遥控器以制冷模式开机，压缩机和室外风机均开始运行，但空调器不制冷。关机后在室外机三通阀检修口接上压力表，显示压力为0MPa，说明系统无制冷剂，使用扳手紧固粗管和细管螺母均拧得很紧，二通阀和三通阀的堵帽也拧得很紧，排除室外机连接管处漏制冷剂，由于室外机振动部位较容易发生漏制冷剂故障，因此为整机充入静态的制冷剂用于检漏，取下室外机上盖和前盖，仔细检查为位于压缩机排气管上的传感器检测孔处漏制冷剂，见图5-1，此处由于焊接检测孔导致管壁变薄，运行时在焊点处产生裂纹而导致漏制冷剂。

图5-1 压缩机排气传感器安装位置和漏制冷剂部位

2. 补焊漏点和固定压缩机排气传感器

放空系统内的制冷剂 R22，使用焊枪焊下检测孔，将检测孔焊接位置处很长的一段铜管全部使用焊条补焊，见图 5-2 左图，以避免维修后其他部位再次漏制冷剂。

由于故障由压缩机排气传感器检测孔引起，因此焊下检测孔不再使用，见图 5-2 右图，使用铁丝直接固定压缩机排气传感器。

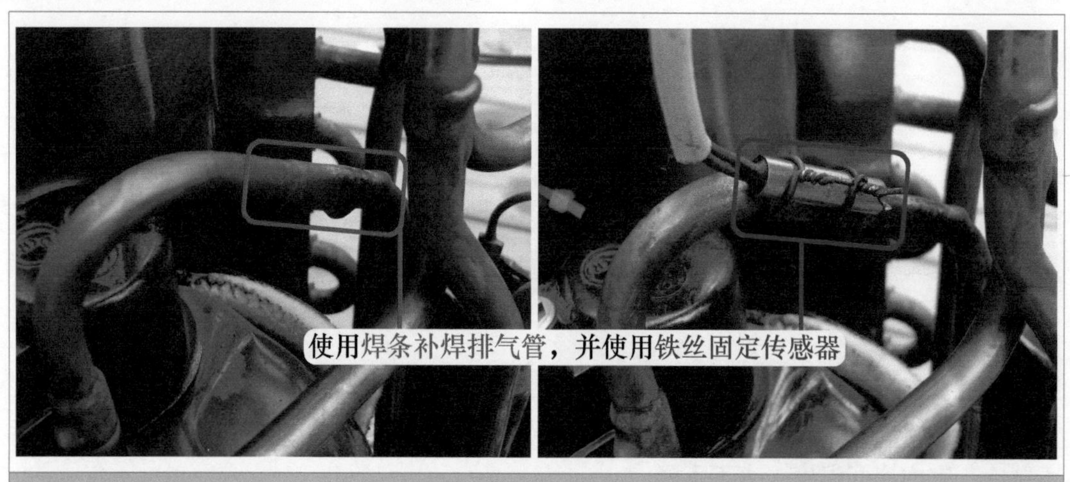

图 5-2 补焊排气管和固定传感器

➡ **维修措施**：见图 5-2，补焊压缩机排气管，并使用铁丝固定传感器。

总 结：

① 压缩机排气传感器检测孔焊点处漏制冷剂是变频空调器的一个通病，在维修时一定要将检测孔取下不再使用，或改焊在压缩机排气管附近的位置（如消声器上），如将焊点补焊后仍将检测孔焊接在原位置，则一段时间后会再次出现此类故障。

② 本例故障只会出现在 2008 年 11 月份以前生产的美的空调器上面，之后生产的空调器，压缩机排气传感器改为卡扣安装，使用塑料拉丝固定，见图 5-3，可以避免本例故障的发生。

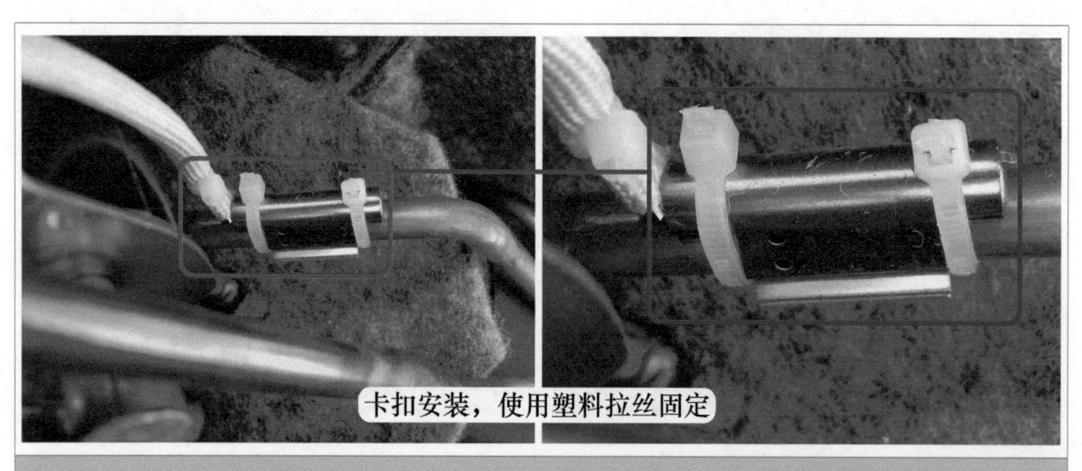

图 5-3 目前生产的美的空调器压缩机排气传感器固定方式

二、过负荷保护

➡ 故障说明：格力 KFR-32GW/K（32556）FdB3 挂式直流变频空调器，用户反映制冷效果差，运行一段时间以后显示 H4 代码，查看代码含义为过负荷。

1. 测量电流和查看代码

上门检查，在室外机三通阀检修口接上压力表测量压力，在接线端子上 N 端零线接上电流表测量室外机电流。重新上电开机，室内风机运行，室外风机和压缩机均开始运行，系统压力由静态约 1MPa 下降至约 0.4MPa（制冷系统使用 R22 制冷剂），运行电流约为 5.5A，在室内机出风口感觉较凉。

但运行一段时间以后，查看运行压力逐渐升至 0.5MPa，见图 5-4，室外机电流上升至约 8.5A，压缩机运行声音变大，在室外机出风口感觉吹出的风很热，同时在室内机感觉出风口没有刚开始凉，再运行一段时间后室外机停机，室外机主板黄色指示灯闪 4 次，查看代码含义为过负荷，室内机显示代码为 H4，含义同样为过负荷。

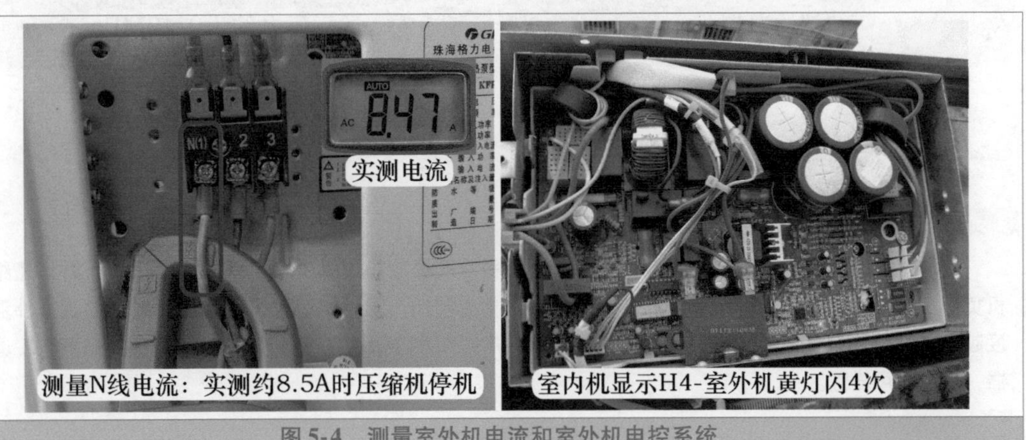

图 5-4　测量室外机电流和室外机电控系统

2. 查看冷凝器脏堵

过负荷含义为压缩机负载过重，常见原因有实际环境恶劣、冷凝器脏堵、室外风扇转速慢等。本例查看冷凝器时，发现表面已经被毛絮堵死，即冷凝器脏堵，见图 5-5。

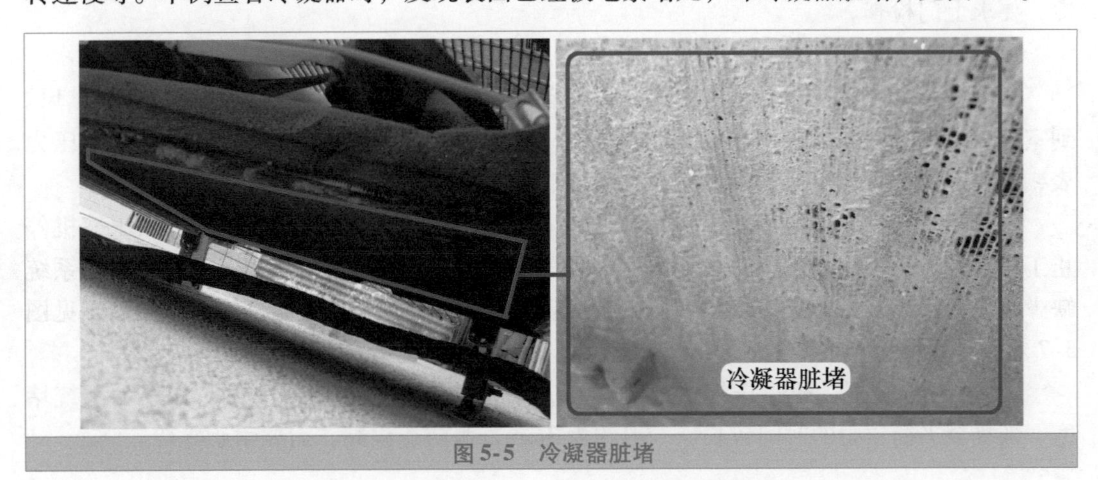

图 5-5　冷凝器脏堵

➡ 维修措施：见图5-6左图，清洗冷凝器。清洗后重新上电开机，用手感觉室外机出风口吹出的风较热，但长时间运行不再停机保护，见图5-6右图，查看运行压力最高约为0.48MPa，室外机电流约为6A。

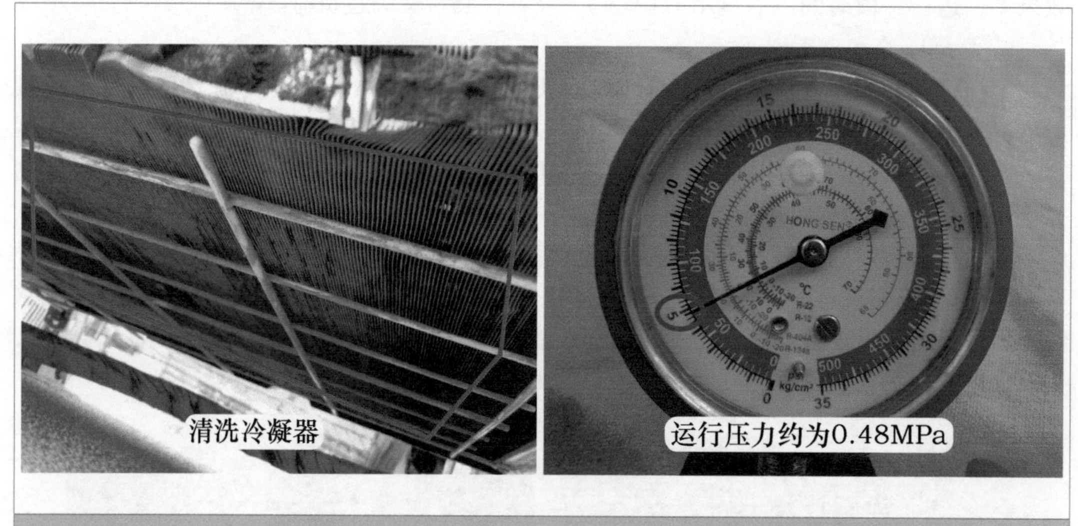

图5-6　清洗冷凝器和测量运行压力

总结：

空调器长时间运行以后，冷凝器逐渐脏堵，使得冷凝器散热效果变差，系统高压压力上升，压缩机负荷变大，室外机电流也相应升高，消耗功率也相应增加，同时制冷效果则相应下降，并且室外温度越高时（比如中午时段），运行电流越大，室外机CPU检测后停机进行保护，维修措施是清洗冷凝器，故障即可排除。

三、电子膨胀阀线圈开路

➡ 故障说明：格力KFR-35GW/(35556) FNDc-3挂式直流变频空调器，用户反映不制冷，要求上门检查。

1. 测量系统压力

上门检查，用遥控器以制冷模式开机，室内风机运行，但不制冷，出风口为自然风。到室外机检查，室外风机和压缩机均在运行，见图5-7左图，在三通阀检修口接上压力表，查看运行压力为负压，常见原因有系统缺少制冷剂或堵塞。

区分系统缺少制冷剂或堵塞的简单方法是，使用遥控器关机，室外风机和压缩机停止工作，查看系统的静态压力（本机制冷剂为R410A），如果为0.8MPa左右，说明系统缺少制冷剂；如果为2MPa左右，则故障可能为系统堵塞。本例压缩机停止工作后，见图5-7右图，系统压力逐渐上升至1.8MPa，初步判断为系统堵塞。

➡ 说明：用遥控器关机，压缩机停止运行，系统静态压力将逐步上升，如果为系统堵塞，恢复至平衡压力的时间较长，一般约为3min，为防止误判，需要耐心等待。

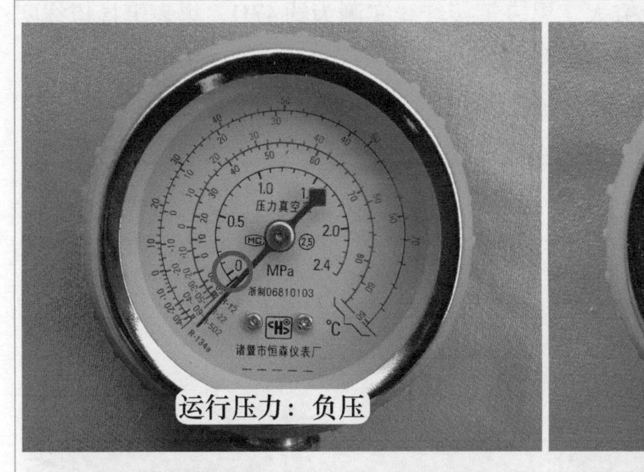

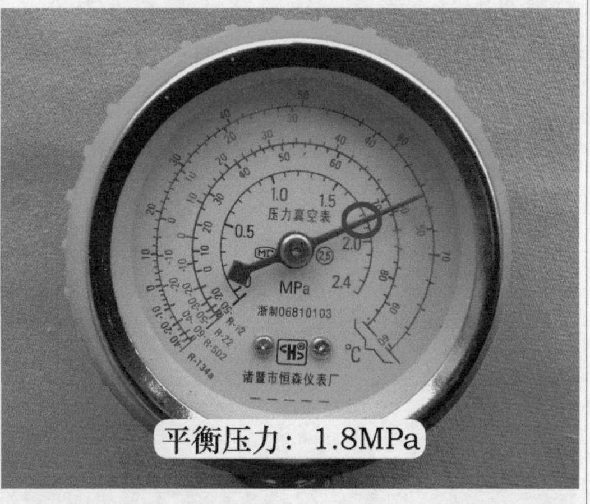

图 5-7　系统运行压力和平衡压力

2. 重新上电复位和手摸膨胀阀温度

断开空调器电源，并再次上电开机，见图 5-8 左图，室外机主板 CPU 工作后首先对电子膨胀阀进行复位，手摸阀体有振动的感觉，但没有“嗒嗒”的声音。

电子膨胀阀复位结束，压缩机和室外风机运行，系统压力由 1.8MPa 迅速下降直至负压，手摸二通阀为常温没有冰凉的感觉，见图 5-8 右图，再用手摸电子膨胀阀的进管和出管，也均为常温，判断系统制冷剂正常，故障为电子膨胀阀堵塞，即其阀针打不开，处于关闭位置，常见原因有线圈开路，阀针卡死，室外机主板驱动电路损坏等。

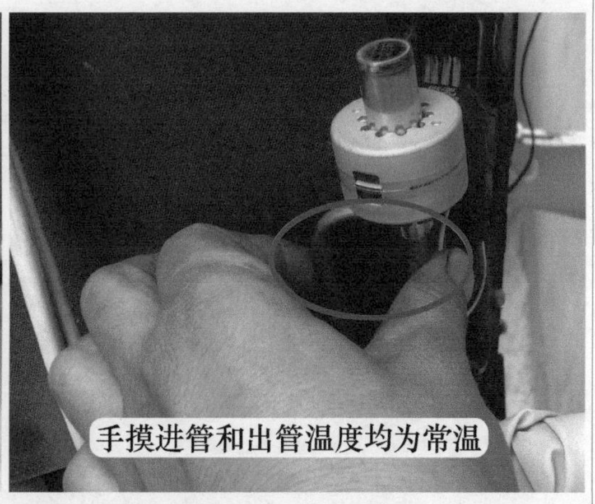

图 5-8　膨胀阀无声音和手摸进出管温度

3. 测量线圈阻值

断开空调器电源，拔下电子膨胀阀的线圈插头，查看共有 5 根引线，其中蓝线为公共端，接直流 12V 供电；黑线、黄线、红线、橙线共 4 根引线为驱动，接反相驱动器。

使用万用表电阻档，见图 5-9，测量线圈阻值，红表笔接公共端蓝线，黑表笔接黑线实测为47Ω、黑表笔接黄线实测为无穷大、黑表笔接红线实测为约47Ω、黑表笔接橙线实测为47Ω，根据测量结果说明黄线开路。

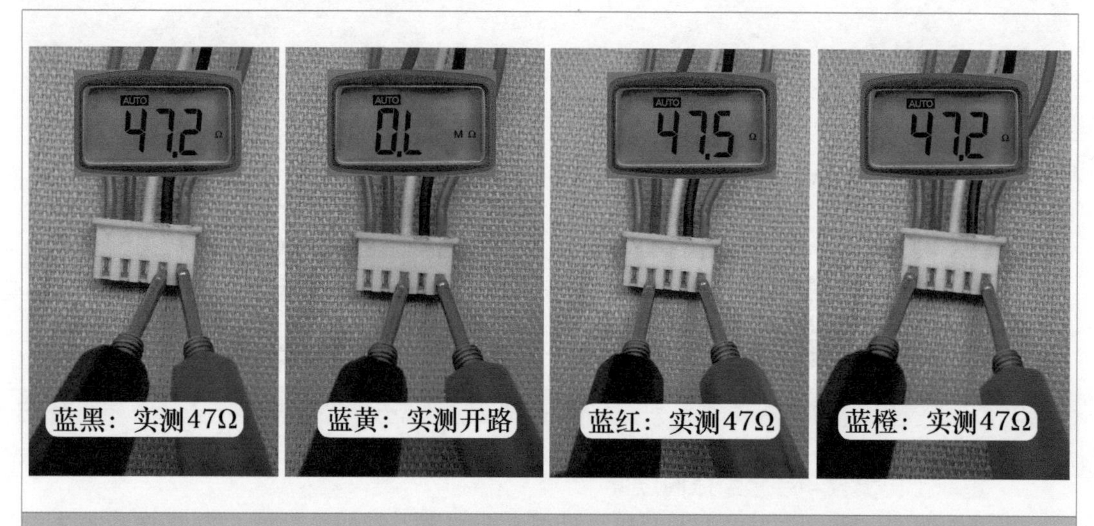

图 5-9 测量线圈公共端和驱动引线阻值

4. 测量驱动引线之间阻值

依旧使用万用表电阻档，见图5-10，测量驱动引线之间的阻值，实测黄线和红线阻值为无穷大、黄线和黑线阻值为无穷大，而正常阻值约为95Ω，也说明黄线开路损坏。

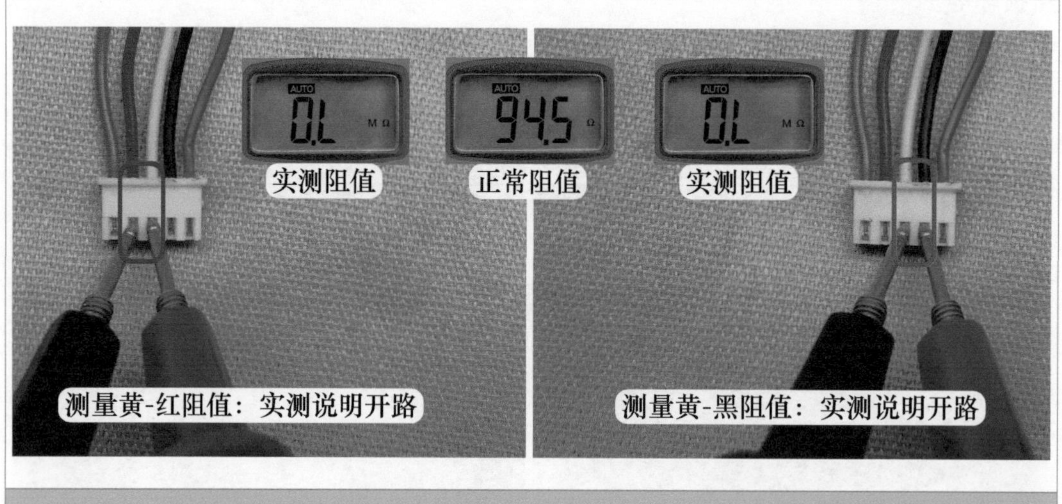

图 5-10 测量黄线和驱动引线阻值

5. 查看黄线断开

从膨胀阀阀体上取下线圈，翻到反面，见图5-11，查看连接线中黄线已从根部断开，断开的原因为连接线固定在冷凝器的管道上面（见图5-8左图），从固定端至线圈的引线距离较短，在室外机运行时因振动较大，引起线圈中黄线断开。

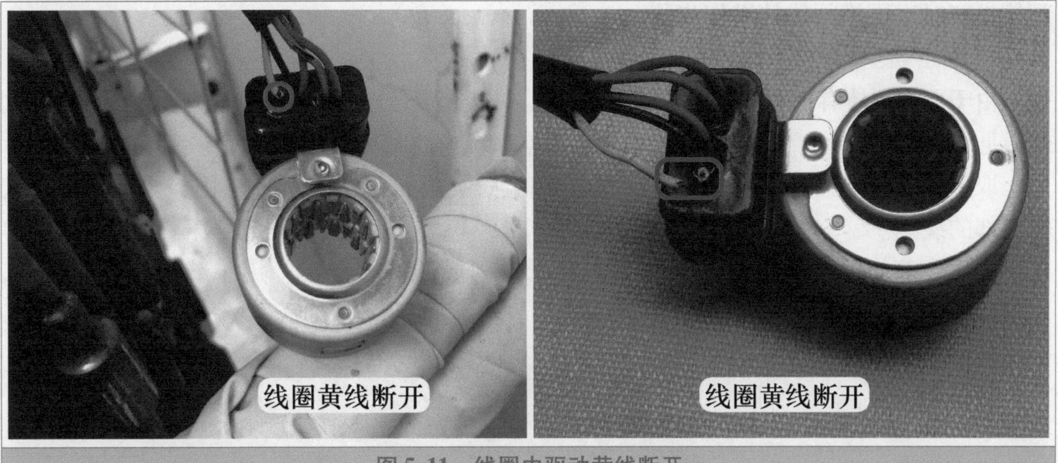

图 5-11 线圈中驱动黄线断开

➡ 维修措施：本机电子膨胀阀组件由三花公司生产，线圈型号为 Q12-GL-09，申请配件的型号为 PQM01055，见图 5-12，将线圈安装在阀体上面，并将下部的卡扣固定到位，再整理顺好连接线的线束，使引线留有较长的距离。

再次上电开机，室外机主板对膨胀阀复位时，手摸阀体有振动的感觉，同时能听到“嗒嗒”的声音，复位结束室外风机和压缩机运行，系统压力由 1.8MPa 缓慢下降至约 0.85MPa，手摸电子膨胀阀的进管温度略高于常温、出管温度较低，说明其正在节流降压，同时制冷也恢复正常。

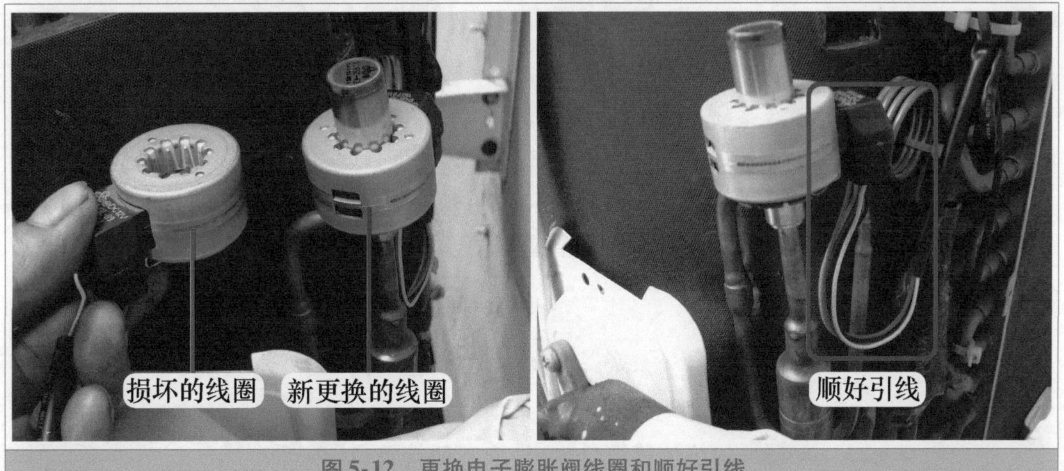

图 5-12 更换电子膨胀阀线圈和顺好引线

总 结：

本例由于线圈引线和固定部位的距离过短，室外机运行时振动导致挣裂，再次开机、压缩机运行后，系统由平衡压力直接下降至负压，此故障表现的现象和系统缺少制冷剂有相同之处，维修时应注意区分。

四、 更换电子膨胀阀步骤

本小节以海尔 KFR-35GW/09QDA22A 挂式直流变频空调器为基础，介绍电子膨胀阀阀体损坏时，更换阀体的操作步骤。

1. 取下线圈和胶泥

由于更换阀体有一定的难度，如果室外机外挂在墙壁上，更换不是很方便，因此更换阀体时见图5-13左图，最好将室外机取下，放空系统内的制冷剂，并放置在平坦的地面上。

取下室外机顶盖和前盖，即可看到电子膨胀阀组件，见图5-13中图，再取下位于阀体上部的线圈。

阀体下部使用由黑色沥青材料为主要元件制成的减振胶泥，用于减少阀体的振动，增加保温，见图5-13右图，取下减振胶泥。

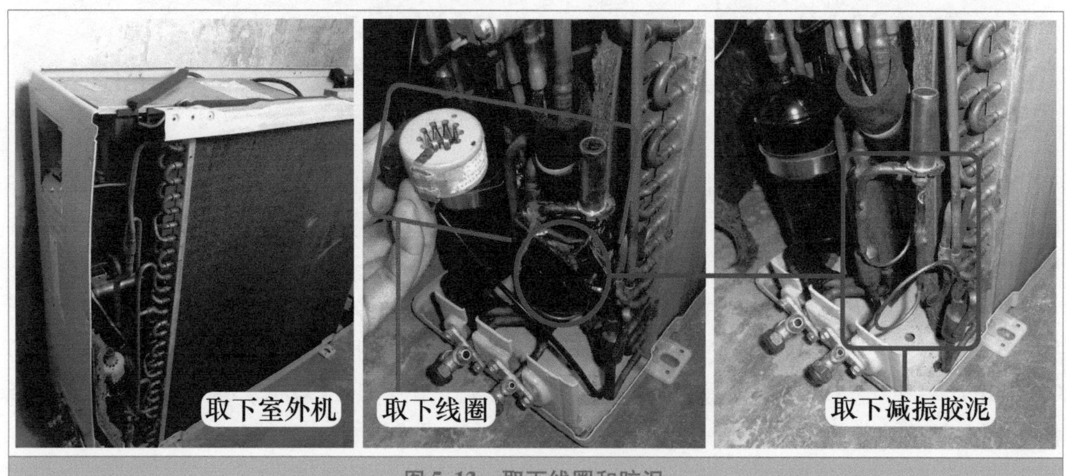

图5-13 取下线圈和胶泥

2. 取下阀体

再次确认室外机制冷系统内的制冷剂已经放空，并且二通阀和三通阀的阀芯均已经处于全开的位置。

见图5-14，使用焊枪加热阀体下方侧管（B管）的接口，待接口烧红时，使用尖嘴钳子取下插在侧管管口的管道，即取下侧管管口。

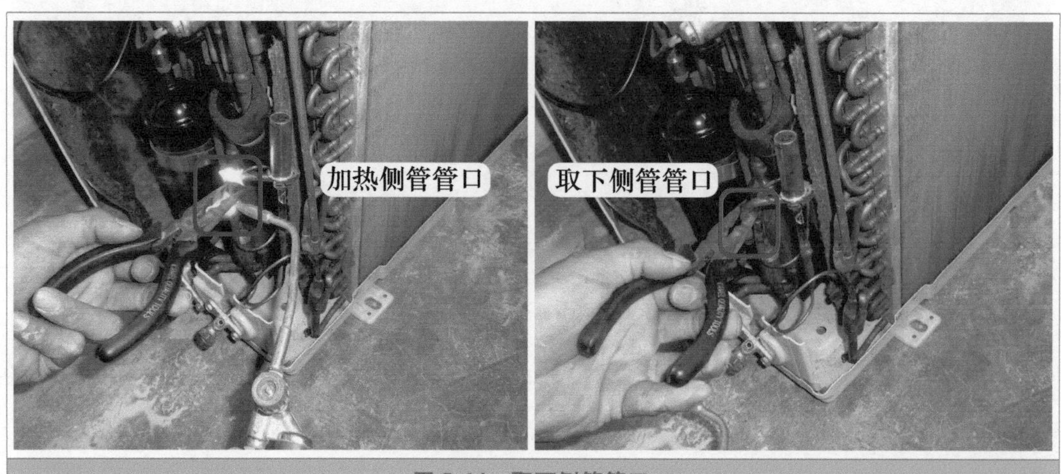

图5-14 取下侧管管口

再使用焊枪加热阀体下方直管（A管）的接口，见图5-15，待管口烧红时，使用尖嘴钳子向上提起阀体，使管口和管道分离，即可取下阀体。

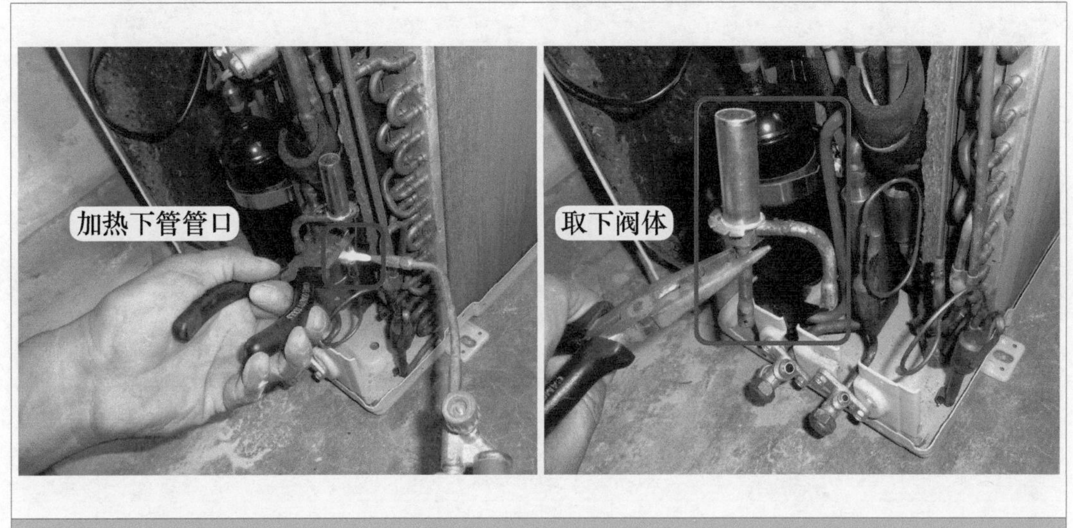

图5-15　取下下管管口和阀体

3. 包扎阀体

图5-16左图为需要更换的同型号新阀体实物外形。

由于焊接阀体温度较高，为防止损坏内部部件，在焊接时需要降温，图5-16右图为淋湿的毛巾，以不滴水为宜。

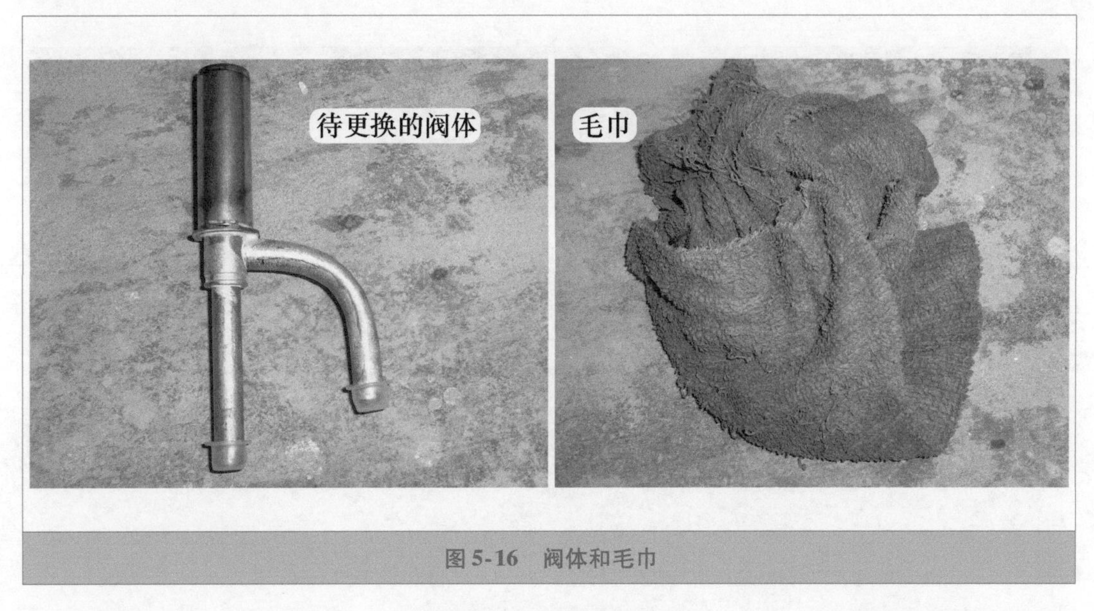

图5-16　阀体和毛巾

见图5-17，将毛巾的1个角包裹阀体的侧管根部，再用毛巾的另1个角包裹下方直管的根部，最后剩下的毛巾将整个阀体包裹结实，使毛巾紧贴管道根部和阀体表面。

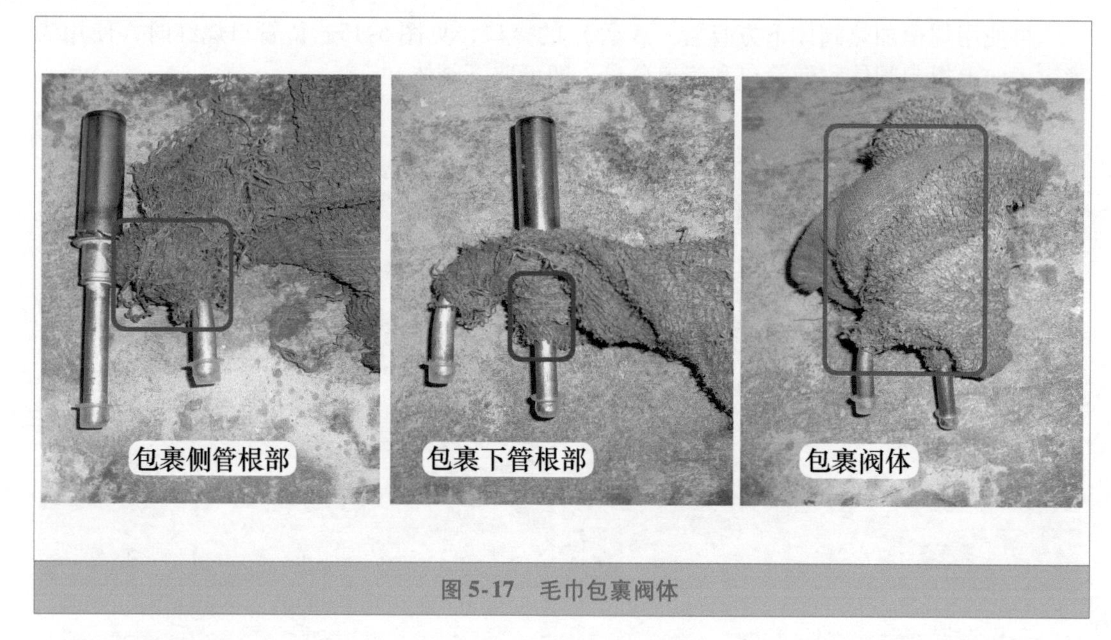

图 5-17 毛巾包裹阀体

4. 安装阀体

使用焊枪加热室外机管道接口，见图 5-18 左图，表面的焊渣向下流动，使管口干净，以便安装阀体接口。

待室外机管道接口温度下降后，按原位置安装阀体，见图 5-18 右图，并使管口安装正确，注意不要将阀体下方的管道安装错误。

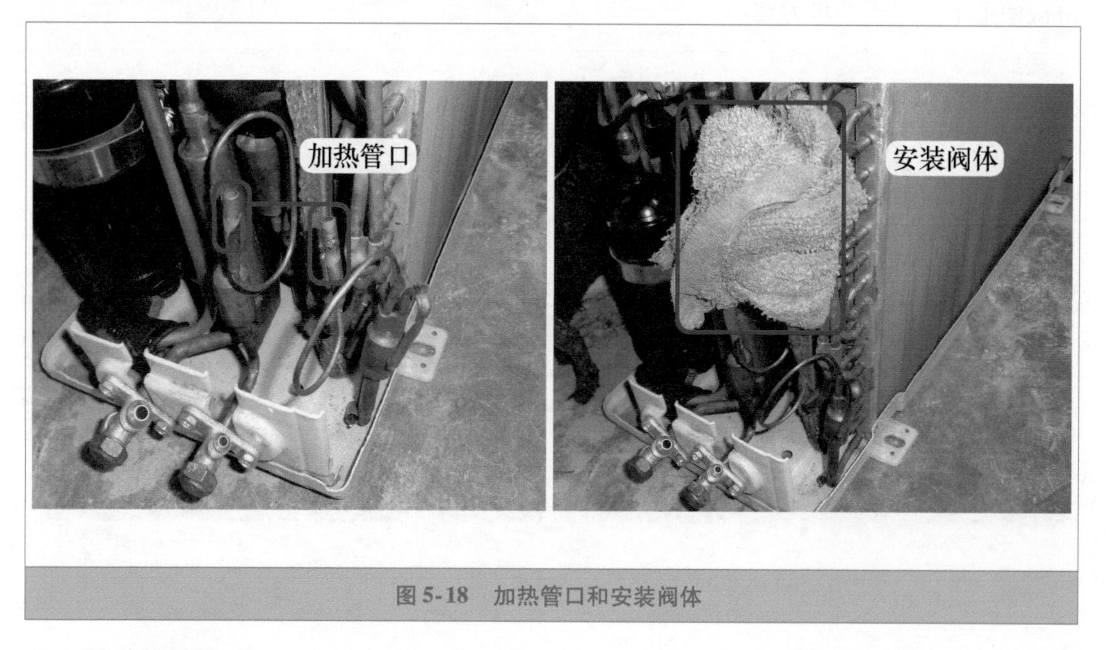

图 5-18 加热管口和安装阀体

5. 焊接阀体

见图 5-19，使用焊枪加热阀体的侧管接口，待管口烧红时，焊条焊接管口，再使用同样的方法焊接下方的直管接口。

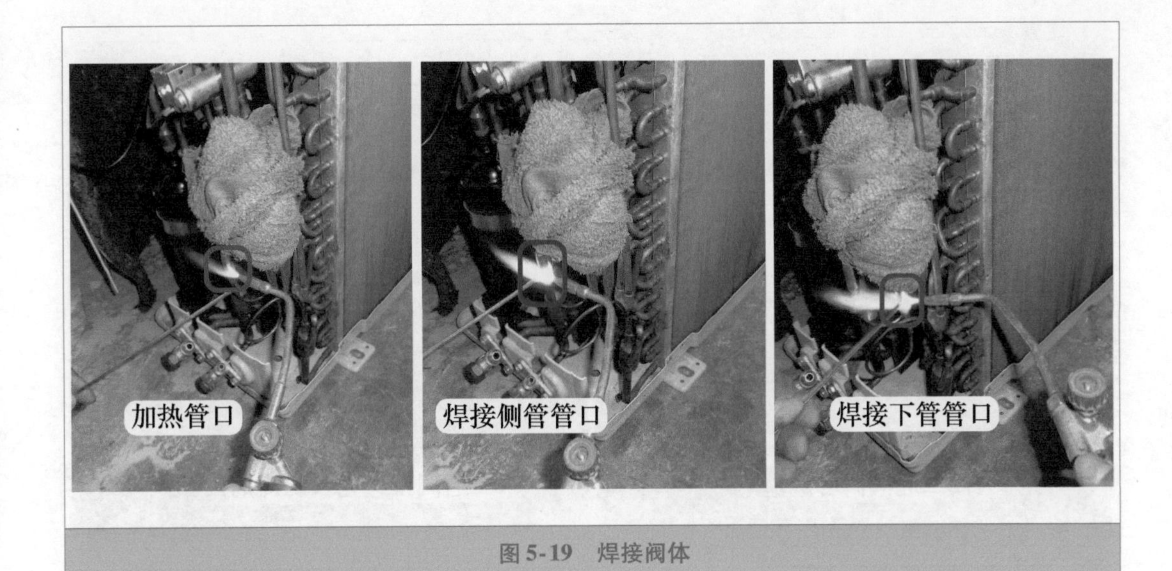

图 5-19　焊接阀体

6. 凉水降温

管口焊接完成后，见图 5-20 左图，快速将装有自来水的矿泉水瓶子倒向毛巾，为阀体降温。注意，倒水时一定不要将水滴入二通阀和三通阀的管道接口里面，否则将造成系统冰堵故障。

待阀体温度下降后，取下毛巾，见图 5-20 右图。

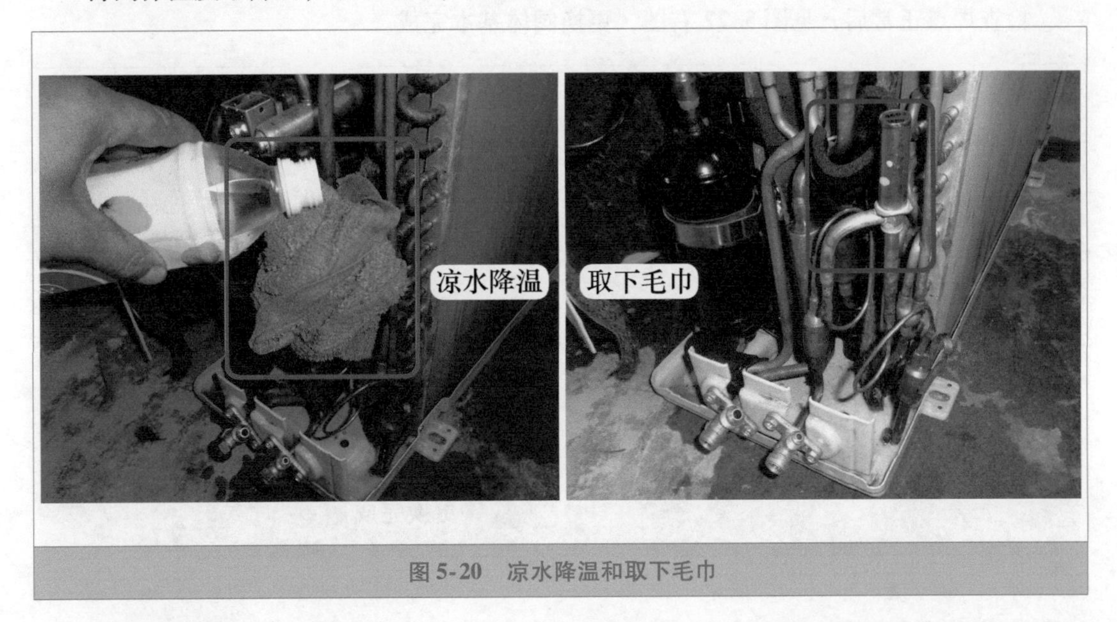

图 5-20　凉水降温和取下毛巾

7. 检查漏点

取下二通阀和三通阀堵帽，见图 5-21，使用内六方扳手关闭三通阀的阀芯，再将加制冷剂管一端连接二通阀接口，另一端经压力表连接制冷剂钢瓶 R410A，打开制冷剂钢瓶和压力表阀门，向室外机制冷系统充入制冷剂液体，充至静态压力约为 1.0MPa，用于检查漏点。

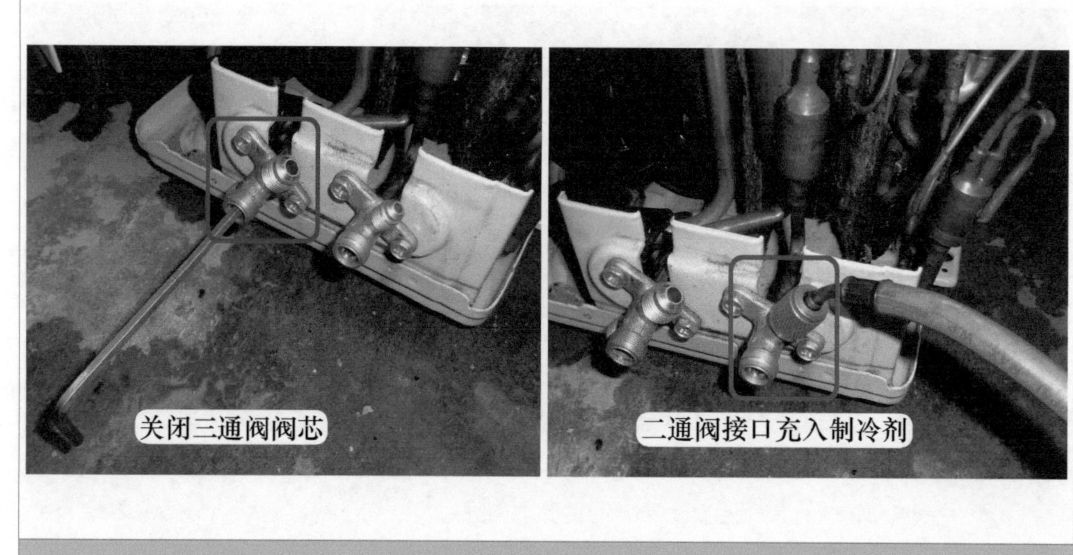

图 5-21 关闭阀芯和充入制冷剂

将洗洁精涂在毛巾上面，见图 5-22 左图，并轻揉出泡沫，再将泡沫涂在阀体的侧管和直管接口，检查是否有气泡冒出，无气泡冒出说明焊点正常，有气泡冒出说明焊点有砂眼，应放空制冷剂重新对管口焊点进行补焊。

检查焊点正常后，见图 5-22 右图，更换阀体基本完成。

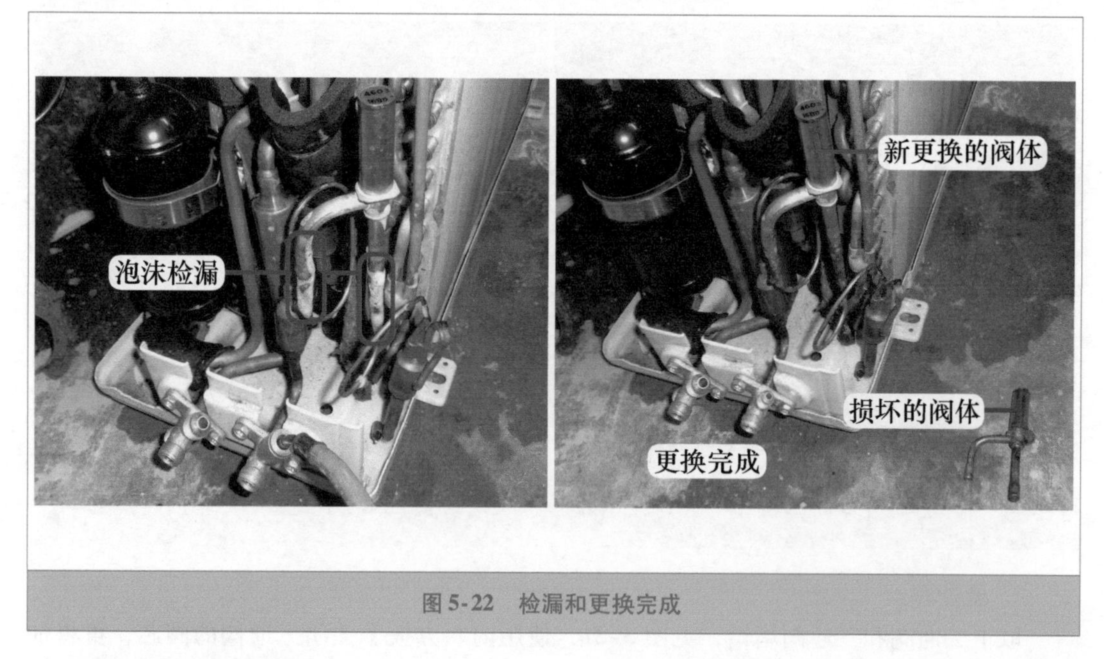

图 5-22 检漏和更换完成

8. 安装胶泥和线圈

找到拆下的减振胶泥，见图 5-23，并粘在阀体下方的管道和毛细管位置，再将线圈安装到阀体，且将卡扣固定到位。

图 5-23　安装胶泥和线圈

9. 安装室外机

安装室外机前盖和上盖，再安装室外机至墙壁的外挂支架上面，并拧紧底脚的4个固定螺钉。再将连接管道安装至二通阀和三通阀接口，连接线安装至接线端子，使用真空泵对制冷系统抽真空，再定量加注制冷剂，上电开机即可使用。

第二节　单元电路故障

一、电压检测电路中的电阻开路

➡ 故障说明：海信 KFR-26GW/11BP 挂式交流变频空调器，遥控器开机后室外机有时根本不运行，有时可以运行一段时间，但运行时间不固定，有时 10min，有时 15min 或更长。

1. 故障代码

在室外机停止运行后，取下室外机外壳，见图 5-24 左图，观察模块板指示灯闪 8 次报出故障代码，含义为“过电压、欠电压”故障；在室内机按压遥控器上的“传感器切换”键 2 次，室内机显示板组件上的“定时”指示灯亮报出故障代码，含义仍为“过电压、欠电压”故障，室内机和室外机同时报“过电压、欠电压”故障，判断电压检测电路出现故障。

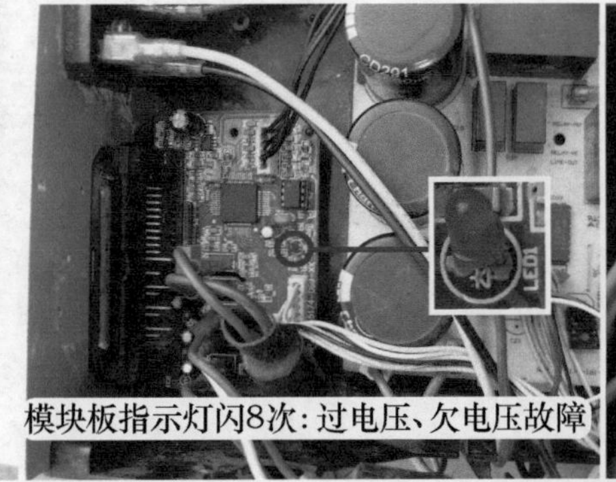

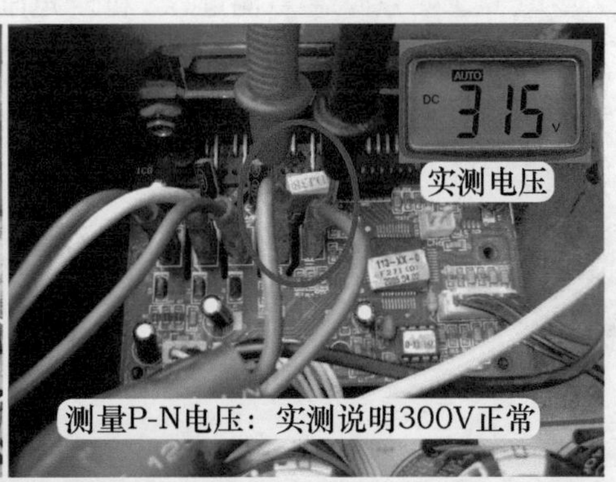

图 5-24　故障代码和测量 300V 电压

2. 电压检测电路工作原理

本机电压检测电路使用检测直流300V母线电压的方式，电路原理图见图5-25，工作原理为电阻组成分压电路，上分压电阻为R19、R20、R21、R12，下分压电阻为R14，经R22输出代表直流300V的参考电压，室外机CPU㉝脚通过计算，得出输入的实际交流电压，从而对空调器进行控制。

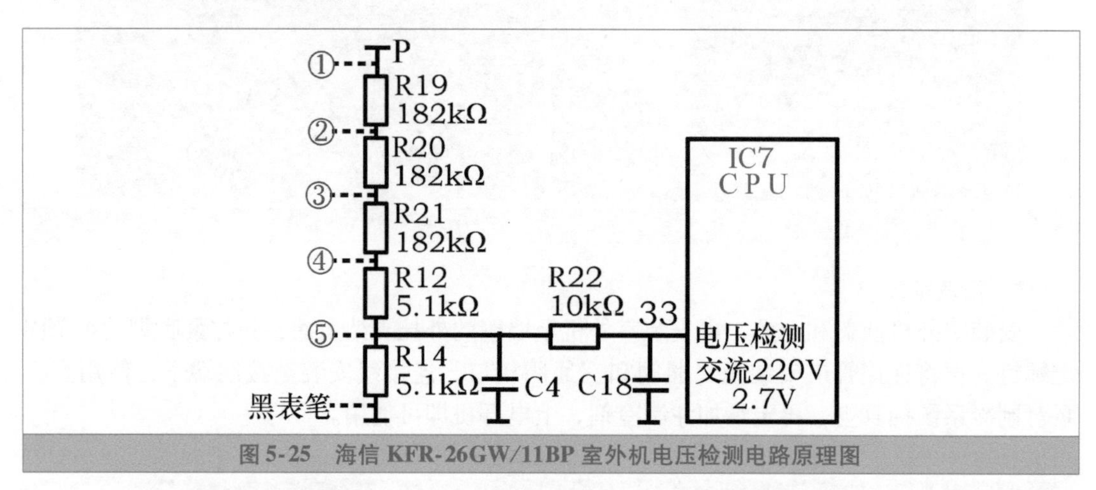

图5-25　海信KFR-26GW/11BP室外机电压检测电路原理图

3. 测量直流300V电压

出现过电压、欠电压故障时应首先测量直流300V电压是否正常，使用万用表直流电压档，见图5-24右图，黑表笔接模块板上的N端子、红表笔接P端子测量电压，正常为300V，实测为315V也正常，此电压由交流220V经硅桥整流、滤波电容滤波得出，如果输入的交流电压高，则直流300V也相应升高。

4. 测量直流15V和5V电压

由于模块板CPU工作电压5V由室外机主板提供，因此应测量电压是否正常，使用万用表直流电压档，见图5-26，黑表笔不动接模块N端子、红表笔接3芯插座CN4中左侧白线测量电压，实测为约15V，此电压为模块内部控制电路供电；红表笔接右侧红线测量电压，实测为5V，判断室外机主板为模块板提供的直流15V和5V电压均正常。

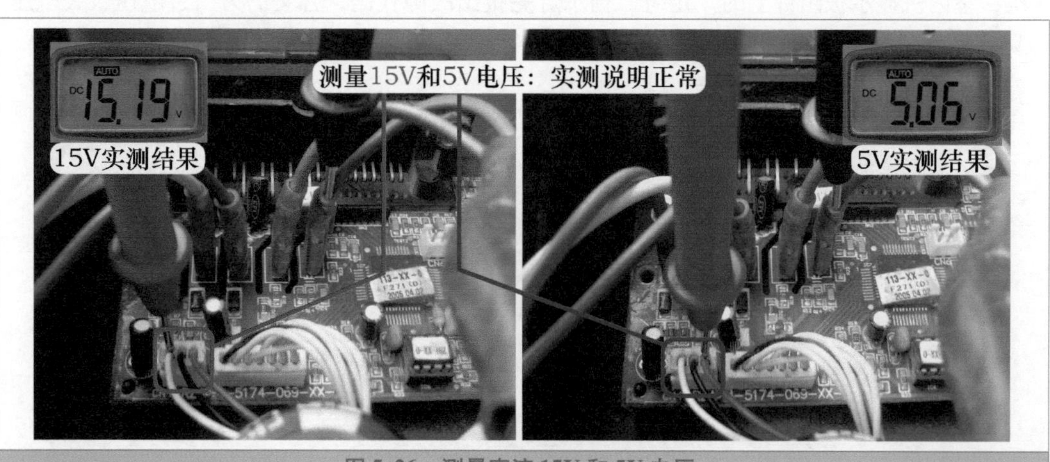

图5-26　测量直流15V和5V电压

➡ 说明：本机模块板为热地设计，即直流300V负极地（N端）和直流15V、5V的负极地相通。

5. 测量电压检测电路电压

在室外机不运行即静态时，使用万用表直流电压档，见图5-27，黑表笔接模块N端子不动，红表笔测量电压检测电路的关键点电压。

红表笔接P接线端子（①处），测量直流300V电压，实测为315V，说明正常。

红表笔接R19和R20相交点（②处），实测电压在150～180V跳动变化，由于P接线端子电压稳定不变，判断电压检测电路出现故障。

红表笔接R20和R21相交点（③处），实测电压在80～100V跳动变化。

红表笔接R21和R12相交点（④处），实测电压在3.9～4.5V跳动变化。

红表笔接R12和R14相交点（⑤处），实测电压在1.9～2.4V跳动变化。

红表笔接CPU电压检测引脚即㉝脚，实测电压也在1.9～2.4V跳动变化，和⑤处电压相同，判断电阻R22阻值正常。

使用遥控器开机，室外风机和压缩机均开始运行，直流300V电压开始下降，此时测量CPU的㉝脚电压也逐渐下降；压缩机持续升频，直流300V电压也下降至约250V，CPU㉝脚电压约为1.7V，室外机运行约5min后停机，模块板上指示灯闪8次，报故障代码为“过电压、欠电压”故障。

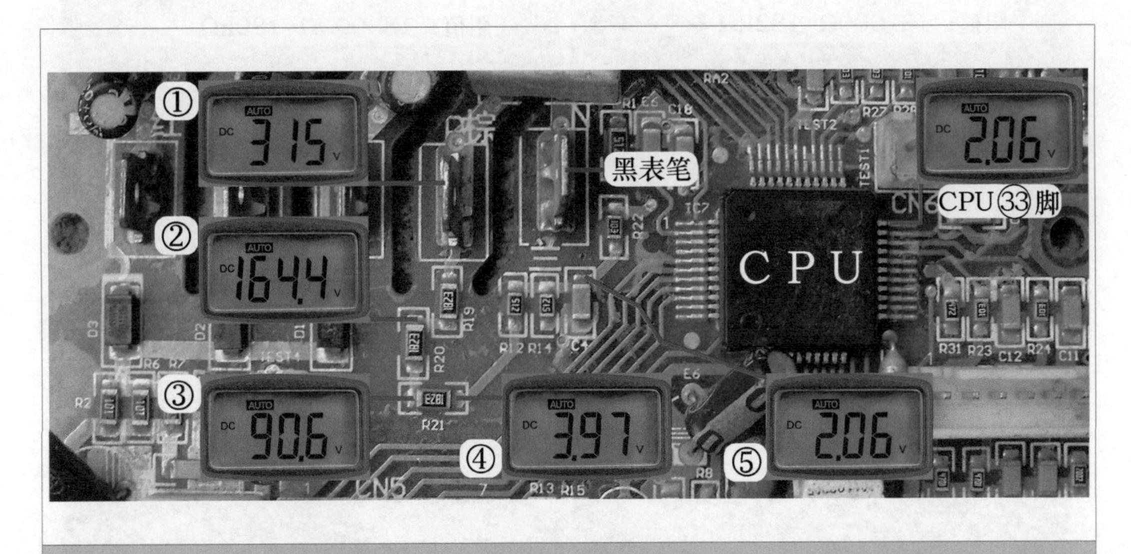

图5-27 测量电压检测电路电压

6. 测量电阻阻值

静态和动态测量均说明电压检测电路出现故障，应使用万用表电阻档测量电路容易出现故障的分压电阻阻值。

断开空调器电源，待室外机主板开关电源电路停止工作后，使用万用表电阻档测量电路中的分压电阻阻值，见图5-28，测量电阻R19阻值无穷大为开路损坏，电阻R20阻值为约182kΩ判断正常，电阻R21阻值无穷大为开路损坏，电阻R12、R14、R22阻值均正常。

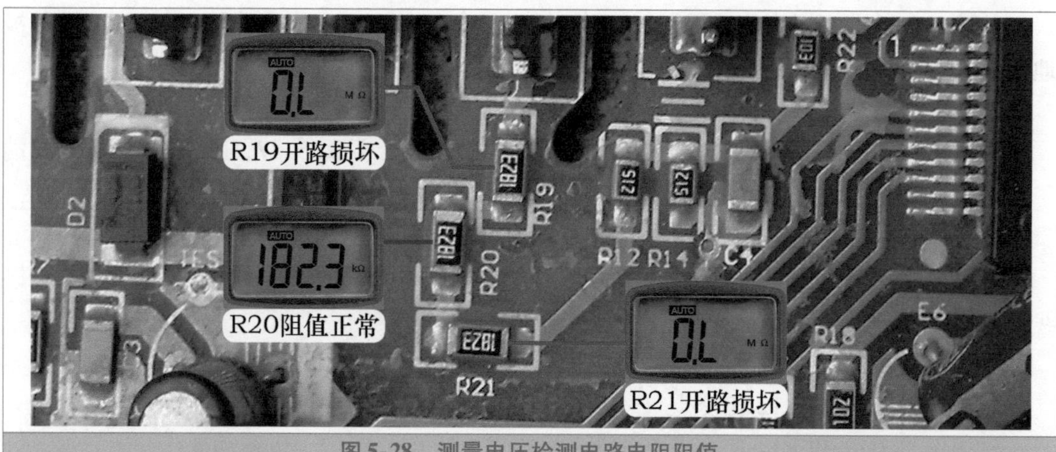

图5-28　测量电压检测电路电阻阻值

7. 电阻阻值

见图5-29，电阻R19、R21为贴片电阻，表面数字1823代表阻值，正常阻值为182kΩ，由于没有相同型号的贴片电阻更换，选择阻值接近（180kΩ）的五环精密电阻进行代换。

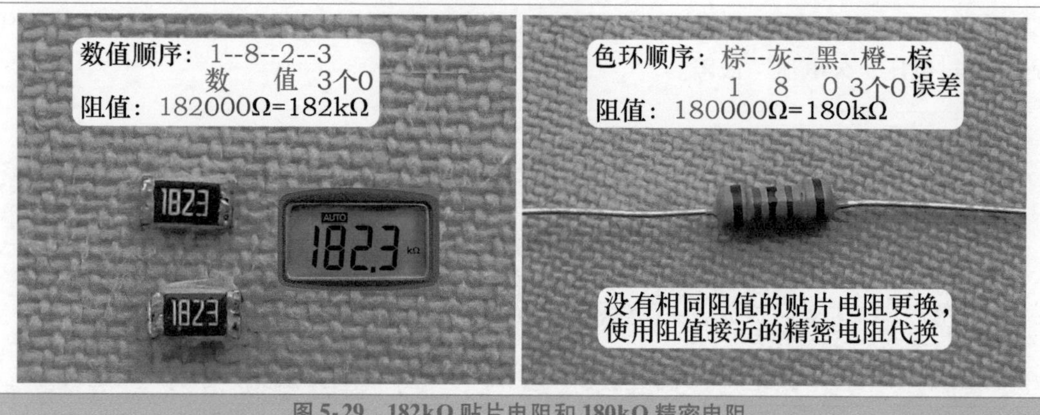

图5-29　182kΩ贴片电阻和180kΩ精密电阻

➡ 维修措施：见图5-30，使用2个180kΩ的五环精密电阻，代换阻值为182kΩ的贴片电阻R19、R21。

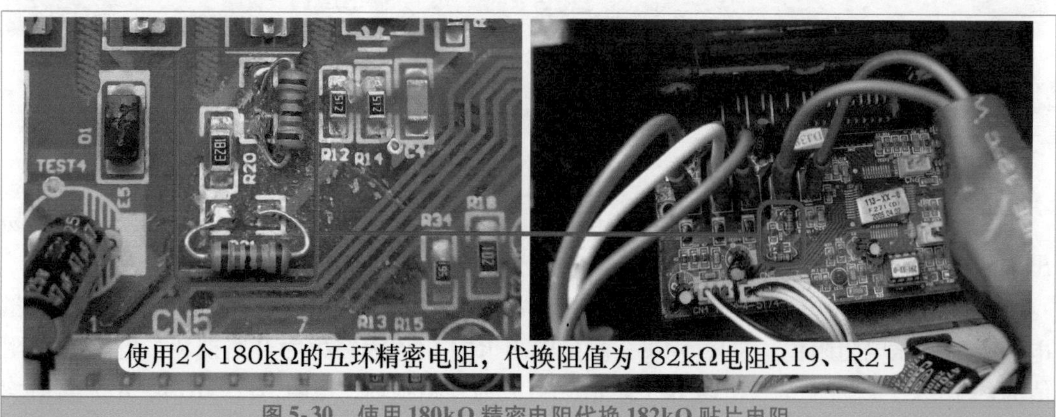

图5-30　使用180kΩ精密电阻代换182kΩ贴片电阻

拔下模块板上3个一束的传感器插头，然后再使用遥控器开机，室内机主板向室外机供电后，室外机主板开关电源电路开始工作，向模块板供电，由于室外机CPU检测到室外环温、室外管温、压缩机排气传感器均处于开路状态，因此报出相应的故障代码，并且控制压缩机和室外风机均不运行，此时相当于待机状态，使用万用表直流电压档，测量电压检测电路中的电压，见图5-31，实测均为稳定电压不再跳变，直流300V电压实测为315V时，CPU电压检测㉝脚实测为2.88V。恢复线路后再次使用遥控器开机，室外风机和压缩机均开始运行，当直流300V电压降至直流250V时，实测CPU㉝脚电压约2.3V，长时间运行不再停机，制冷恢复正常，故障排除。

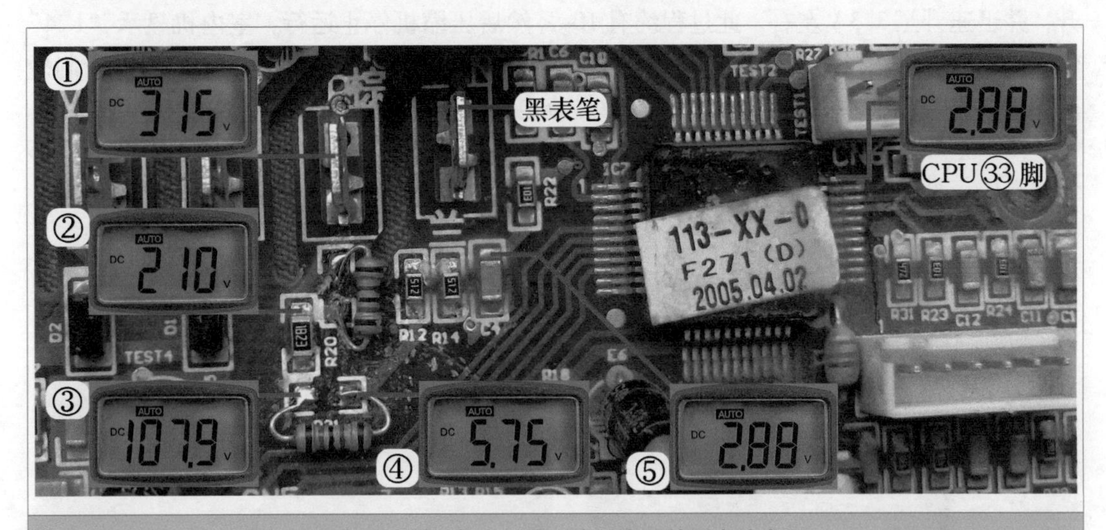

图5-31　待机状态测量正常的电压检测电路电压

总　结：

① 电压检测电路中电阻R19上端接模块P端子，由于长时间受直流300V电压冲击，其阻值容易变大或开路，在实际维修中由于R19、R20、R21开路或阻值变大损坏，占到一定比例，属于模块板上的常见故障。

② 本例电阻R19、R21开路，其下端电压均不为直流0V，而是具有一定的感应电压，CPU电压检测㉝脚分析处理后，判断交流输入电压在适合工作的范围以内，因而室外风机和压缩机可以运行；而压缩机持续升频，直流300V电压逐渐下降，CPU电压检测引脚电压也逐渐下降，当超过检测范围，则控制室外风机和压缩机停机进行保护，并报出“过电压、欠电压”的故障代码。

③ 在实际维修中，也遇到过电阻R19开路，室外机上电后并不运行，模块板直接报出“过电压、欠电压”的故障代码。

④ 如果电阻R12（5.1kΩ）开路，CPU电压检测㉝脚的电压约为直流5.7V，室外机上电后室外风机和压缩机均不运行，模块板指示灯闪8次报出“过电压、欠电压”故障的代码。

二、电流互感器二次绕组开路

➡ 故障说明：海尔KFR-36GW/(BPJF)挂式变频空调器，用户反映不制冷，室内机显示屏显示“F24”，查看代码含义为CT断线保护。

1. 测量室外机电流和查看室外机电控系统

上门检查，使用遥控器以制冷模式开机，室内机主板向室外机供电，室外风机和压缩机均开始运行，但运行约10s后压缩机停止运行，室内机显示“F24”代码，室外风机延时30s后停止运行。

使用万用表交流电流档，见图5-32左图，钳头卡在室外机接线端子上2号L端相线，测量室外机电流，断开空调器电源，待2min后再次上电开机，室内机主板向室外机供电后，压缩机立即运行，同时室外风机也开始运行，室外机电流由0A→0.5A→1A逐渐上升，并迅速升至3.3A左右，此过程约有10s，然后压缩机停止运行，室内机显示“F24”代码。在压缩机运行时，手摸室内机室外机连接管道中的细管已经变凉，初步判断制冷系统工作正常，故障在电控系统，应着重检查电流检测电路。

取下室外机上盖，查看室外机电控系统，其主要由主板、模块、硅桥、滤波电感等元件组成，见图5-32右图。

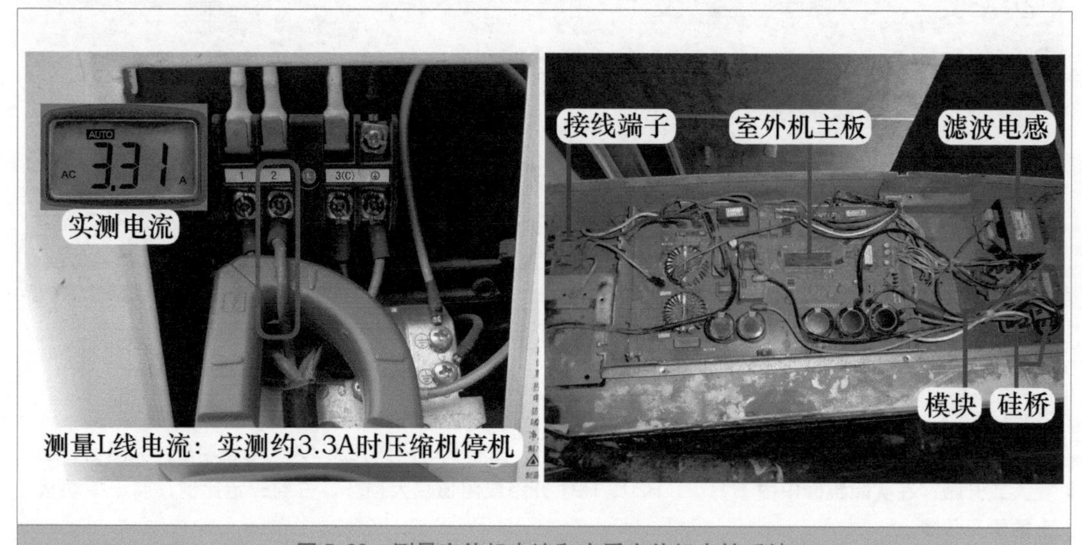

图5-32 测量室外机电流和查看室外机电控系统

2. 电流检测电路工作原理

图5-33为电流检测电路原理图，图5-34左图为主板实物图正面，图5-34右图为主板实物图反面。电路主要由电流互感器CT1、整流硅桥B1、电位器VR1等组成。

室外机接线端子2号L端相线经连接线送至室外机主板，经20A熔丝管FUSE1至滤波电感L1、L2，再经电流互感器CT1的一次绕组送至由主控继电器和PTC电阻组成的延时防瞬间大电流充电电路后，送至硅桥的交流输入端，和N端零线组合为室外机提供直流300V母线电压，经模块后为压缩机提供电源，因此CT1的作用相当于检测室外机总电流。

电流互感器CT1一次绕组通过的电流，在二次绕组输出相应的取样电压，经整流硅桥B1整流、电位器VR1和电阻R41分压、电容C13滤波，作为室外机总电流的参考信号，送至 CPU⑪脚。

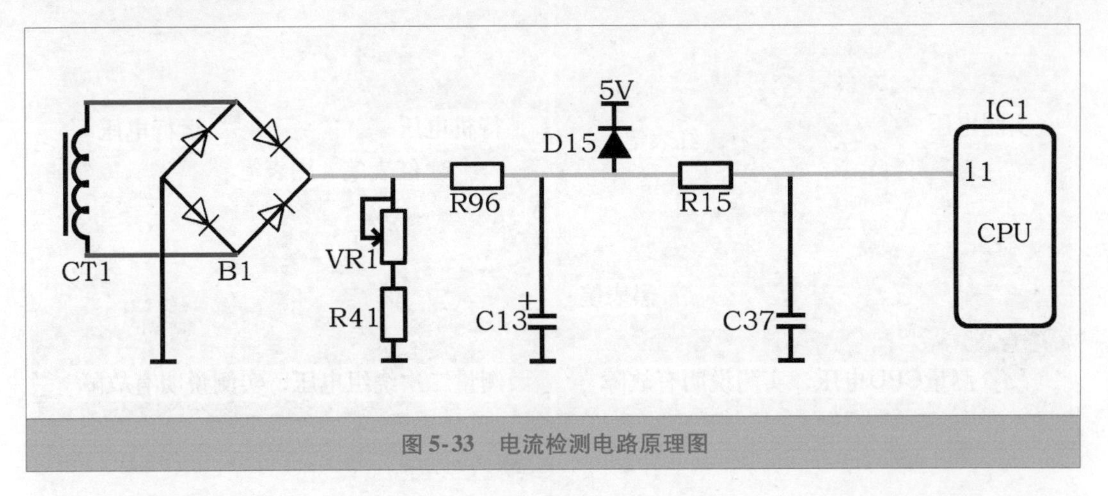

图 5-33 电流检测电路原理图

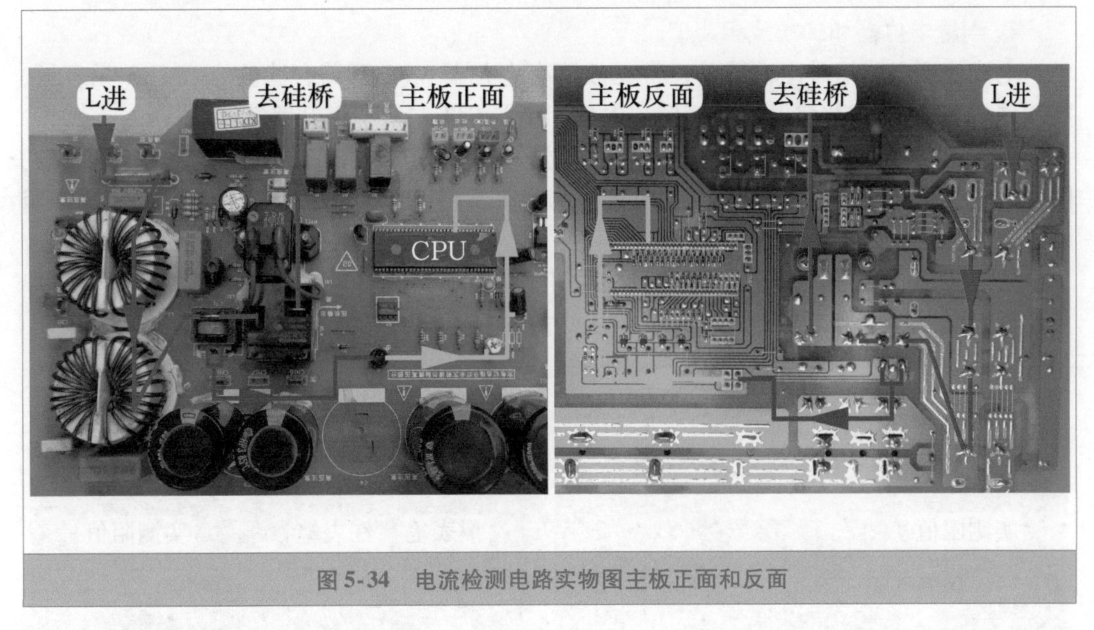

图 5-34 电流检测电路实物图主板正面和反面

3. 测量 CPU 和二次绕组电压

使用万用表直流电压档，见图 5-35 左图，黑表笔接电容 C13 负极地、红表笔接电阻 R15 下端，相当于测量 CPU⑪脚电压。再次上电开机，在压缩机从运行到停止，R15 下端电压一直约为 0V，说明电流检测电路出现故障。

将万用表档位转换为交流电压档，见图 5-35 右图，黑表笔和红表笔接电流互感器 CT1 二次绕组焊点，再次上电开机，刚上电时电压约 0.3V，压缩机运行电流升至约 3.3A 时，CT1 二次绕组电压约为 0.4V，也说明电流检测电路有故障。

➡ 说明：由于压缩机运行时间较短，因此应在开机前接好万用表表笔。如果查找 CPU 引脚不是很方便，直接测量滤波电容（本例标号 C13）的两端电压，也近似于 CPU 引脚电压。

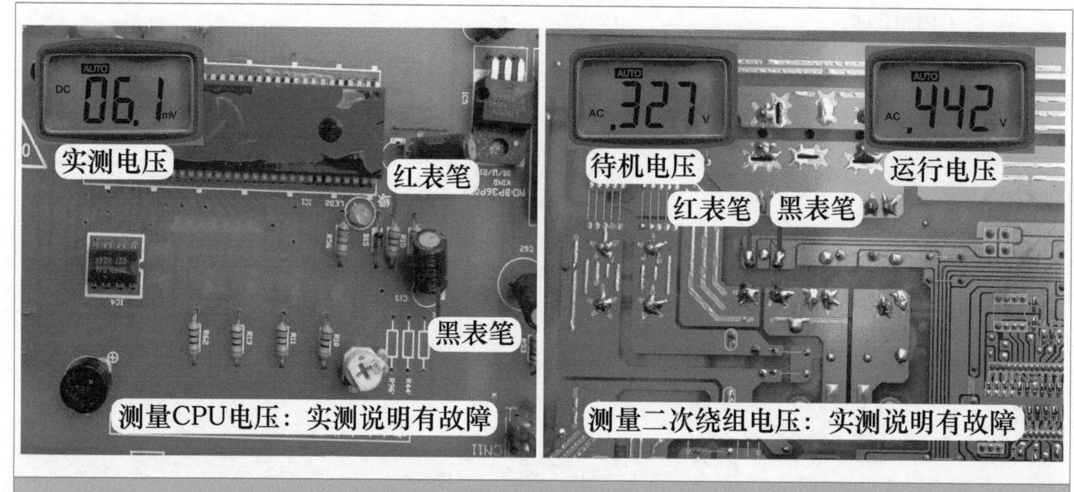

图5-35　测量CPU和二次绕组电压

4. 测量电位器和二次绕组阻值

电流检测电路相对比较简单，常见故障有电位器VR1开路、滤波电容C13无容量、整流硅桥B1内部二极管开路或短路、电流互感器CT1二次绕组开路等。

断开空调器电源，使用万用表电阻档，首先测量故障率最高的电位器VR1阻值，见图5-36左图，黑表笔和红表笔测量两端引脚，正常阻值约100Ω，实测为约112Ω，说明电位器正常。

依旧使用万用表电阻档，见图5-36右图，黑表笔和红表笔接电流互感器二次绕组焊点测量阻值，实测为无穷大，初步判断二次绕组开路损坏。

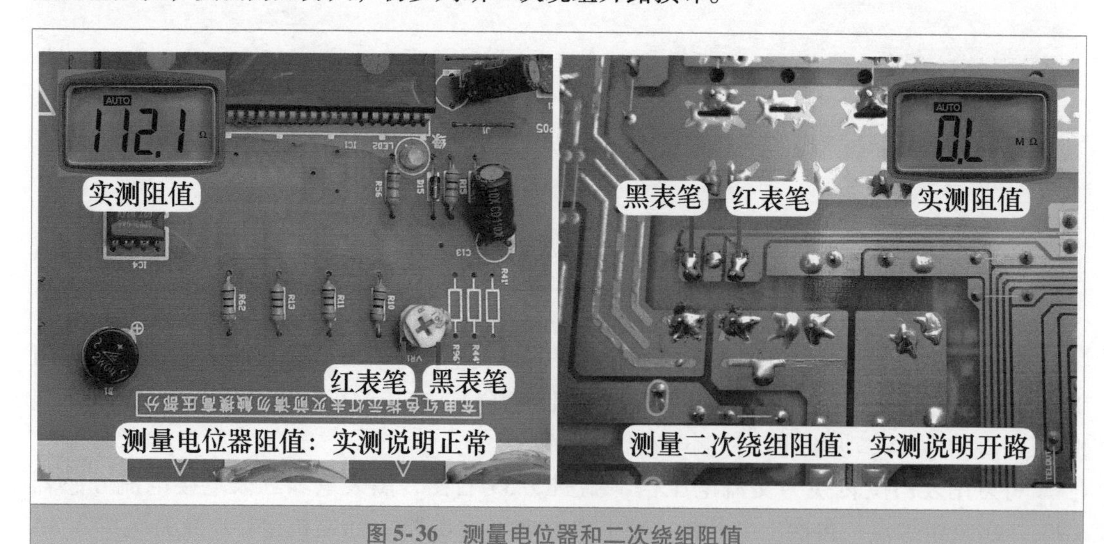

图5-36　测量电位器和二次绕组阻值

5. 单独测量二次绕组阻值

电流互感器实物外形见图5-37左图。使用万用表电阻档，见图5-37右图，开路测量二次绕组引脚阻值，实测仍为无穷大，而正常阻值为733Ω，从而确定电流互感器损坏。

➡ 说明：电流互感器一次绕组为较粗的铜线，其开路损坏的故障率较低。

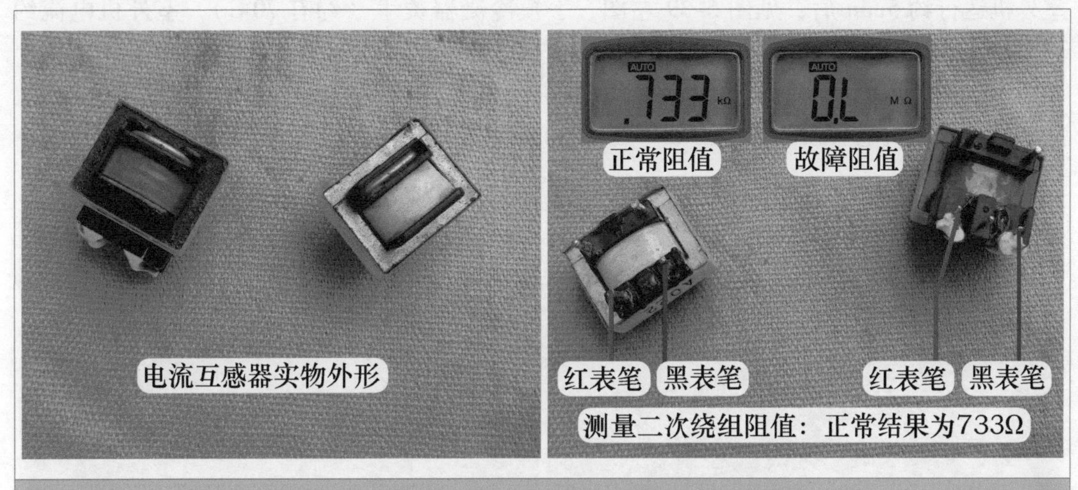

图 5-37 电流互感器实物外形和测量二次绕组阻值

➡ 维修措施：见图5-38，从同型号的旧主板上拆下电流互感器作为配件，并更换至故障主板。恢复线路后再次上电开机，测量室外机电流由0A上升至3.4A时，电流互感器二次绕组的交流电压由0.2V上升至1.7V，CPU⑪脚的直流电压由0V上升至约0.6V，压缩机和室外风机一直运行不再停机，制冷恢复正常，故障排除。

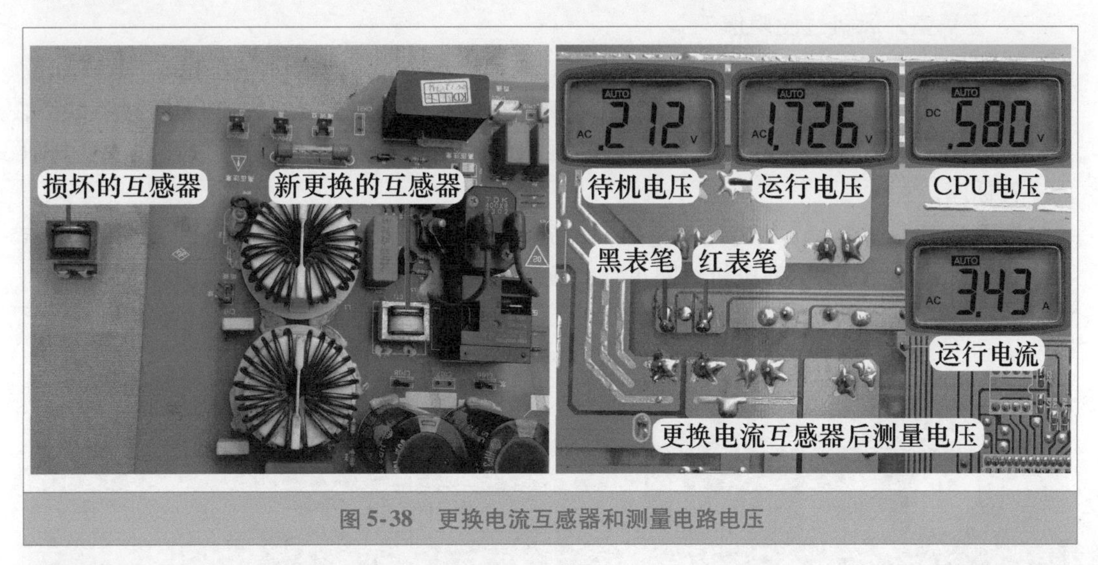

图 5-38 更换电流互感器和测量电路电压

三、室外风机继电器触点锈蚀

➡ 故障说明：海尔 KFR-26GW/08QDW23 挂式直流变频空调器，用户反映不制冷，显示“F1”代码，查看代码含义为“IPM 功率模块故障”（10min 3 次确认）。

1. 检查室外机和查看室外风机电路

上门检查，在室外机接线端子 L 端接上电流表，再使用遥控器以制冷模式开机，室内机主板向室外机供电，电流约0.5A，约30s后电流由1A逐渐上升，手摸连接管道中细管已经变凉，说明压缩机已起动运行，排除模块击穿故障。仔细查看室外风机不运行，室外机运行约5min后，见图5-39左图，手摸冷凝器烫手（约有70℃），室外机电流约7A时，压缩机停机，室外机主板指示灯闪2次，查看代码含义为“模块故障”。

本机室外风机使用交流电机，不运行的常见故障部位有室外机主板的风机单元电路、室外风机、风机电容损坏等。图5-39右图为室外机主板的室外风机电路。

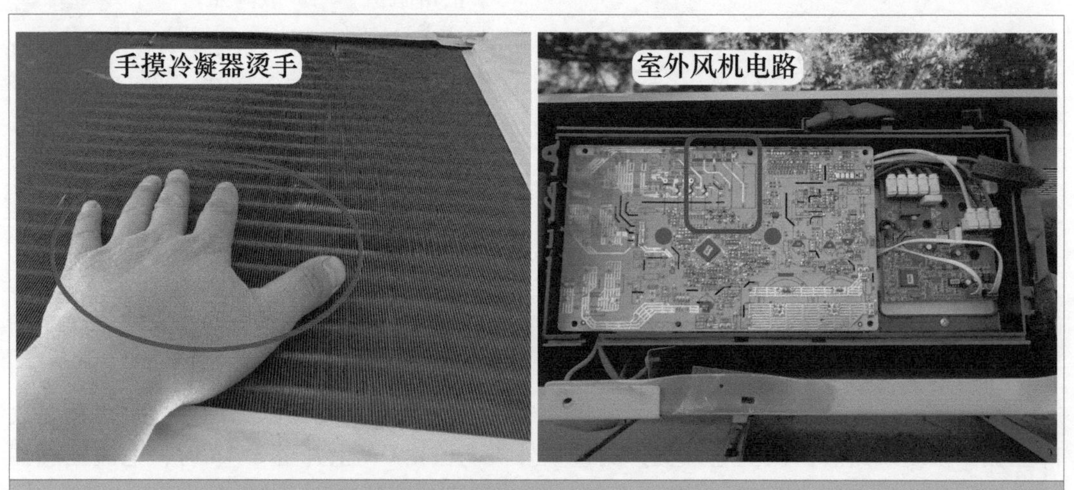

图5-39 手摸冷凝器烫手和室外机主板风机电路

2. 测量室外风机线圈阻值

本机室外风机使用2速的抽头交流电机，共有5根引线，见图5-40左图。蓝线和橙线为电容C引线，使用接线插，插在主板标有C的端子；白线为公共端COM接零线N，黑线为高风抽头H，黄线为低风抽头L，3根引线使用1个插头，插在主板标有AC FAN的3针插座。

断开空调器电源，使用万用表电阻档，见图5-40右图，测量室外风机引线阻值，结果见表5-1，实测说明室外风机线圈正常，故障在室外风机单元电路或风机电容损坏。

➠ 说明：白线和蓝线在电机内部相通。

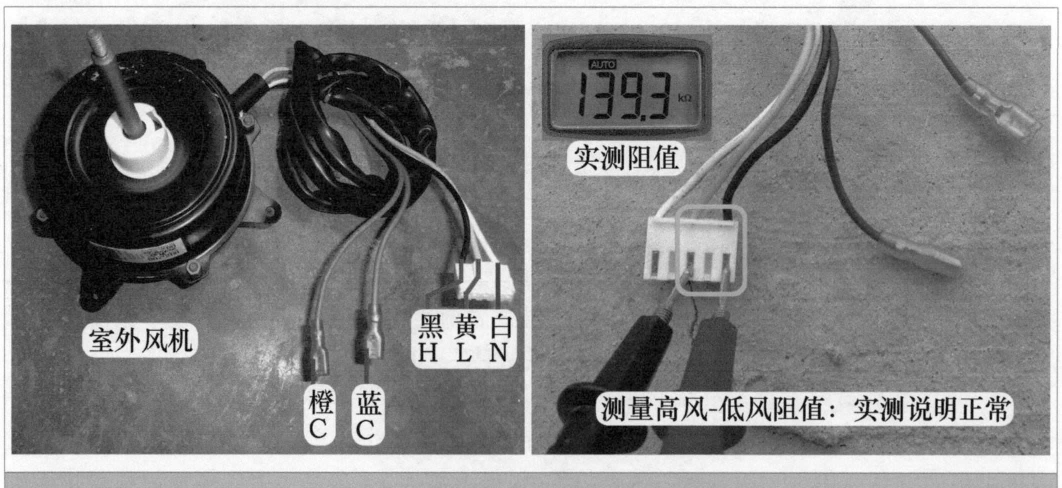

图5-40 室外风机和测量线圈阻值

表 5-1 测量室外风机线圈阻值

红表笔-黑表笔	白线-黄线 N-L 公共-低风	白线-黑线 N-H 公共-高风	白线-棕线 N-C 公共-电容	白线-蓝线 （内部相通）	黄线-黑线 L-H 低风-高风	黄线-棕线 L-C 低风-电容	黑线-棕线 H-C 高风-电容
结果	489Ω	350Ω	700Ω	0Ω	139Ω	211Ω	350Ω

3. 室外风机电路

图 5-41 为室外风机电路原理图，图 5-42 左图为主板实物图正面，图 5-42 右图为主板实物图反面。

室外机主板 CPU 共使用 2 个引脚、2 只贴片晶体管 N3 和 N4、2 个继电器 K1 和 K2 等主要元器件组成单元电路。

和常规风机电路不同的是，继电器 K1 负责调速，其使用常开和常闭触点，常开触点接高风抽头、常闭触点接低风抽头；继电器 K2 负责交流 220V 供电的接通和断开，其只使用常开触点。

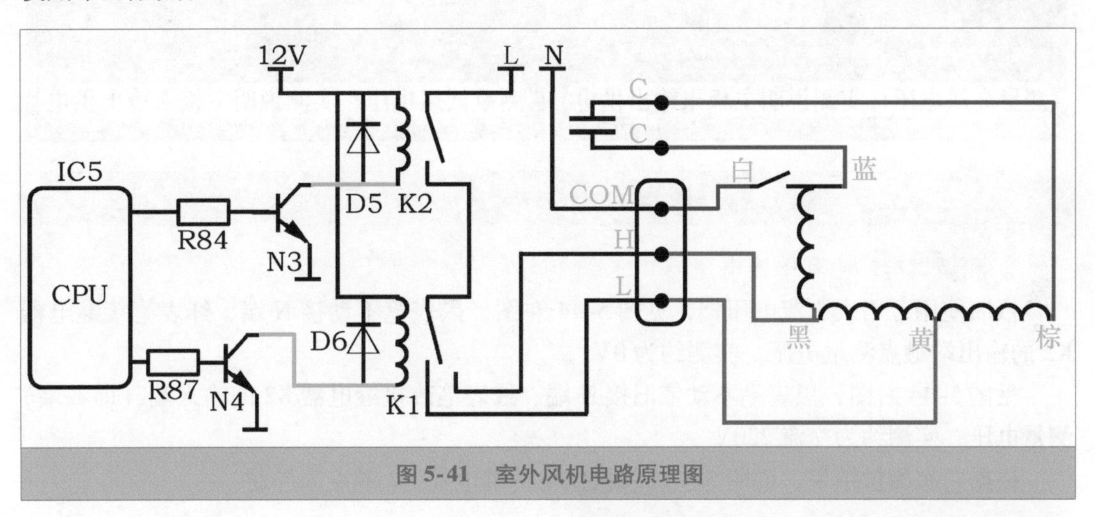

图 5-41 室外风机电路原理图

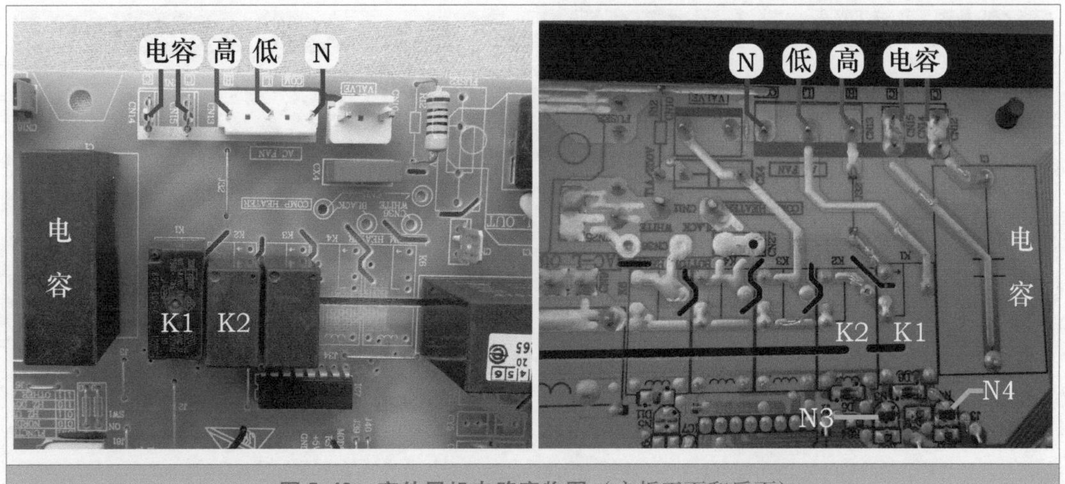

图 5-42 室外风机电路实物图（主板正面和反面）

4. 测量室外风机高风和低风端子电压

将空调器重新上电开机，待压缩机运行后，使用万用表交流电压档，见图5-43，黑表笔接N端零线、红表笔接和高风端子相通的铜箔走线测量电压，实测约为0V；黑表笔不动依旧接N端零线、红表笔改接和低风端子相通的铜箔走线测量电压，实测仍约为0V，说明室外机主板未输出交流供电，故障在室外风机单元电路。

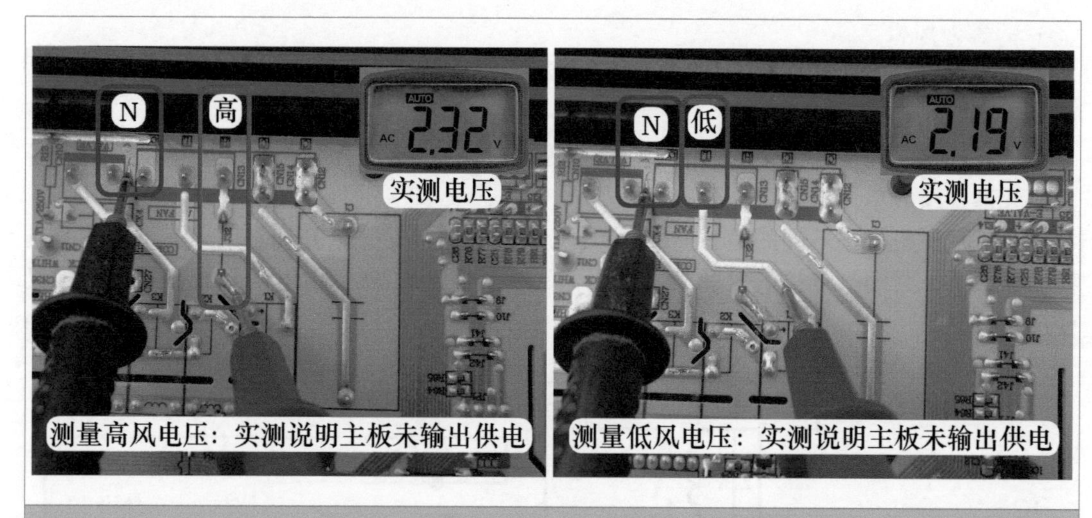

图5-43　测量室外风机高风和低风电压

5. 测量供电输出和输入电压

依旧使用万用表交流电压档，见图5-44左图，黑表笔不动接N端、红表笔接继电器K2的输出端触点测量电压，实测约为0V。

见图5-44右图，黑表笔不动依旧接N端、红表笔改接继电器K2的输入端（即L端）测量电压，实测约为交流220V。

根据两次测量结果，说明为室外风机供电的继电器K2触点未导通。

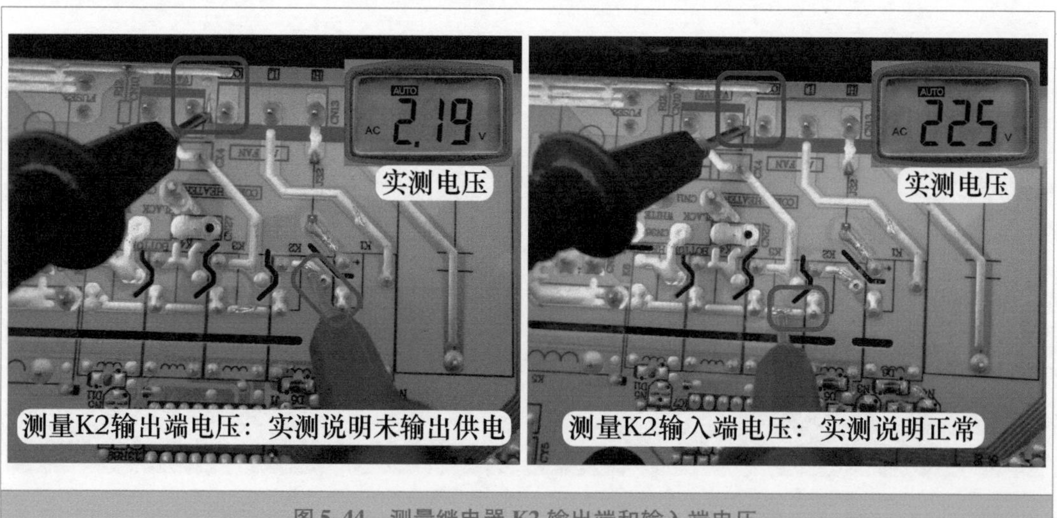

图5-44　测量继电器K2输出端和输入端电压

6. 测量 CPU 输出电压和集电极电压

将万用表档位改为直流电压档，见图5-45 左图，黑表笔接直流电源地（实测2003 反相驱动器的⑧脚地）、红表笔接电阻 R84 上端相当于测量 CPU 引脚电压，实测约 5V，说明 CPU 输出正常。

黑表笔不动依旧接直流地、红表笔接晶体管 N3 基极 B 测量电压，实测约 0.7V。见图5-45 右图，再将红表笔改接集电极 C 测量电压，实测为 72mV（0.07V），说明晶体管 N3 集电极和发射极已深度导通，故障在继电器。

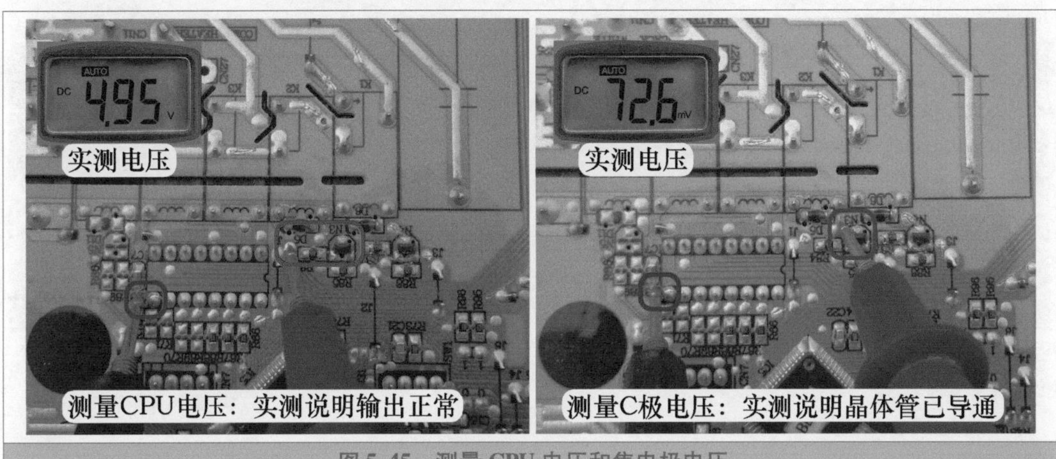

图 5-45 测量 CPU 电压和集电极电压

7. 测量继电器线圈电压和阻值

依旧使用万用表直流电压档，见图 5-46 左图，测量继电器 K2 线圈电压，红表笔接供电端直流 12V（并联二极管的负极）、黑表笔接驱动端（接晶体管的集电极 C），实测为 12.8V，说明电压已经送至继电器线圈，也说明晶体管已导通，故障在继电器。

断开空调器电源，待直流 300V 滤波电容放电完成后，使用万用表电阻档，见图 5-46 右图，测量继电器线圈阻值，实测约 340Ω，说明线圈正常，故障为继电器触点锈蚀损坏。

➡ 说明：图 5-46 左图中，如果红表笔和黑表笔接反，显示值为负数即 -12.81V。

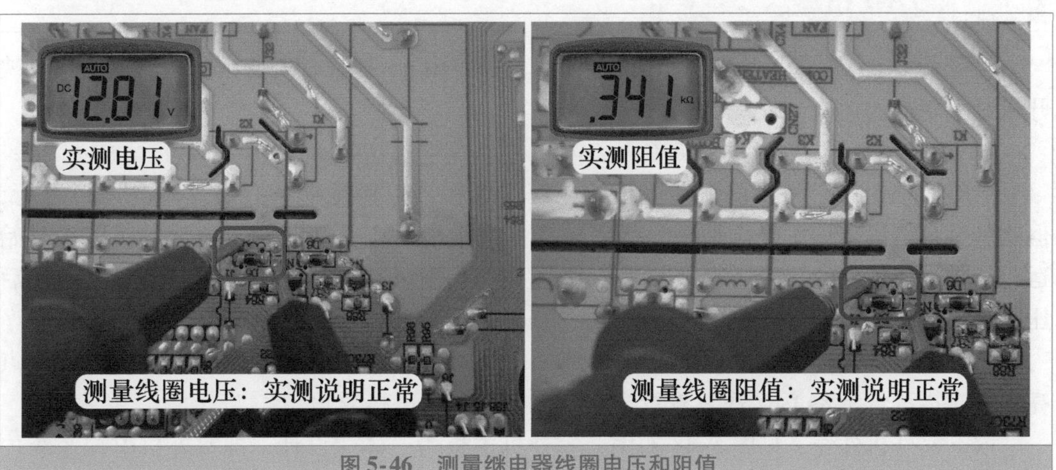

图 5-46 测量继电器线圈电压和阻值

➡ **维修措施**：见图5-47，原机主板使用的继电器型号为JZC-32F，线圈工作电压为直流12V、触点电流5A，使用参数相同的配件继电器进行代换，型号为0JE-SS-112DM，代换后上电试机，室外风机和压缩机均开始运行，制冷恢复正常，长时间运行不再停机保护，说明故障排除。

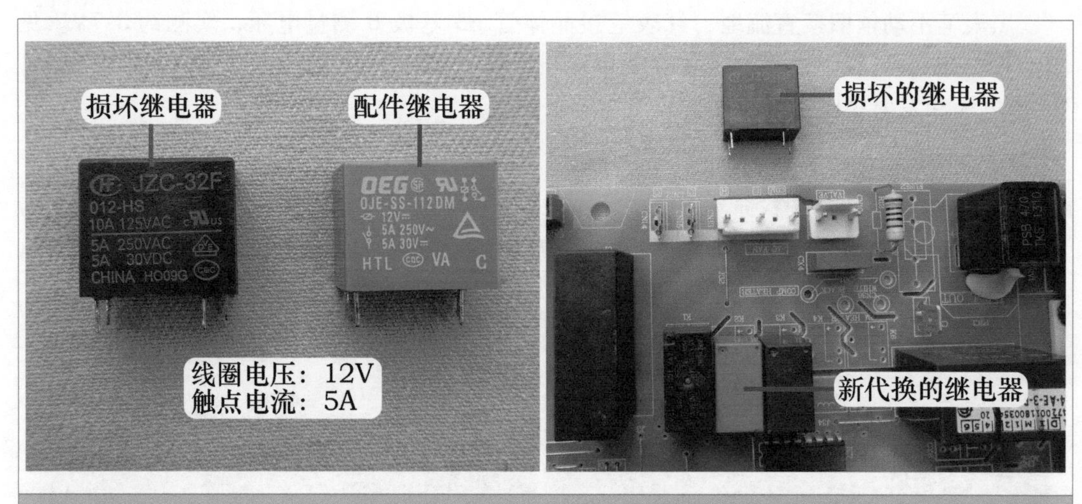

图5-47 继电器实物外形和代换继电器

总 结：

本例继电器损坏，不能为室外风机供电，室外风机不能运行，压缩机在运行时，冷凝器热量由于不能及时吹出导致温度很高，使得系统压力升高，压缩机运行电流也相应增加，超过CPU保护值或触发模块保护电路工作，模块输出保护信号至室外机CPU，CPU判断为模块保护，因而停机进行保护，待3min后室外机主板再次控制压缩机运行，当检测到电流过大或模块输出保护信号则再次停机保护，如果10min内连续3次检测到电流过大或模块保护，则停机不再起动，室内机显示F1代码。

四、 15V供电熔丝管开路

➡ **故障说明**：三菱重工SRCQI25H（KFR-25GW/QIBp）挂式直流变频空调器，用户反映开机后不制冷。

1. 室外风机不运行和室外机主板实物外形

上门检查，将空调器重新通上电源，使用遥控器以制冷模式开机，室内风机运行，但吹风为自然风，到室外机检查，待室外机主板上电对电子膨胀阀复位后，压缩机开始运行，手摸细管已经开始变凉，见图5-48左图，但室外风机始终不运行，一段时间以后压缩机也停止运行。

再到室内机检查，室内机依旧吹自然风，显示板组件报出故障代码：运转指示灯点亮、定时指示灯每8s闪7次，查看含义为“室外风扇电机异常”。

取下室外机外壳，见图5-48右图，室外机主板为一体化设计，即室外机电控系统均集成在1块电路板上面，电源电路使用开关电源型，输出部分设有7815稳压块。

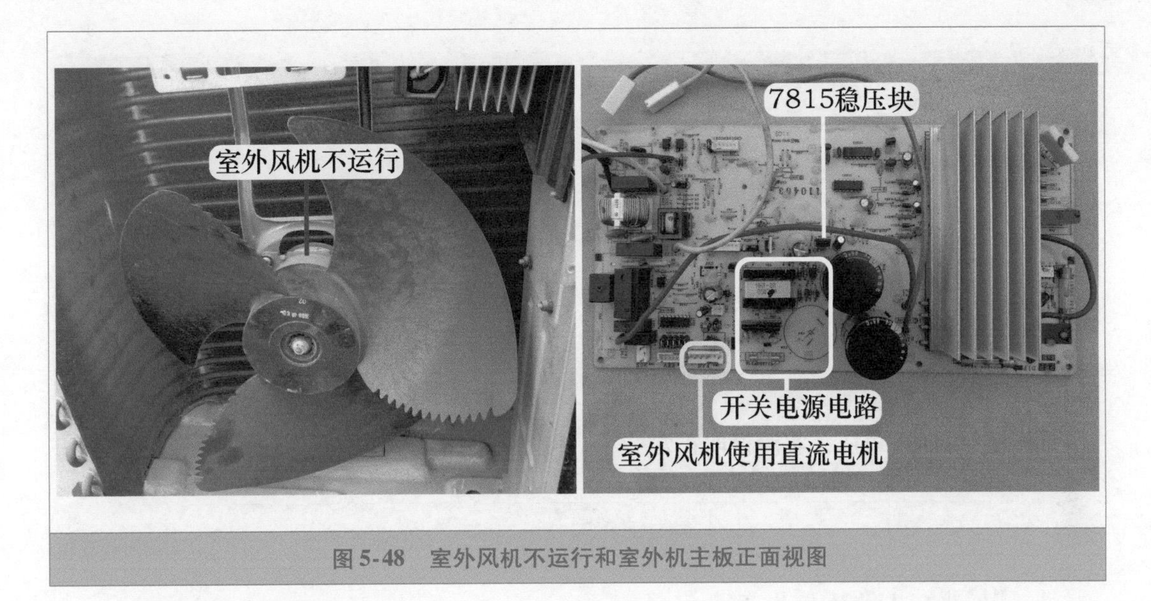

图 5-48 室外风机不运行和室外机主板正面视图

2. 室外风机引线

见图 5-49，本机室外风机为直流电机，共设有 5 根引线，室外机主板设有 1 个 5 针的室外风机插座。风机引线和主板插座焊点的功能相对应：红线对应最左侧焊点为直流 300V 供电、黑线对应焊点为地、白线对应焊点为 15V 供电、黄线对应焊点为驱动控制、蓝线对应焊点为转速反馈。

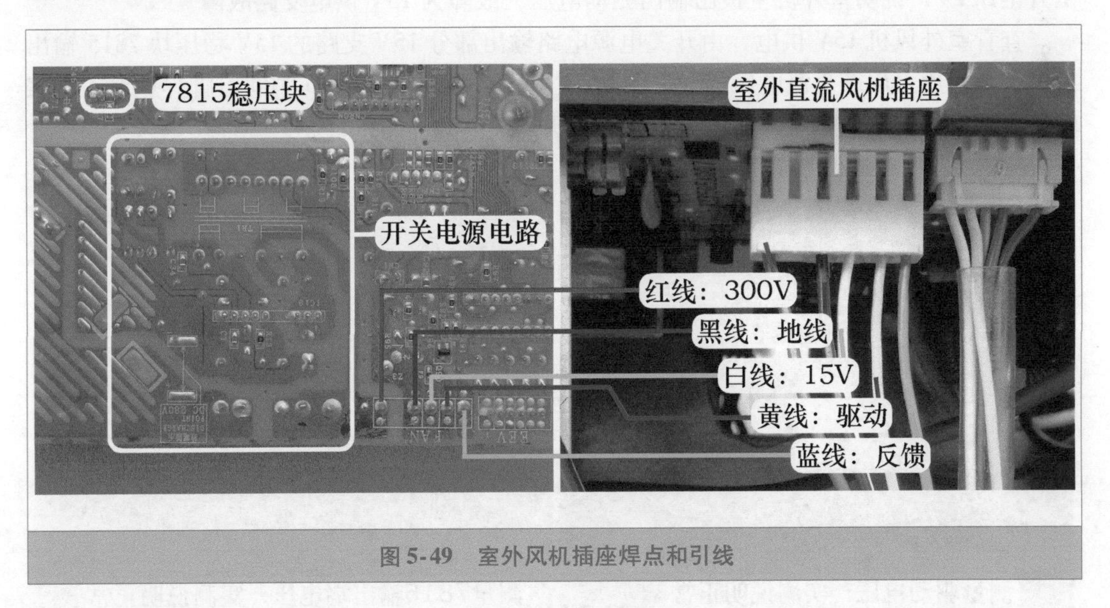

图 5-49 室外风机插座焊点和引线

3. 测量 300V 和 15V 电压

由于室外风机始终不运行，使用万用表直流电压档，测量插座电压。见图 5-50 左图，黑表笔接黑线焊点地、红表笔接红线焊点测量 300V 电压，实测为 315V，说明正常。

见图 5-50 右图，黑表笔不动仍旧接黑线焊点地、红表笔改接白线焊点测量 15V 电压，正常应为 15V，实测为 0V，说明 15V 供电支路有故障。

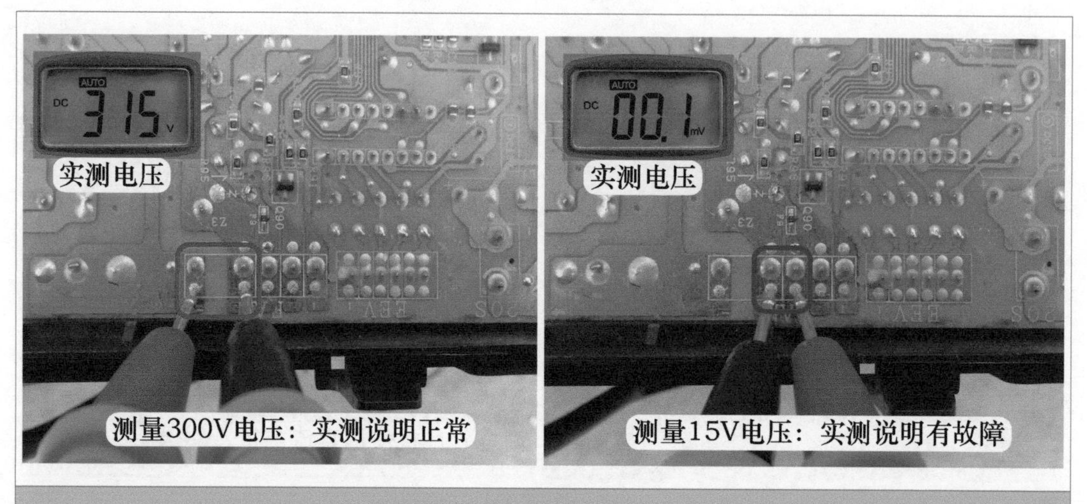

图5-50 测量300V和15V电压

4. 测量驱动和7815输出端电压

为判断室外机主板是否是输出驱动电压引起的室外风机不运行故障，依旧使用万用表直流电压档，见图5-51左图，黑表笔不动接黑线焊点地、红表笔接黄线焊点测量驱动电压，将空调器重新上电开机，室外机主板对电子膨胀阀复位结束后，驱动电压由0V逐渐上升至1V、2V，约40s时上升至最大值3.2V，再约10s后下降至0V。驱动电压由0V上升至3.2V，说明室外机主板已输出驱动电压，故障为15V供电支路故障。

查看室外风机15V供电，由开关电源电路输出部分15V支路的15V稳压块7815输出端提供，使用万用表直流电压档，见图5-51右图，黑表笔接7815中间引脚焊点地、红表笔接输出端焊点测量电压，实测为15V，说明开关电源电路正常。

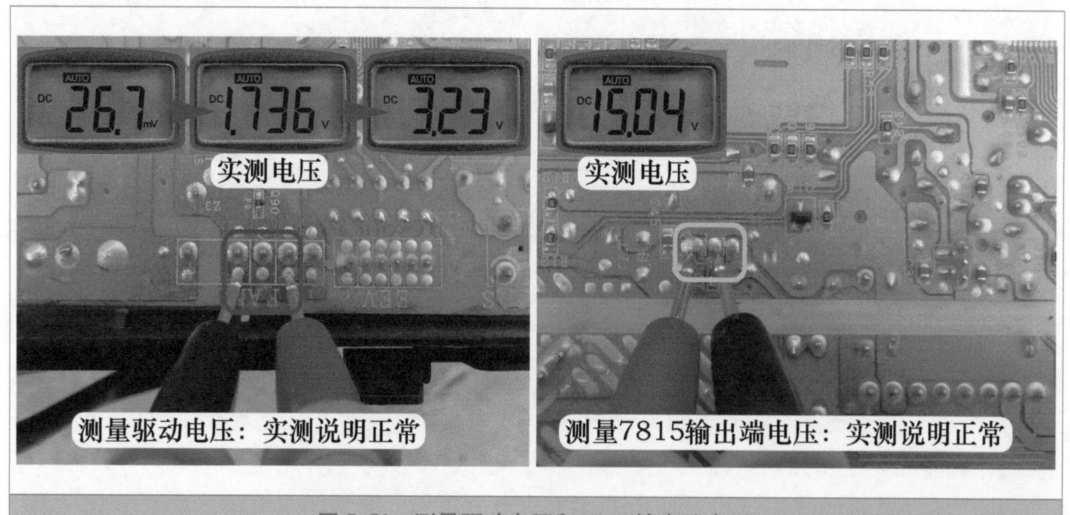

图5-51 测量驱动电压和7815输出端电压

5. 测量F9前端电压和阻值

查看室外机主板上7815输出端15V至室外风机15V白线焊点的铜箔走线，只设有1

个标号 F9 的贴片熔丝管（保险管）。使用万用表直流电压档，见图 5-52 左图，黑表笔接黑线焊点地、红表笔接 F9 前端焊点测量电压，实测为 15V，说明 15V 电压已送至室外风机电路，故障可能为 F9 熔丝管损坏。

断开空调器电源，待室外机主板 300V 电压下降至约 0V 时，使用万用表电阻档，见图 5-52 右图，在路测量 F9 熔丝管阻值，正常应为 0Ω，实测约为 28kΩ，说明开路损坏。

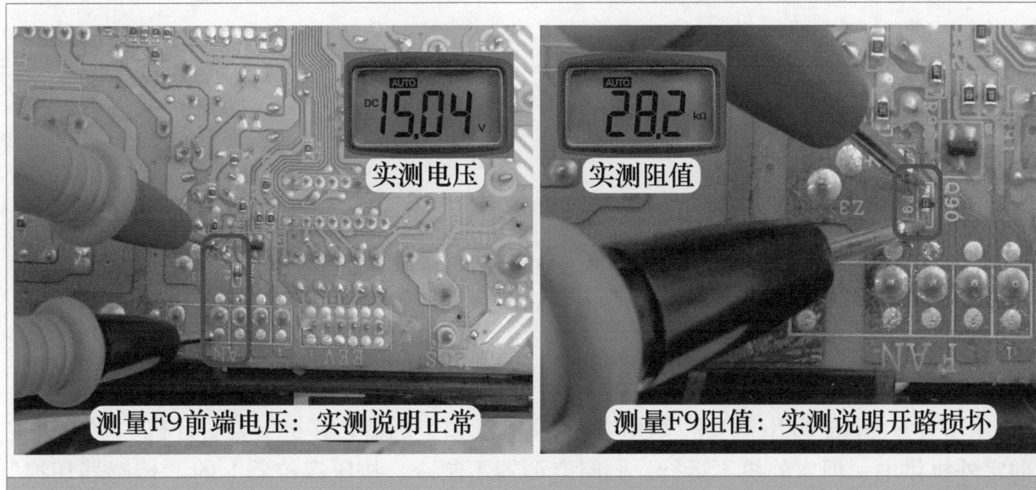

图 5-52　测量 F9 前端电压和阻值

➡ **维修措施**：F9 熔丝管表面标注 CB，表示额定电流约为 0.35A，由于没有相同型号的配件更换，见图 5-53，维修时使用阻值为 0Ω 的电阻代换，代换后上电开机，使用万用表直流电压档，黑表笔接黑线焊点地、红表笔接白线焊点测量 15V 电压，实测为 15V 说明正常，同时室外风机和压缩机均开始运行，制冷恢复正常，故障排除。

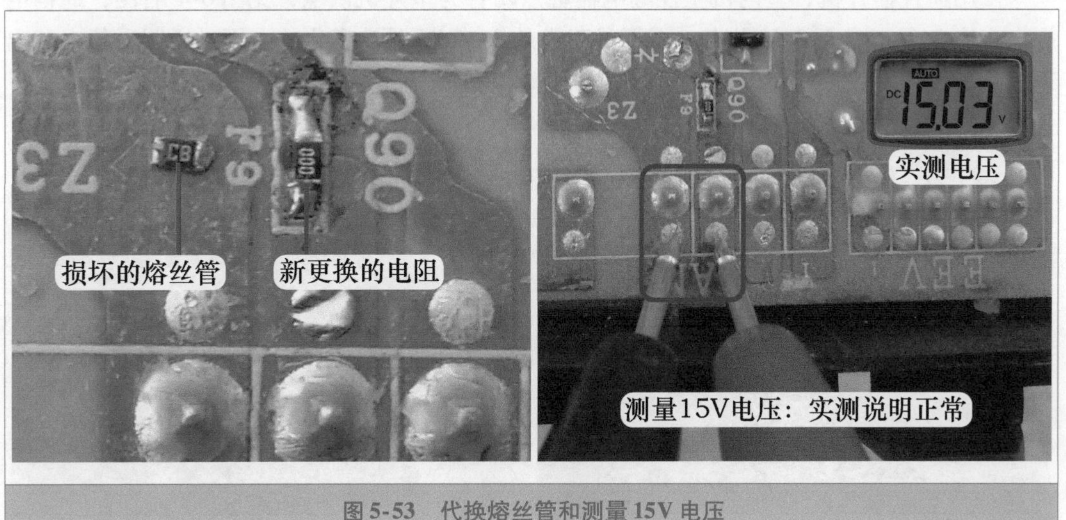

图 5-53　代换熔丝管和测量 15V 电压

第六章 Chapter 6

通信电路和室内机电路故障

第一节　通信电路故障

一、室内机、室外机连接线接错

➡ 故障说明：海信 KFR-26GW/11BP 挂式交流变频空调器，移机安装后开机，室内机主板向室外机供电，但室外机不运行，同时空调器不制冷。按压遥控器上的“传感器切换”键 2 次，显示板组件上“运行（蓝）- 电源”指示灯点亮，显示代码含义为“通信故障”。

1. 测量接线端子电压

使用万用表直流电压档，见图 6-1 左图，黑表笔接室内机接线端子上 2 号 N 端、红表笔接 4 号 SI 端，测量通信电路电压，将空调器通上电源但不开机（即处于待机状态），实测为直流 24V，说明室内机主板通信电压产生电路正常。

使用遥控器开机，室内机主控继电器触点闭合为室外机供电，见图 6-1 右图，通信电压由直流 24V 上升至 30V 左右，而不是正常的 0 ~ 24V 跳动变化的电压，说明通信电路出现故障。使用万用表交流电压档，测量 1 号 L 端和 2 号 N 端电压为交流 220V。

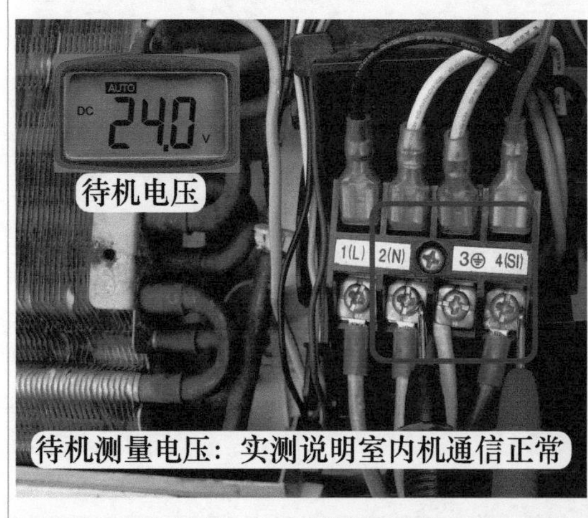

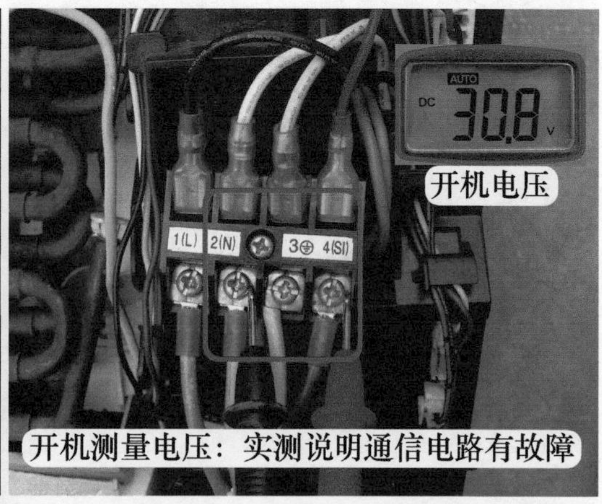

图 6-1　测量室内机接线端子通信电压

2. 测量室外机接线端子电压

使用万用表交流电压档，黑表笔接室外机接线端子1号L端、红表笔接2号N端测量电压，实测为交流220V，说明室内机输出的交流电源已送至室外机。

使用万用表直流电压档，见图6-2左图，黑表笔接2号N端、红表笔接4号SI端，测量通信电压约为直流0V，说明通信信号未传送至室外机通信电路。由于室内机接线端子2号N端与4号SI端有通信电压24V，而室外机通信电压为0V，说明通信信号出现断路。

见图6-2右图，红表笔接4号SI端子不动、黑表笔接1号L端测量电压，正常应接近0V，而实测约为直流30V，和室内机接线端子中的2号N端-4号SI端电压相同，由于是移机的空调器，应检查室内机、室外机连接线是否对应。

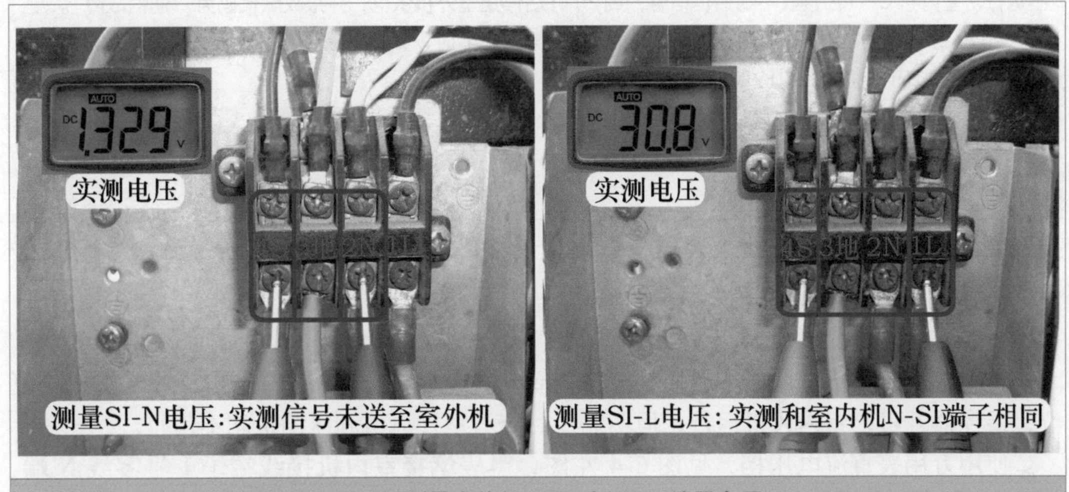

图6-2 测量室外机SI-N和SI-L端子电压

3. 查看室内机和室外机接线端子引线颜色

断开空调器电源，此机原配引线够长，中间未加长引线，仔细查看室内机和室外机接线端子上的引线颜色，见图6-3，发现为1号L端和2号N端的引线接反。

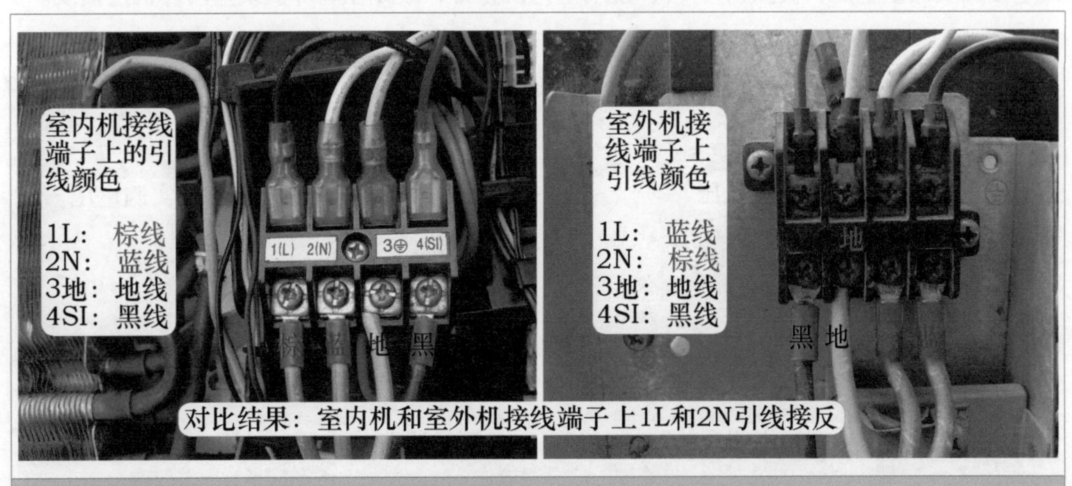

图6-3 查看室内机和室外机接线端子上引线颜色

➡ 维修措施：对调室外机接线端子上的1号L端和2号N端引线位置，使室外机与室内机引线相对应，再次上电开机，室外机运行，空调器开始制冷，测量2号N端和4号SI端的通信电压在0~24V跳动变化。

总 结：

① 根据图3-55的通信电路原理图，通信电压直流24V正极由电源L线降压、整流，与电源N线构成回路，因此2号N线具有双重作用，即和1号L线组合为交流220V为室外机供电，又和4号SI线组合为室内机和室外机的通信电路提供回路。

② 本例1号L线和2号N线接反后，由于交流220V无极性之分，因此室外机的直流300V、5V电压均正常，但室外机通信电路的公共端为电源L线，与4号SI线不能构成回路，通信电路中断，造成室外机不运行，室内机CPU因接收不到通信信号，约2min后停止室外机供电，并报故障代码为“通信故障”。

③ 遇到开机后室外机不运行、报代码为“通信故障”时，如果为新装机或刚移机未使用的空调器，应检查室内机和室外机的连接线是否对应。

二、加长连接线断路

➡ 故障说明：海尔KFR-35GW/HC（BPF）挂式交流变频空调器，用户反映不制冷，室内机显示E7，查看代码含义为通信故障。

1. 测量室内机通信电压

上门检查，拔下空调器电源插头，待3min后再次上电，使室内机和室外机主板均复位，遥控器开机，室内风机运行，但不制冷，查看室外风机和压缩机均不运行。

使用万用表直流电压档，见图6-4左图，黑表笔接室内机接线端子1号零线N端、红表笔接3号通信C端测量电压，实测为-50~-20V跳动变化，而正常为0~70V跳动变化，说明通信电路出现故障。

由于本机通信电路专用电压约直流140V设在室外机，为判断是室外机故障还是室内机故障，取下室内机3号接线端子上的通信红线，见图6-4右图，黑表笔不动依旧接N端、红表笔接红线测量电压，实测约为0V，说明室内机正常，故障在室外机或室内外机连接线。

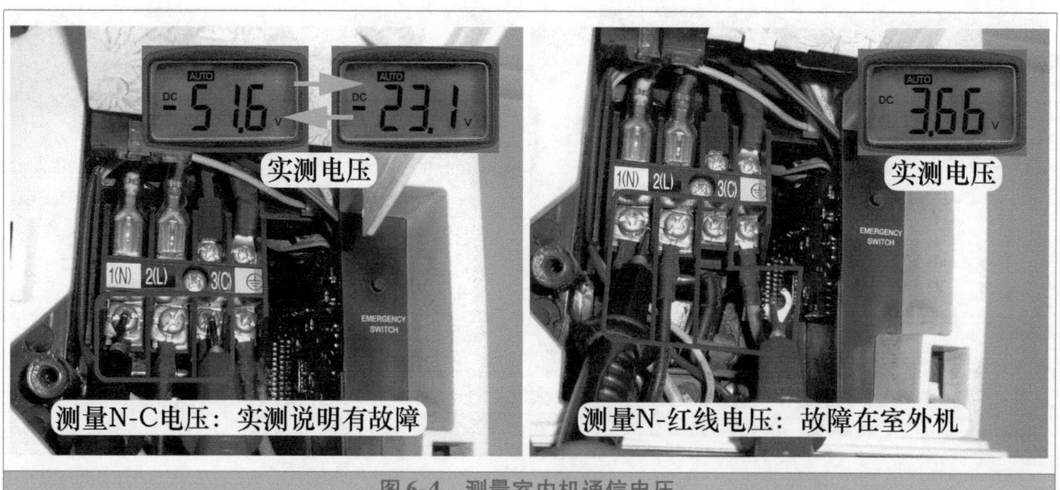

图6-4 测量室内机通信电压

2. 测量室外机供电和通信电压

在室外机检查，使用万用表交流电压档，见图 6-5 左图，黑表笔接 1 号零线 N 端、红表笔接 2 号相线 L 端测量电压，实测为 229V，说明室内机已向室外机输出交流电。

将万用表档位改为直流电压档，见图 6-5 右图，黑表笔不动依旧接 1 号零线 N 端、红表笔接 3 号通信 C 端测量电压，实测约 140V，说明室外机主板已输出通信电压，故障为室内机、室外机的连接线。

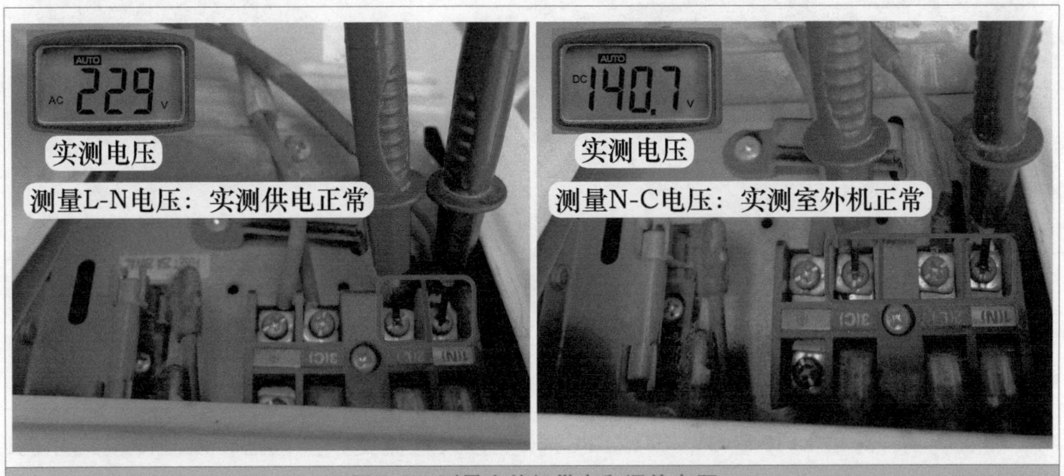

图 6-5 测量室外机供电和通信电压

3. 查看连接线

本机由于室内机和室外机距离较远，加长了连接管道，同时也加长了连接线，室内机接线端子使用原装连接线，而查看室外机接线端子时，见图 6-6，1 号 N 端和 2 号 L 端使用黑皮包裹的铜线，而 3 号通信 C 端和 4 号地端使用白皮的铝线，本例断路的连接线即为 3 号通信 C 端连接的铝线。

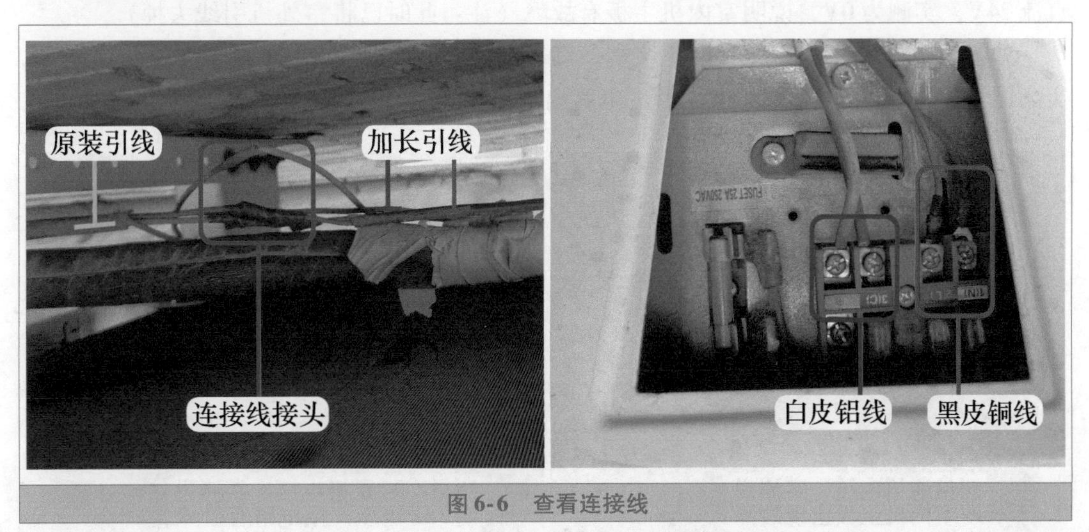

图 6-6 查看连接线

➡ **维修措施**：见图 6-7 左图，使用 1 束 4 芯铜线更换原来的加长连接线。更换后将空调器通上电源，使用万用表直流电压档，黑表笔接室内机 1 号零线 N 端、红表笔接通信红线测量电压，见图6-7右图，实测约140V，和室外机接线端子相等说明正常。再将红线接在3号C端，使用遥控器以制冷模式开机，室内机和室外机均开始运行，故障排除。

图6-7 更换加长连接线和测量通信电压

三、室内机通信电路降压电阻开路

➡ 故障说明：海信KFR-26GW/08FZBPC（a）挂式直流变频空调器，以制冷模式开机，室外机不运行，测量室内机接线端子上L和N电压为交流220V，说明室内机主板已向室外机输出供电，但一段时间以后室内机主板主控继电器触点断开，停止向室外机供电，按压遥控器上高效键4次，显示屏显示代码为“36”，含义为通信故障。

1. 测量通信电压和24V电压

将空调器通上电源但不开机，使用万用表直流电压档，见图6-8左图，黑表笔接室内机接线端子上1号零线N端、红表笔接4号通信SI端测量电压，正常为轻微跳动变化的直流24V，实测为0V，说明室内机主板有故障（注：此时已将室外机引线去掉）。

见图6-8右图，黑表笔不动接N端、红表笔接24V稳压二极管ZD1正极测量电压，实测仍为0V，判断直流24V电压产生电路出现故障。

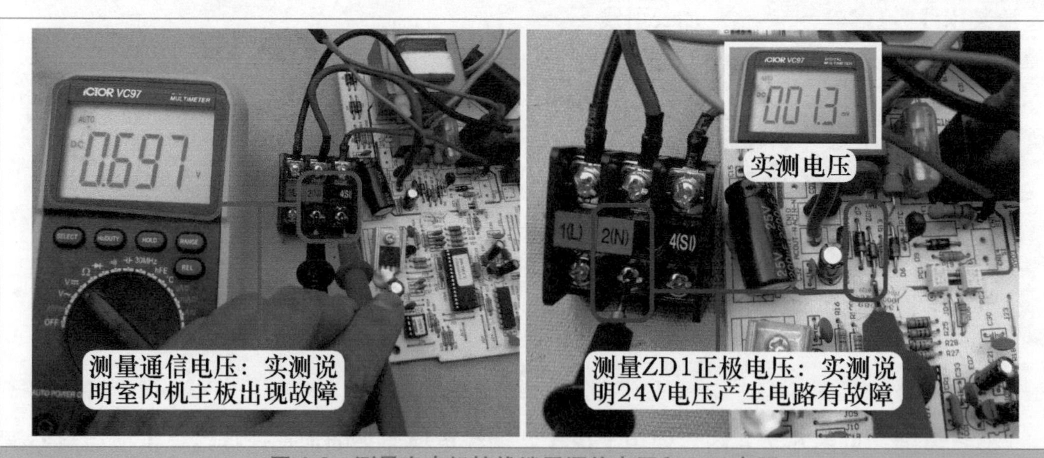

图6-8 测量室内机接线端子通信电压和24V电压

2. 直流24V电压产生电路工作原理

海信KFR-26GW/08FZBPC（a）室内机通信电路直流24V电压产生电路原理图见图6-9，实物图见图6-10，交流220V电压中L端经电阻R10降压、二极管D6整流、电解电容E02滤波、稳压二极管（稳压值24V）ZD1稳压，与电源N端组合在E02两端形成稳定的直流24V电压，为通信电路供电。

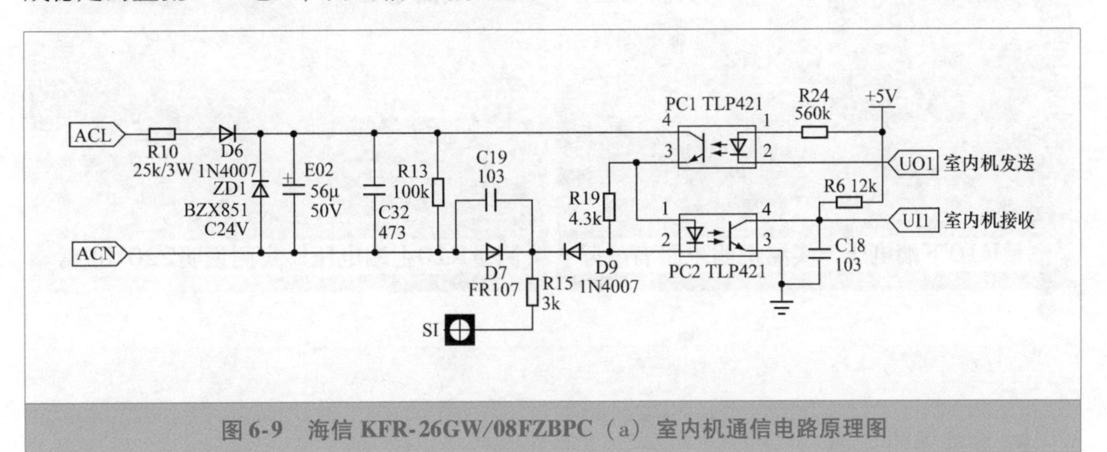

图6-9 海信KFR-26GW/08FZBPC（a）室内机通信电路原理图

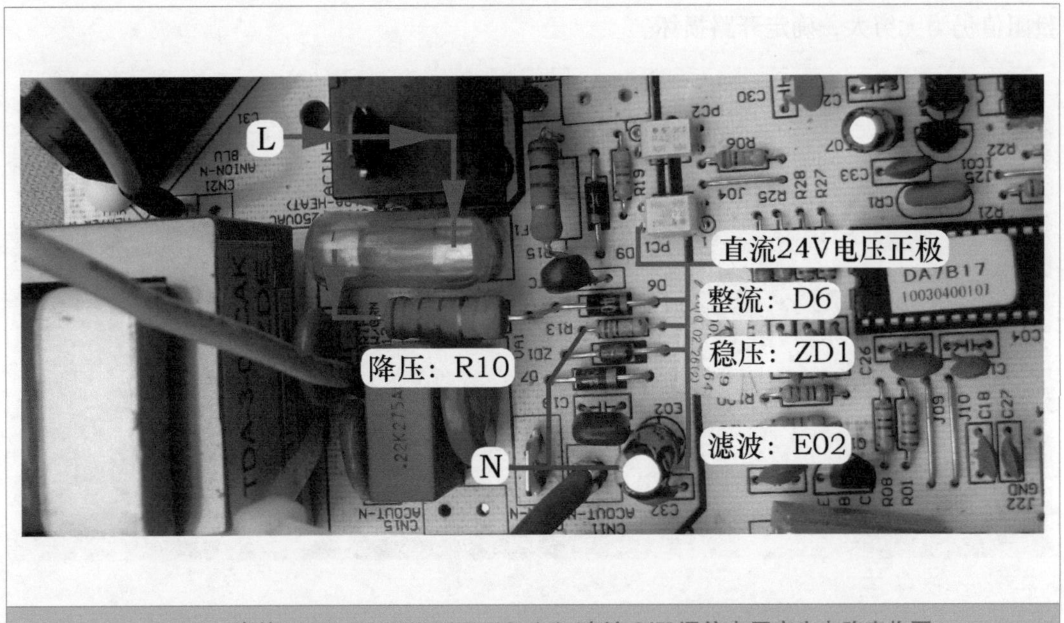

图6-10 海信KFR-26GW/08FZBPC（a）直流24V通信电压产生电路实物图

3. 测量降压电阻两端电压

由于降压电阻为通信电路供电，使用万用表交流电压档，见图6-11，黑表笔不动依旧接零线N端、红表笔接降压电阻R10下端测量电压，实测约为0V；红表笔接R10上端测量电压，实测约为220V等于供电电压，初步判断R10开路。

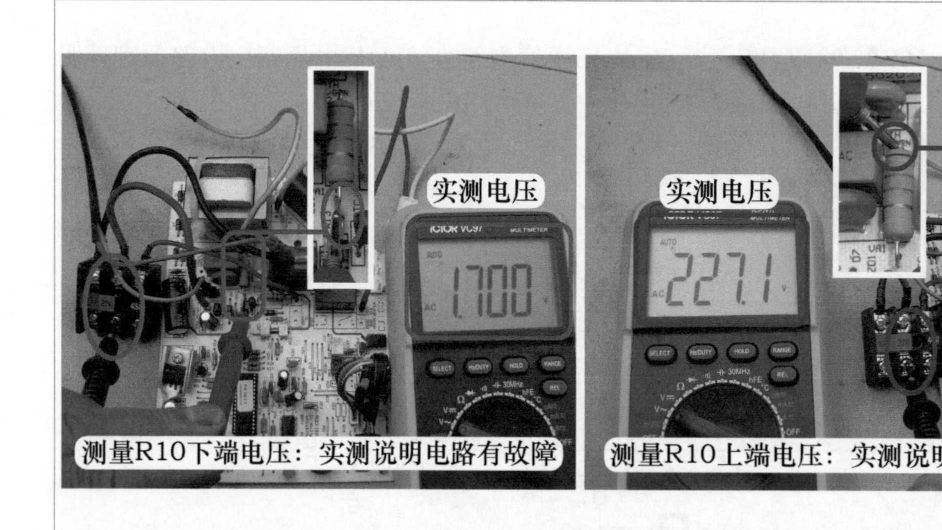

图 6-11　测量降压电阻 R10 下端和上端电压

4. 测量 R10 阻值

断开空调器电源，使用万用表电阻档，见图 6-12，测量电阻 R10 阻值，正常为 25kΩ，在路测量阻值为无穷大，说明 R10 开路损坏；为准确判断，将其取下后，单独测量阻值仍为无穷大，确定开路损坏。

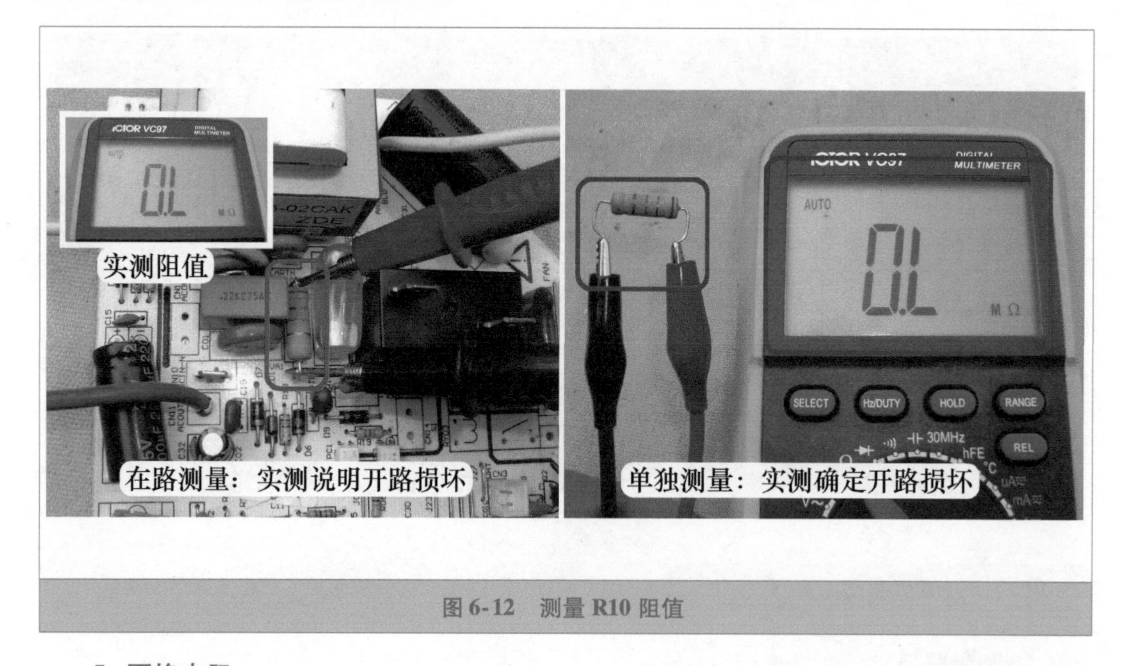

图 6-12　测量 R10 阻值

5. 更换电阻

见图 6-13 和图 6-14，电阻 R10 参数为 25kΩ/3W，由于没有相同型号的电阻更换，实际维修时选用 2 个电阻串联代替，1 个为 15kΩ/2W，1 个为 10kΩ/2W，串联后安装在室内机主板上面。

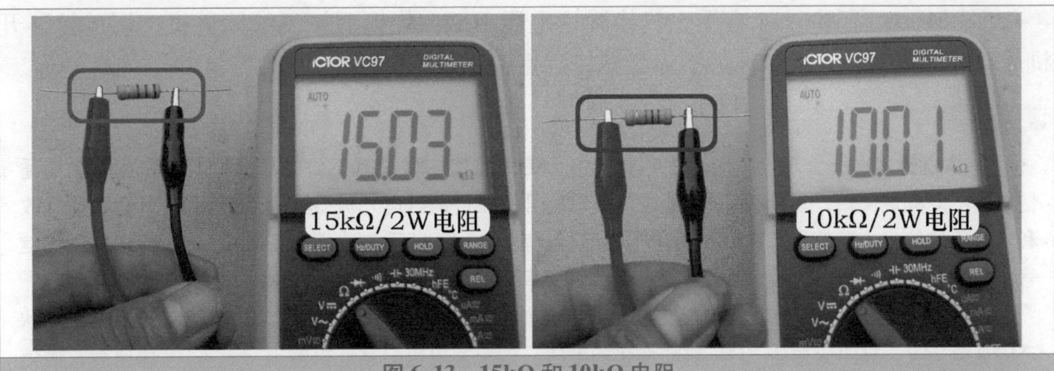

图 6-13 15kΩ 和 10kΩ 电阻

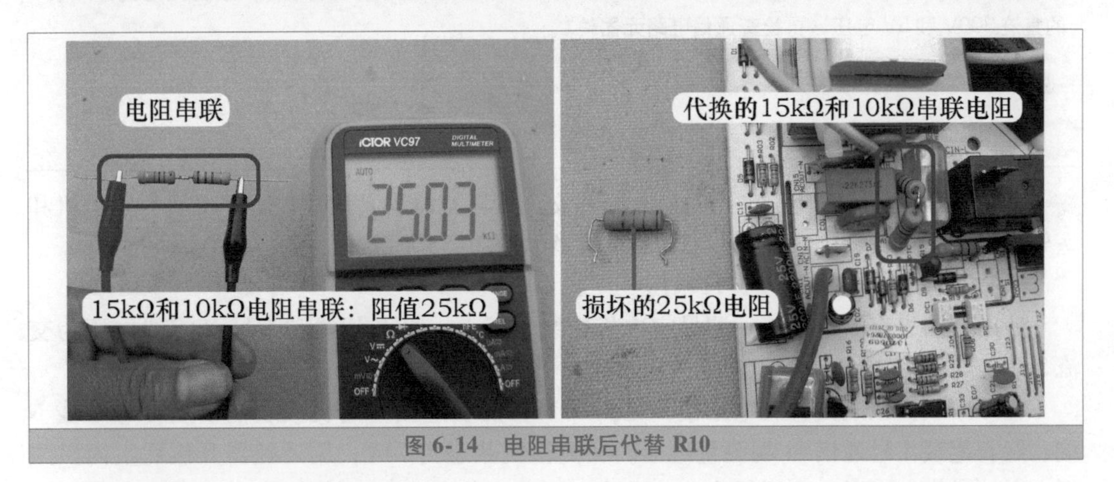

图 6-14 电阻串联后代替 R10

6. 测量通信电压和 R10 下端电压

将空调器通上电源，使用万用表直流电压档，见图 6-15 左图，黑表笔接室内机接线端子上 1 号零线 N 端、红表笔接 4 号 SI 端测量电压，实测为直流 24V，说明通信电压恢复正常。

万用表改用交流电压档，见图 6-15 右图，黑表笔不动依旧接 N 端、红表笔接电阻 R10 下端测量电压，实测约为交流 135V。

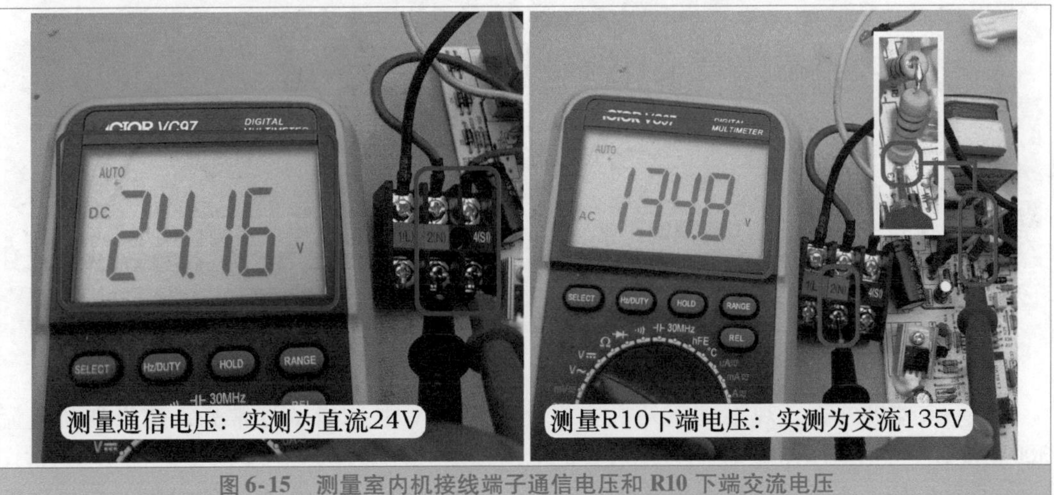

图 6-15 测量室内机接线端子通信电压和 R10 下端交流电压

➡ 维修措施：见图6-14右图，代换降压电阻R10。代换后恢复线路试机，用遥控器开机后室外风机运行，约10s后压缩机开始运行，制冷恢复正常。

总 结：

① 本例通信电路专用电压的降压电阻开路，使得通信电路没有工作电压，室内机和室外机的通信电路不能构成回路，室内机CPU发送的通信信号不能传送到室外机CPU，室外机CPU也不能接收和发送通信信号，压缩机和室外风机均不能运行，室内机CPU因接收不到室外机CPU传送的通信信号，约2min后停止向室外机供电，并记忆故障代码为“通信故障”。

② 用遥控器开机后，室外机得电工作，在通信电路正常的前提下，N与SI端的电压，由待机状态的直流24V，立即变为0～24V跳动变化的电压。如果室内机向室外机输出交流220V供电后，通信电压不变仍为直流24V，说明室外机CPU没有工作或室外机通信电路出现故障，应首先检查室外机的直流300V和5V电压，再检查通信电路元器件。

四、室外机通信电路分压电阻开路

➡ 故障说明：海信KFR-26GW/11BP挂式交流变频空调器，用遥控器开机后，压缩机和室外风机均不运行，同时不制冷。电路原理图见图3-55。

1. 测量室内机接线端子通信电压

使用万用表交流电压档，测量室内机接线端子上1号L相线和2号N零线电压为交流220V，说明室内机主板已向室外机供电。

将万用表档位改为直流电压档，见图6-16，黑表笔接室内机接线端子上2号零线N端、红表笔接4号通信SI端测量电压，实测待机状态为24V，用遥控器开机后室内机主板向室外机供电，通信电压仍为24V不变，说明通信电路出现故障。

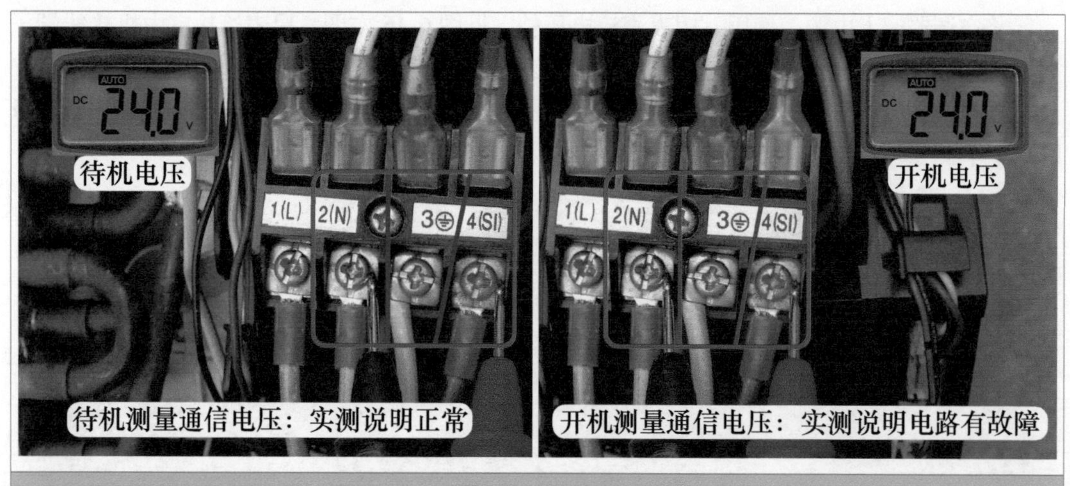

图6-16 测量室内机接线端子通信电压

2. 故障代码

取下室外机外壳，观察到室外机主板上直流12V电压指示灯常亮，初步判断直流300V和12V电压均正常，使用万用表直流电压档测量直流300V、12V、5V电压均正常。

见图6-17，查看模块板上指示灯闪5次，报故障代码含义为“通信故障”；按压遥控器上“传感器切换”键2次，室内机显示板组件上指示灯显示故障代码为“运行（蓝）-电源”灯亮，代码含义为“通信故障”。

室内机CPU和室外机CPU均报“通信故障”的代码，说明室内机CPU已发送通信信号，但室外机CPU未接收到通信信号，同时开机后通信电压为直流24V不变，判断通信电路中有开路故障，重点检查室外机通信电路。

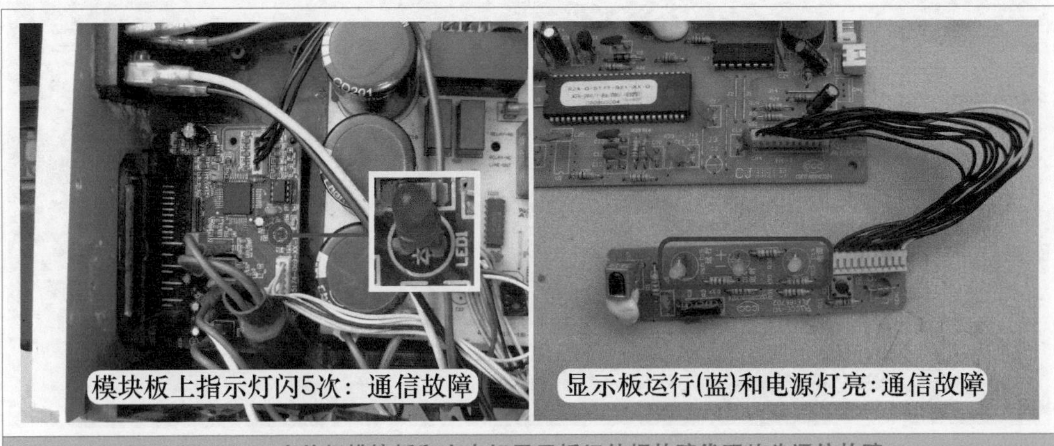

图6-17 室外机模块板和室内机显示板组件报故障代码均为通信故障

3. 测量室外机通信电路电压

在空调器通上电源但不开机（即处于待机状态）时，见图6-18，黑表笔接电源N零线、红表笔接室外机主板上的通信SI线（①处）测量电压，实测为24V，和室外机接线端子上的电压相同。

红表笔接分压电阻R16上端（②处）测量电压，实测为24V，说明PTC电阻TH01阻值正常。

红表笔接分压电阻R16下端（③处）测量电压，正常应和②处电压相同，而实测为0V，初步判断R16阻值开路。

红表笔接发送光耦次级侧集电极引脚（④处）测量电压，实测为0V，和③处电压相同。

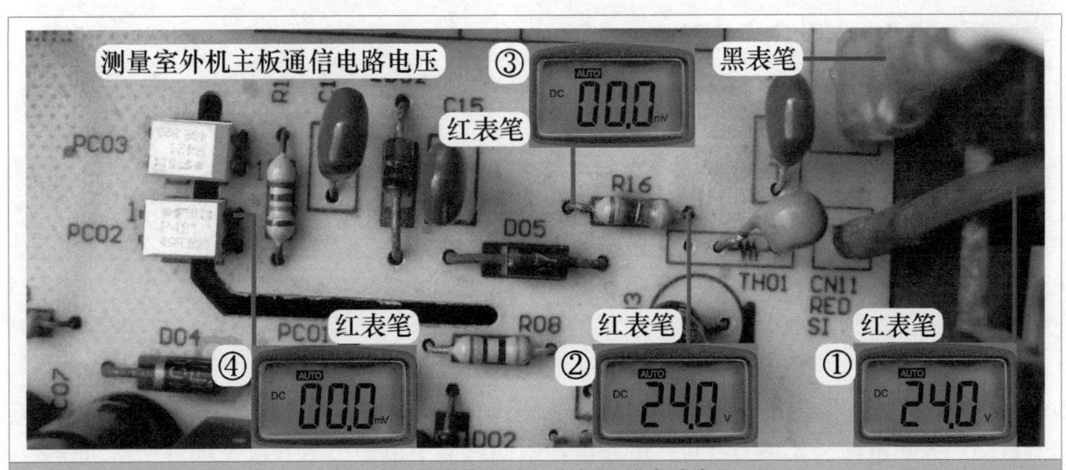

图6-18 测量室外机主板通信电路电压

4. 测量 R16 阻值

R16 上端（②处）电压为直流 24V，而下端（③处）电压为 0V，可大致说明 R16 开路损坏。断开空调器电源，待直流 300V 电压下降至 0V 时，见图 6-19，使用万用表电阻档测量 R16 阻值，正常为 4.7kΩ，实测为无穷大，判断开路损坏。

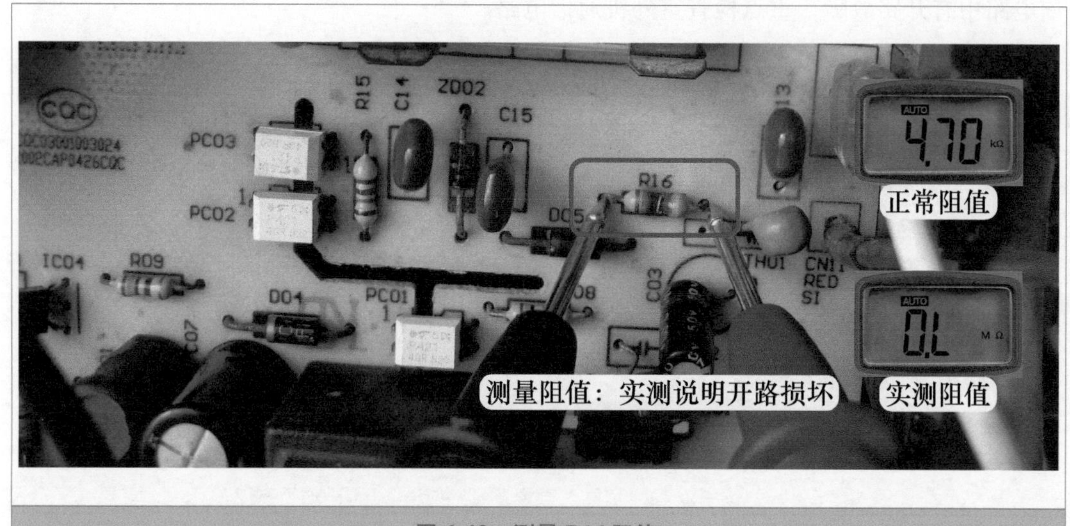

图 6-19 测量 R16 阻值

5. 更换 R16 电阻

见图 6-20，此机室外机主板通信电路分压电阻使用 4.7kΩ/0.25W，在设计时由于功率偏小，容易出现阻值变大甚至开路故障，因此在更换时应选用加大功率、阻值相同的电阻，本例在更换时选用 4.7kΩ/1W 的电阻进行代换。

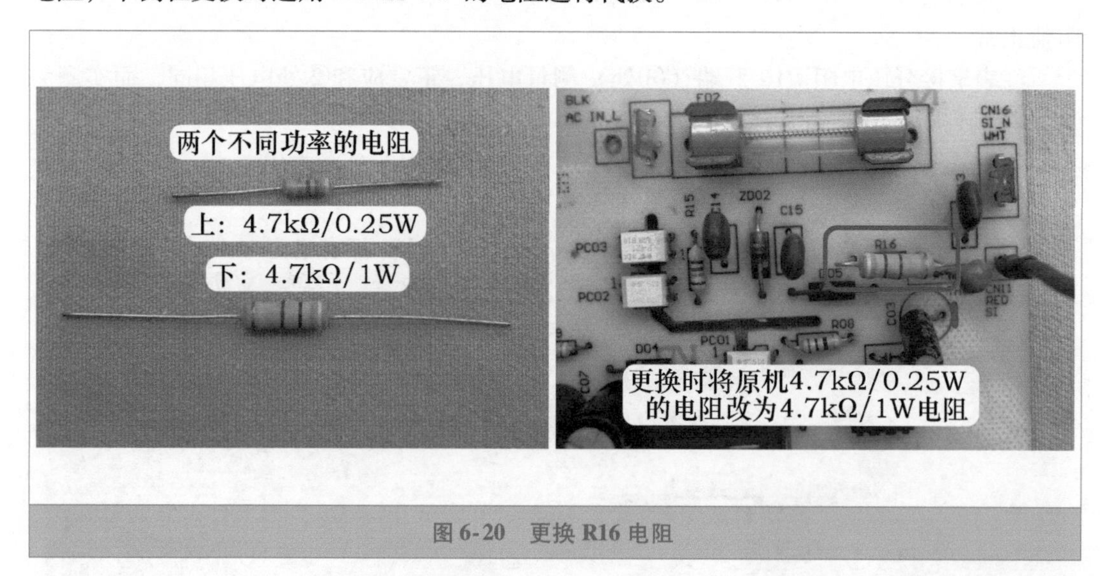

图 6-20 更换 R16 电阻

➡ **维修措施**：更换室外机主板通信电路分压电阻 R16，见图 6-20 右图，参数由原 4.7kΩ/0.25W 更换为 4.7kΩ/1W。更换后在空调器通上电源但不开机（即处于待机状态）时，测量室外机通信电路电压，实测结果见图 6-21。

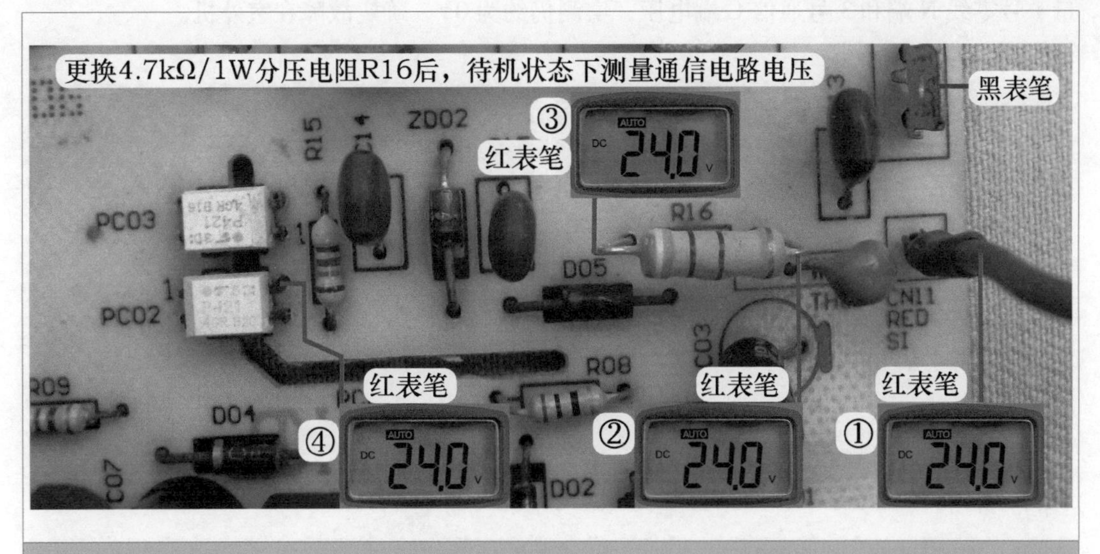

图 6-21 测量室外机主板通信电路电压

总 结：

本例由于分压电阻开路，通信信号不能送至室外机接收光耦，使得室外机 CPU 接收不到室内机 CPU 发送的通信信号，因此通过模块板上指示灯报故障代码为“通信故障”，并不向室内机 CPU 反馈通信信号；而室内机 CPU 因接收不到室外机 CPU 反馈的通信信号，2min 后停止向室外机的交流 220V 供电，并记忆故障代码为“通信故障”。

五、 开关电源电路损坏

➡ 故障说明：海尔 KFR-26GW/(BP) 2 挂式交流变频空调器，用户反映不制冷。上门检查，用遥控器开机，电源指示灯亮，运转指示灯不亮，同时室内风机运行，但室外机不运行，约 2min 后，室内机显示板组件以“电源-定时指示灯灭、运转指示灯闪”报出故障代码，查看代码含义为“通信故障”。

1. 测量室内机和室外机通信电压

将空调器重新上电开机，使用万用表交流电压档，黑表笔接 1 号零线 N 端、红表笔接 2 号相线 L 端测量电压，实测约 220V，说明室内机已向室外机输出供电。将万用表档位改为直流电压档，黑表笔不动依旧接 1 号零线 N 端、红表笔改接 3 号通信 C 端测量电压，实测约为 0V，而正常应为 0～70V 跳动变化的电压，说明通信电路出现故障。

由于本机通信电路直流 140V 专用电源设计在室外机主板，为判断是室内机还是室外机故障，见图 6-22 左图，将室内机、室外机连接线中的红线从 3 号通信 C 端上取下，黑表笔不动依旧接零线 N 端、红表笔接红线测量电压，实测仍约为 0V，说明故障在室外机或室内机、室外机连接线。

到室外机检查，使用万用表交流电压档，测量 1 号 L 端和 2 号 N 端电压为 220V，说明室内机输出的供电已送至室外机。将万用表档位改为直流电压档，见图 6-22 右图，测量1号零线N端和3号通信C端电压，实测仍约为0V，确定故障在室外机。

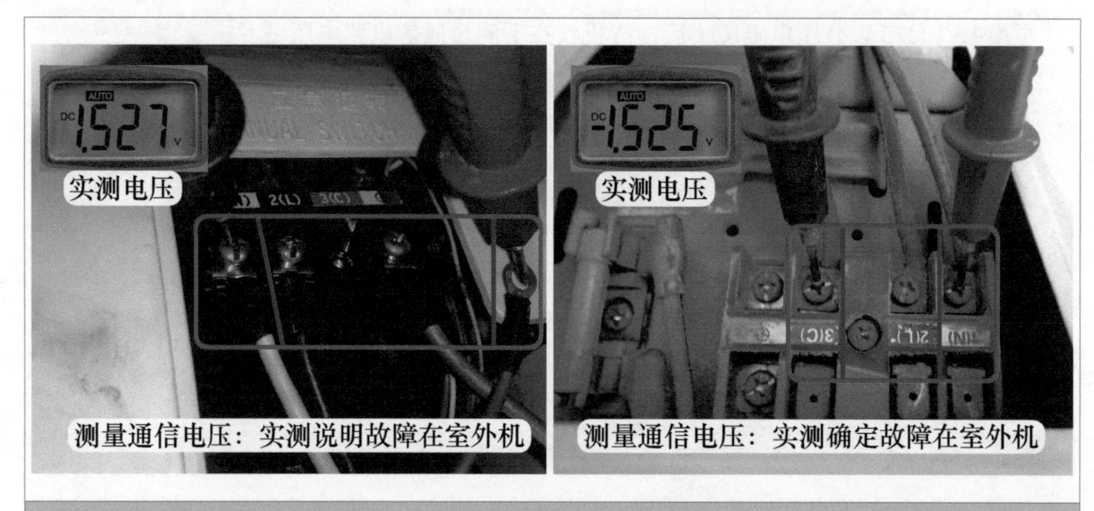

图6-22 测量室内机和室外机通信电压

2. 室外机电控和指示灯不亮

取下室外机上盖，见图6-23左图，查看室外机电控系统主要由主板和模块组成，其中主控继电器、PTC电阻、滤波电容、硅桥均为外置元器件，未设计在室外机主板上。

本机室外机主板设有直流12V和5V指示灯，见图6-23右图，在室外机接线端子为交流220V电压时，查看2个指示灯均不亮，也说明室外机电控系统有故障。

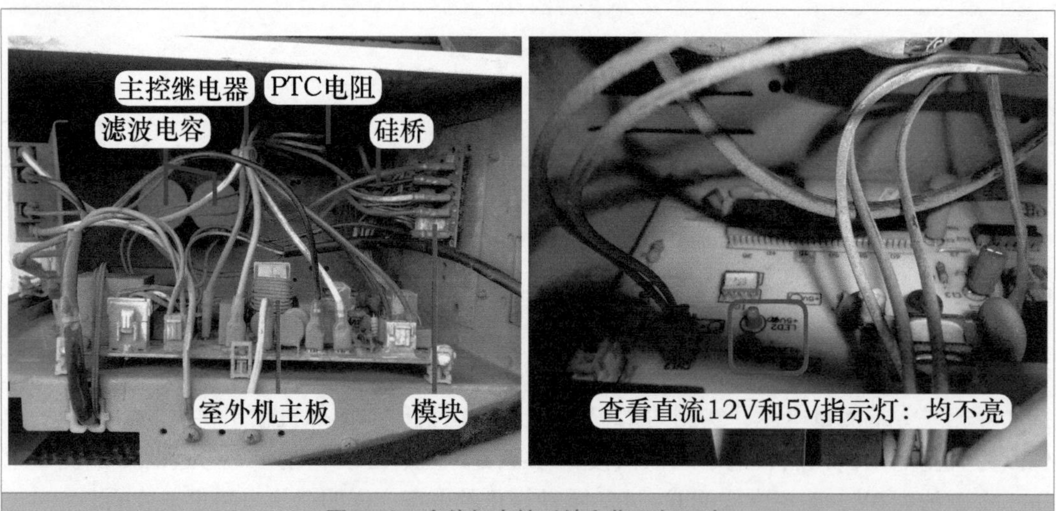

图6-23 室外机电控系统和指示灯不亮

3. 测量直流300V电压和手摸PTC电阻

当直流12V和5V指示灯均不亮时，说明开关电源电路没有工作，应首先测量其工作电压（直流300V），使用万用表直流电压档，见图6-24左图，黑表笔接模块上N端黑线，红表笔接P端红线测量电压，正常应为300V，实测约为0V，判断强电电路开路或直流300V负载有短路故障。

为区分是开路或短路故障，见图 6-24 右图，用手摸 PTC 电阻，感觉表面温度很烫，说明直流 300V 负载有短路故障。

➡ 说明：如果 PTC 电阻表面为常温，通常为强电电路开路故障。

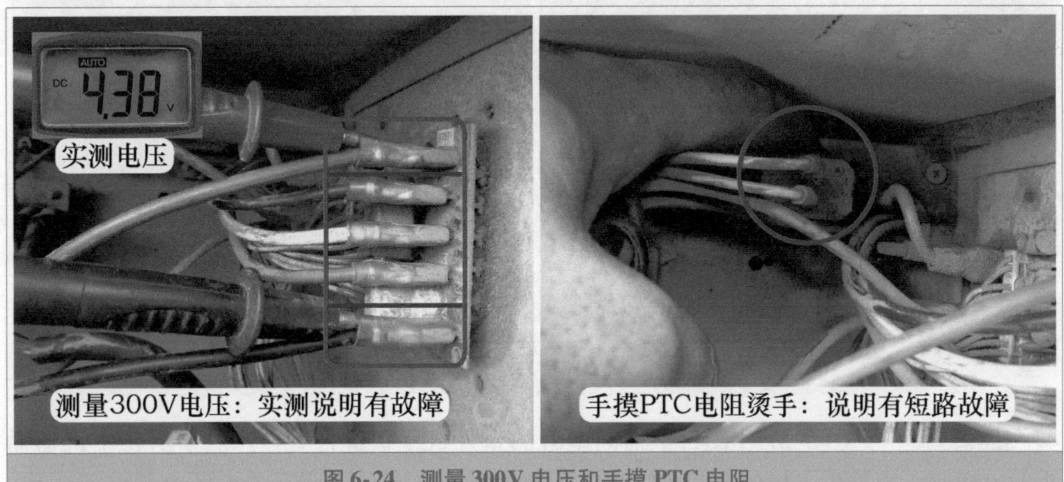

图 6-24 测量 300V 电压和手摸 PTC 电阻

4. 测量模块

直流 300V 主要为模块和开关电源电路供电，而模块在实际维修中故障率较高。断开空调器电源，见图 6-25，拔下模块 P 端红线、N 端黑线、U 端黑线、V 端白线、W 端红线共 5 根引线，使用万用表二极管档，测量 5 个端子，红表笔接 N 端、黑表笔接 P 端，实测为 734mV；红表笔接 N 端、黑表笔接 U-V-W 端时，实测均为 408mV；黑笔表接 P 端，红表笔接 U-V-W 端时，实测均为 408mV；根据测量结果，判断模块正常。

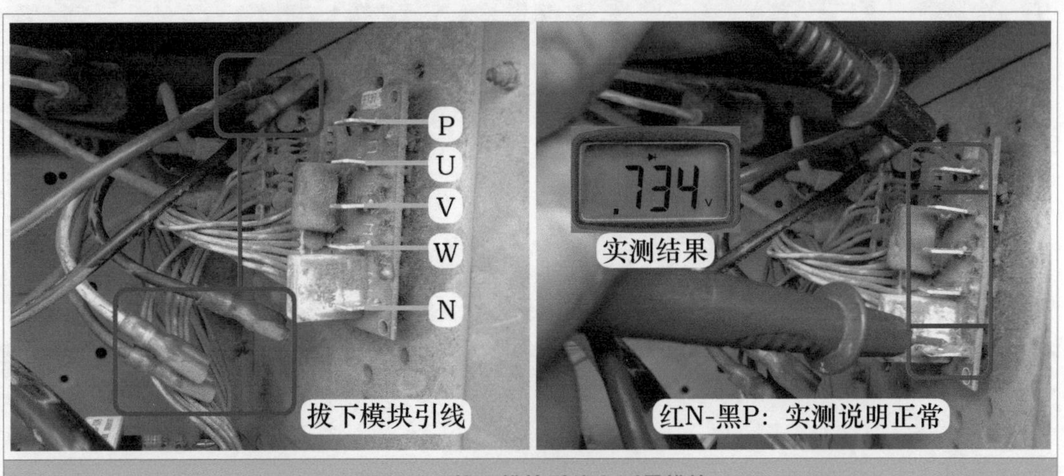

图 6-25 拔下模块引线和测量模块

5. 测量开关电源电路供电插座阻值

直流 300V 的另 1 个负载为开关电源电路，见图 6-26，拔下为其供电的插头（设有红线和黑线共 2 根引线），使用万用表电阻档，直接测量插座引针阻值，实测约为 0Ω，说明开关电源电路短路损坏。

图 6-26 拔下 300V 供电插头并测量插座阻值

➡ 维修措施：见图 6-27 左图，申请同型号的室外机主板进行更换。更换后将空调器插头插入插座，室外机主板的直流 12V 和 5V 指示灯即点亮，说明开关电源电路已经工作。使用万用表直流电压档，见图 6-27 右图，黑表笔接模块 N 端黑线、红表笔接 P 端红线测量电压，实测为 309V。恢复室内机、室外机连接线中通信红线至室内机 3 号端子，使用遥控器制冷模式开机，室外风机和压缩机均开始运行，制冷恢复正常，故障排除。

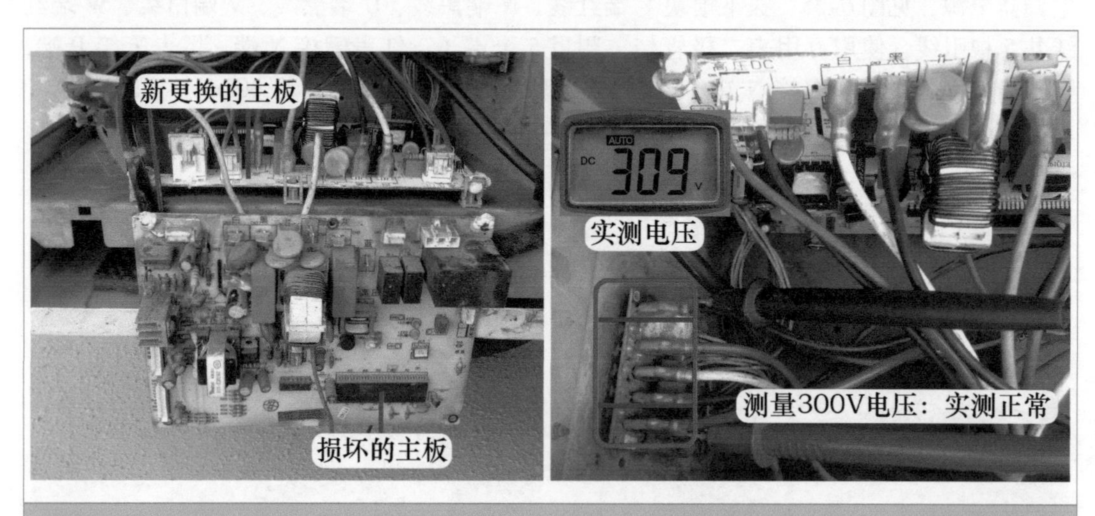

图 6-27 更换主板和测量 300V 电压

总 结：

① 本机室内机主板未设主控继电器，空调器插头插入电源插座，室内机上电后即向室外机供电，开关电源电路一直处于工作状态，故障率相对较高，通常为开关管的集电极 C 和发射极 E 短路，造成直流 300V 电压为 0V，室外机主板不能工作，室内机报出通信故障的代码。

② 本机制冷系统使用的四通阀比较特别，四通阀线圈上电时为制冷模式，线圈断电时为制热模式，和常规空调器不同。

第二节 室内机电路故障

一、变压器损坏

➡ 故障说明：海信 KFR-2601GW/BP 挂式交流变频空调器，上电后无反应，使用遥控器不能开机。图 6-28 为电源电路原理图。

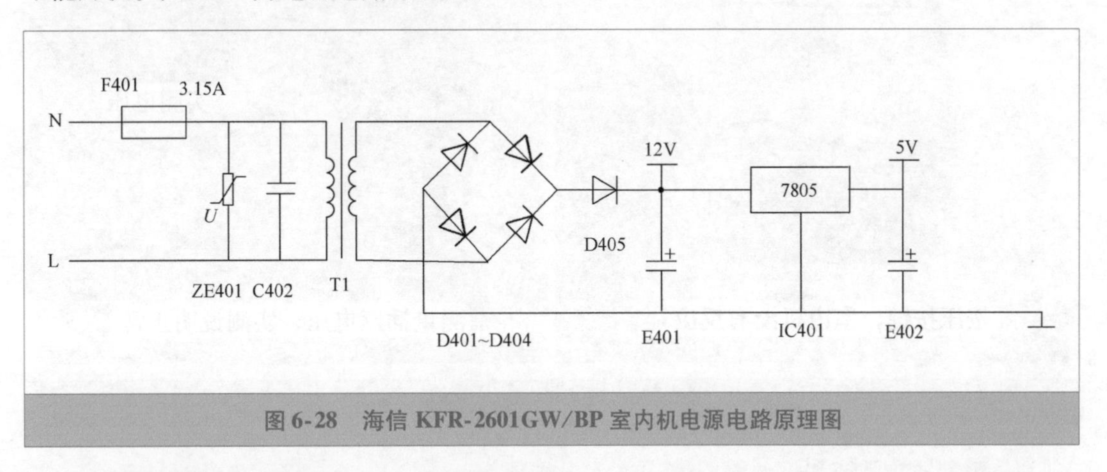

图 6-28 海信 KFR-2601GW/BP 室内机电源电路原理图

1. 用手扳动导风板至中间位置后通电试机

将导风板扳至中间位置，见图 6-29 左图，再将空调器通上电源，观察导风板，如果导风板能自动关闭，说明主板直流 12V、5V 供电正常，且 CPU 三要素电路工作正常；如果导风板不动，则说明主板直流 12V、5V 供电不正常或者空调器没有工作电源，也有可能为 CPU 三要素电路故障。

见图 6-29 右图，本例将导风板扳动至中间位置，空调器通上电源后导风板不动。

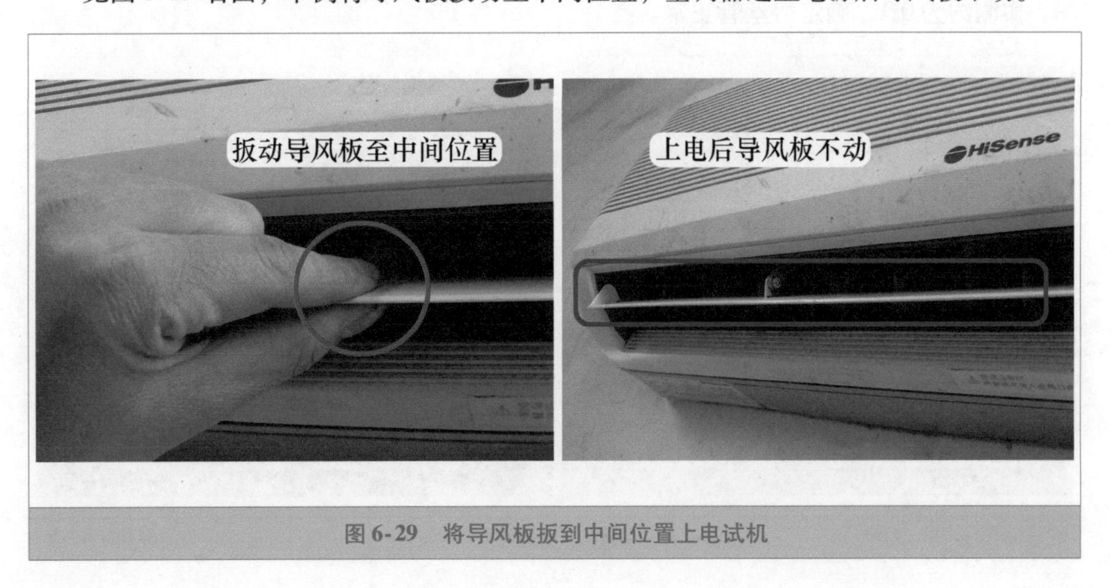

图 6-29 将导风板扳到中间位置上电试机

2. 按压“应急开关”按键和测量插座电压

见图6-30左图，按压显示板组件上的“应急开关”按键，室内机蜂鸣器不响、导风板不动、室内风机不运行、指示灯不亮，即没有任何反应，也表明室内机主板CPU没有工作。

使用万用表交流电压档，见图6-30右图，测量空调器插座电压，如果为交流0V，则说明空调器没有供电，主要检查用户的断路器（俗称空气开关）、空调器插座等，检查故障并排除；如果为220V则说明供电正常，本例实测为224V，说明插座电压正常。

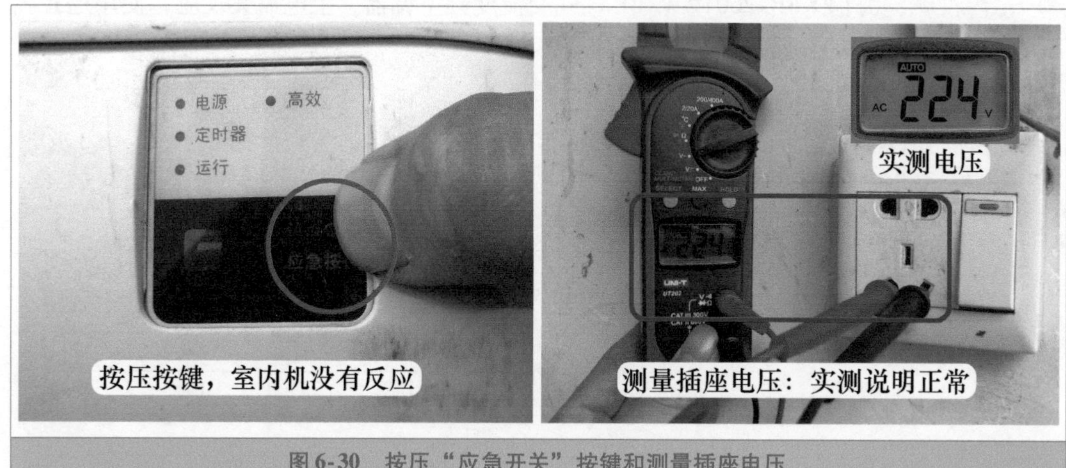

图6-30　按压“应急开关”按键和测量插座电压

3. 测量插头阻值和熔丝管阻值

由于变压器一次绕组与交流220V电源并联，所以测量插头L、N阻值相当于测量变压器一次绕组阻值，见图6-31左图，使用万用表电阻档，测量插头L、N阻值为无穷大，需要重点检查变压器一次绕组阻值和熔丝管（俗称保险管）阻值。

断开空调器电源，取下室内机外壳，抽出主板，首先查看熔丝管，目测内部熔丝没有熔断，初步判断正常，为准确判断，使用万用表电阻档测量熔丝管阻值，见图6-31右图，实测约为0Ω，确定熔丝管正常。

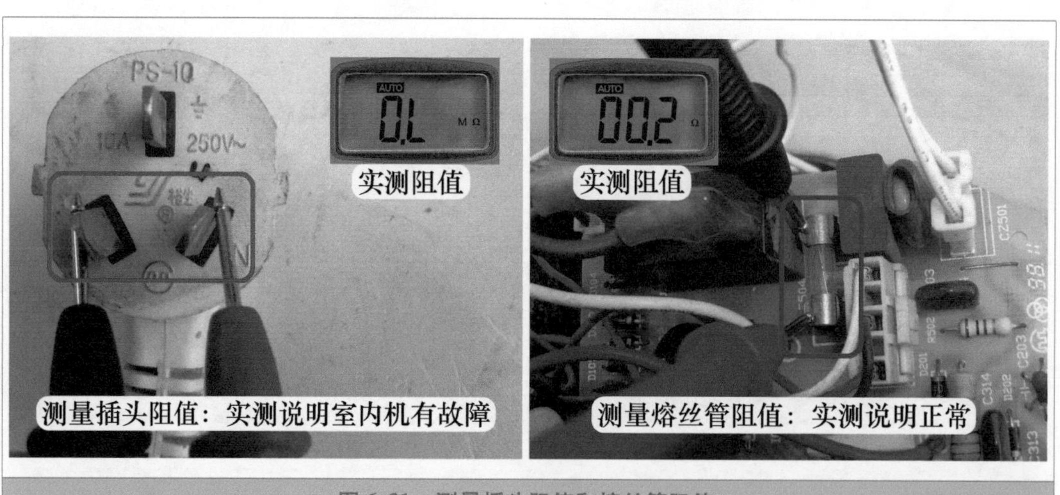

图6-31　测量插头阻值和熔丝管阻值

4. 测量变压器绕组阻值

使用万用表电阻档，测量变压器绕组阻值，测量时应将变压器一次绕组和二次绕组插头从主板上拔下单独测量，见图6-32，实测一次绕组阻值为无穷大，二次绕组阻值为1.6Ω，说明变压器一次绕组开路损坏。

➡ 说明：如果测量一次绕组阻值正常（为300～700Ω），应当测量电源线阻值。

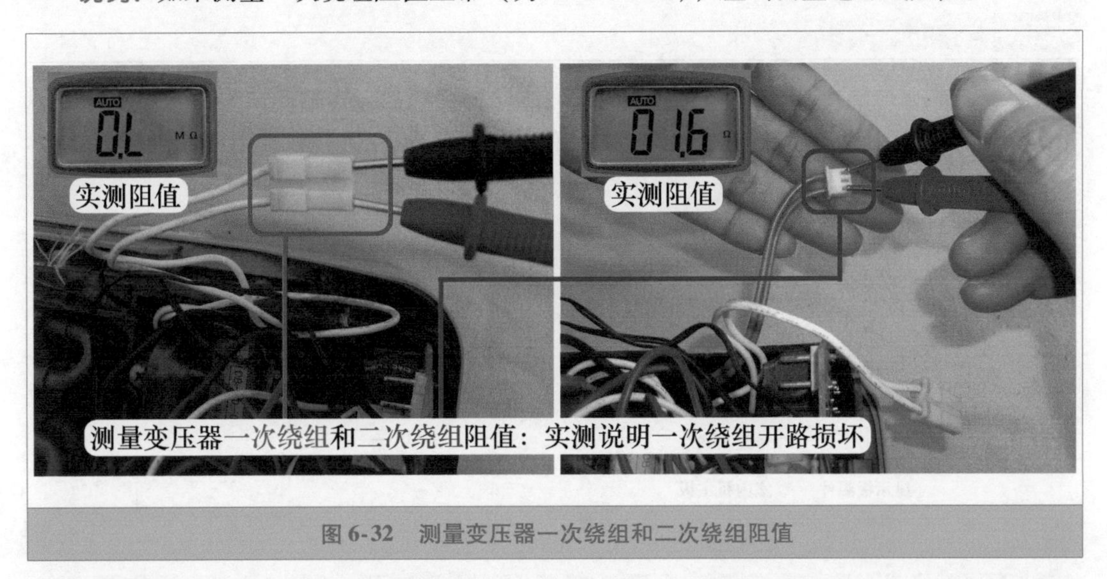

图6-32　测量变压器一次绕组和二次绕组阻值

➡ 维修措施：见图6-33左图和中图，更换变压器，将更换后将空调器通上电源，导风板自动关闭，说明CPU已经开始工作，也间接说明室内机主板直流12V和5V电压正常。按遥控器开关按键，蜂鸣器响一声后，导风板打开，室内风机运行，压缩机和室外风机也开始运行，空调器制冷恢复正常，故障排除。

拔下空调器电源插头，使用万用表电阻档，见图6-33右图，测量插头L和N阻值，实测为337Ω。

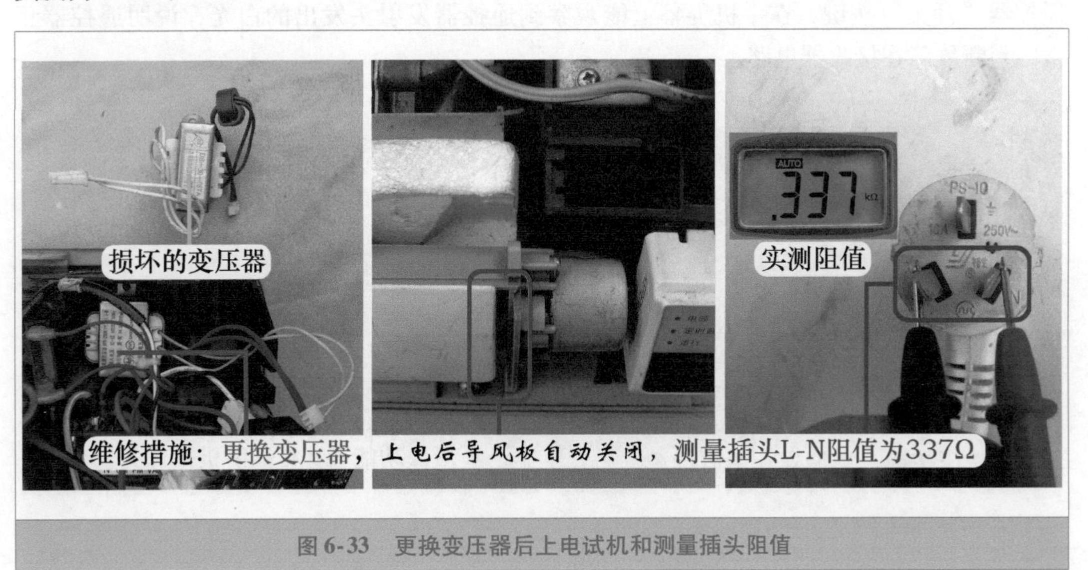

图6-33　更换变压器后上电试机和测量插头阻值

总 结：

变压器一次绕组开路引起空调器上电无反应的故障，在实际维修中占到很大的比例，本例检修思路和定频空调器基本相同，按定频空调器上电无反应故障的检修步骤，同样可以检查出故障根源。

二、接收器损坏

➡ 故障说明：海信 KFR-2601GW/BP 挂式交流变频空调器，将电源插头插入插座，导风板自动关闭，使用遥控器开机时，室内机没有反应。图 6-34 为接收器电路原理图。

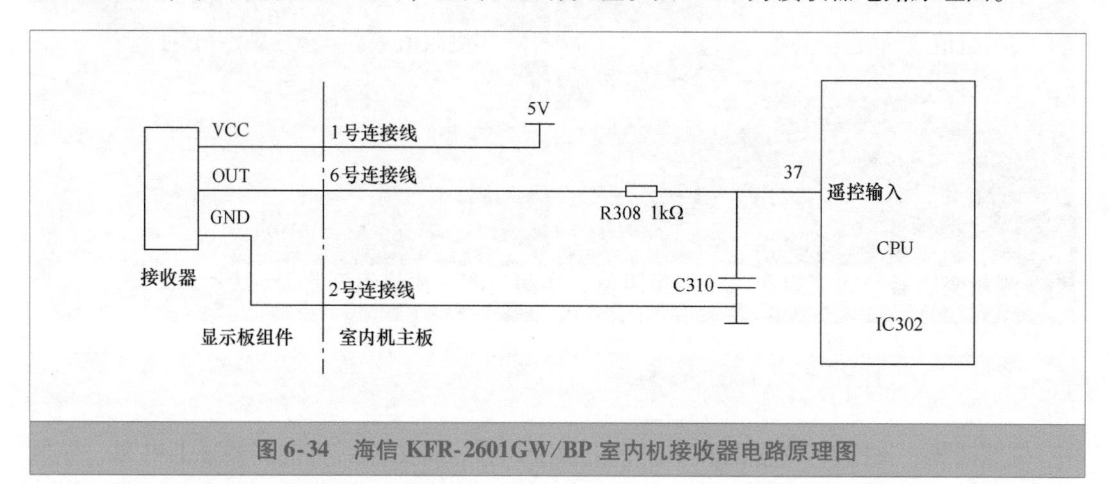

图 6-34 海信 KFR-2601GW/BP 室内机接收器电路原理图

1. 按压按键开机和检测遥控器

见图 6-35 左图，按压显示板组件上“应急开关”按键，导风板自动打开，室内风机运行，制冷正常，判断故障为遥控器损坏或接收器损坏。

打开手机的摄像功能，见图 6-35 右图，并将遥控器发射头对准手机的摄像头，按压遥控器“开关”按键，在手机屏幕上能观察到遥控器发射头发出的白光，说明遥控器正常，判断故障在接收器电路。

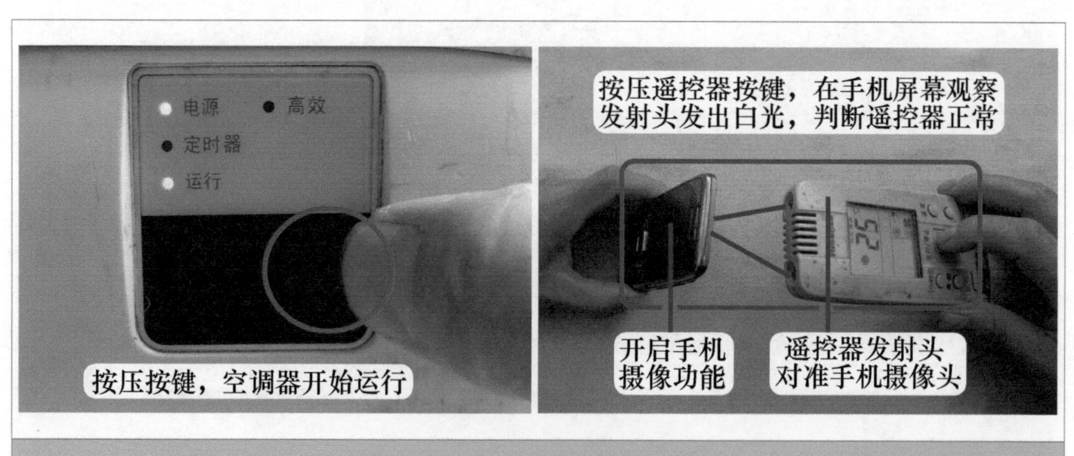

图 6-35 按压按键和检测遥控器

2. 测量接收器电源和信号引脚电压

使用万用表直流电压档，见图6-36左图，黑表笔接接收器地（GND）引脚、红表笔接电源引脚（VCC、供电）测量电压，正常为5V，实测为5V，说明供电电压正常。

见图6-36右图，黑表笔不动仍旧接地、红表笔接信号引脚（OUT、输出）测量电压，在静态即不接收遥控器信号时应接近供电电压5V，而实测约为3V，初步判断接收器出现故障。

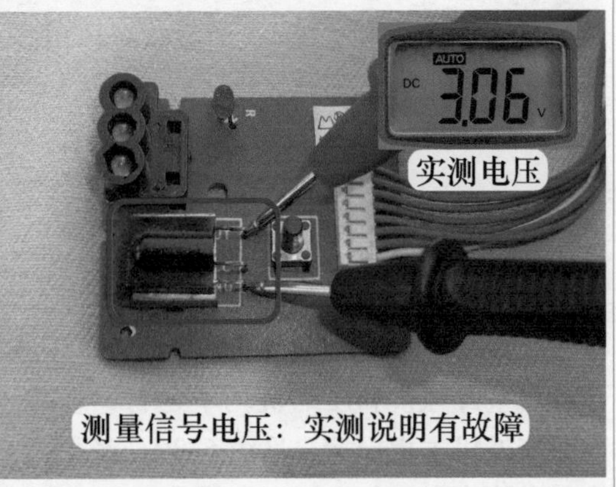

图6-36 测量接收器电源和信号引脚电压

3. 动态测量接收器信号引脚电压

见图6-37，按压遥控器“开关”按键，动态测量接收器信号引脚电压，接收器接收遥控器信号同时应有电压下降过程，而实测不变一直恒定约为3V，确定接收器损坏。

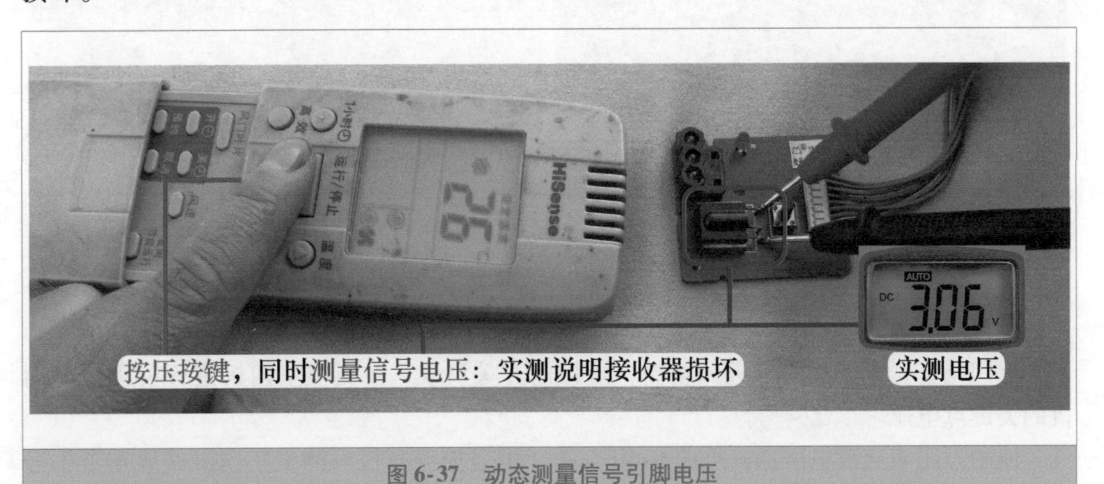

图6-37 动态测量信号引脚电压

➡ **维修措施**：见图6-38，本机接收器型号为0038，更换接收器后按压遥控器“开关”按键，室内机主板蜂鸣器响一声后，导风板打开，室内风机运行，制冷正常，不接收遥控器信号故障排除。

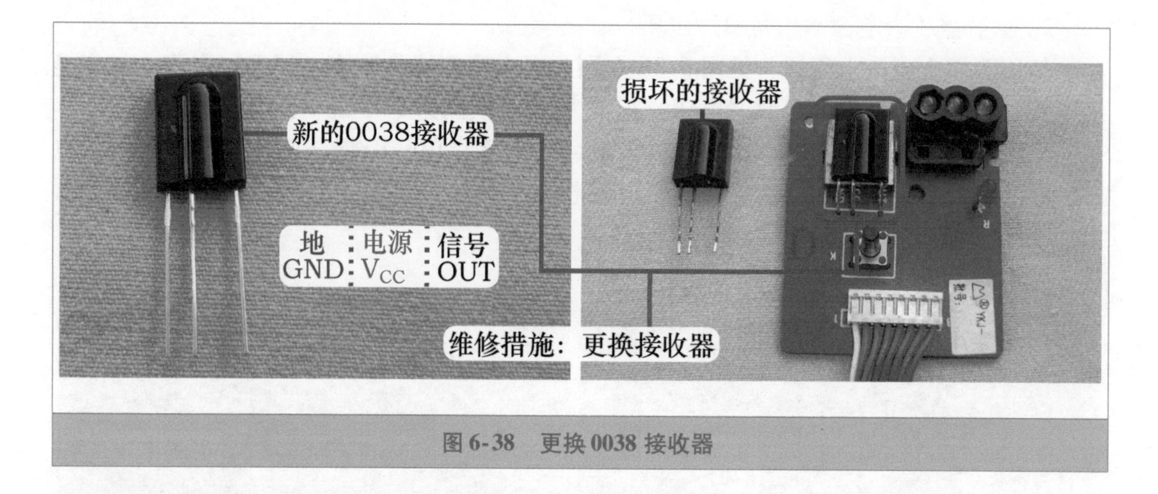

图 6-38 更换 0038 接收器

三、室内管温传感器阻值变小

➡ 故障说明：海信 KFR-45LW/39BP 柜式交流变频空调器，先前由同事维修，用遥控器开机后室外风机和压缩机均不运行，检查室外机主板直流 300V、12V、5V 电压均正常，判断室外机主板损坏，见图 6-39，经更换后故障依旧，又判断为室内机主板故障，在更换时邀请作者一起去用户家维修。

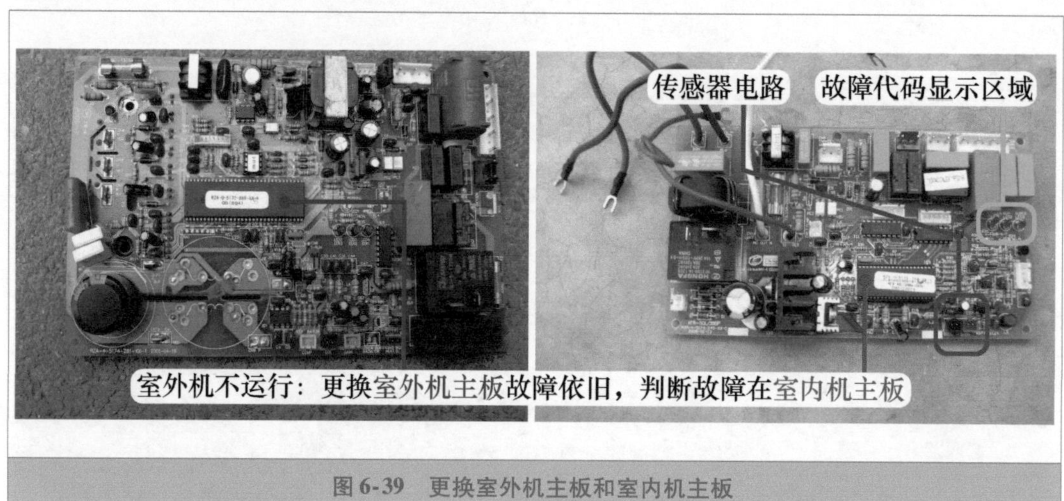

图 6-39 更换室外机主板和室内机主板

1. 测量接线端子电压

上门检查，取下室内机进风格栅，短接门开关引线，在更换室内机主板前测量室内机的关键点电压。

使用万用表交流电压档，见图 6-40 左图，用遥控器开机后测量室内机接线端子 1 号相线 L 端和 2 号零线 N 端电压为交流 220V，说明室内机主板已向室外机输出供电。

将万用表档位改为直流电压档，见图 6-40 右图，黑表笔接 2 号零线 N 端、红表笔接 4 号通信 SI 端测量电压，开机后为 0～24V 跳动变化的直流电压，判断室外机主板 CPU 工作正常，且通信电路也工作正常。

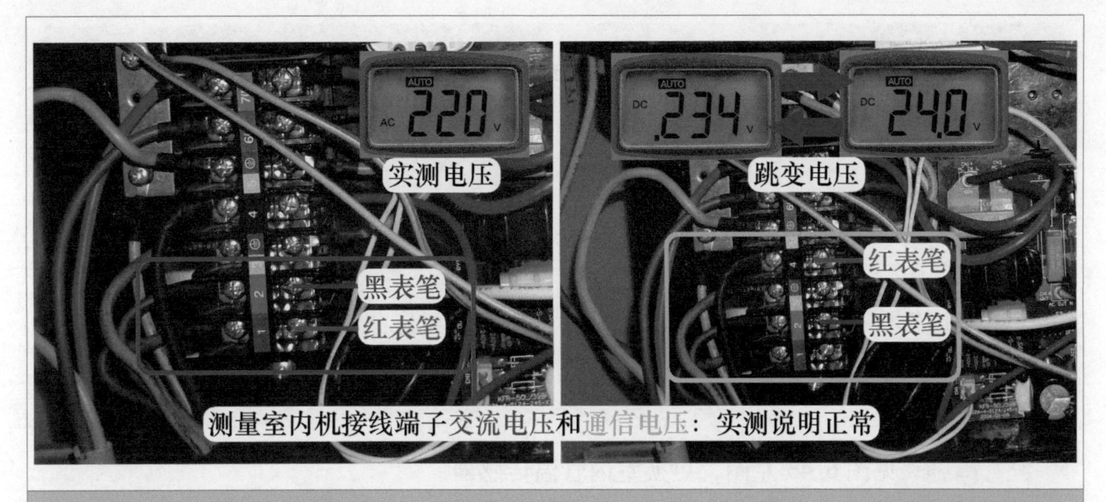

图 6-40　测量室内机接线端子供电和通信电压

2. 测量传感器电路电压

使用万用表直流电压档，见图 6-41，黑表笔接室内机主板 7805 中间引脚地、红表笔测量室内机环温和管温传感器插座电压，此时室内温度约为 30℃。

测量室内环温传感器（ROOM）红色插座 CN11，供电电压（①处）为 5V，分压点电压（②处）为 2.7V；测量室内管温传感器（COIL）黑色插座 CN12，供电电压（③处）为 5V，分压点电压（④处）为 4.7V；同一温度下环温分压点和管温分压点电压相差约 2V，初步判断室内管温传感器分压电路出现故障。

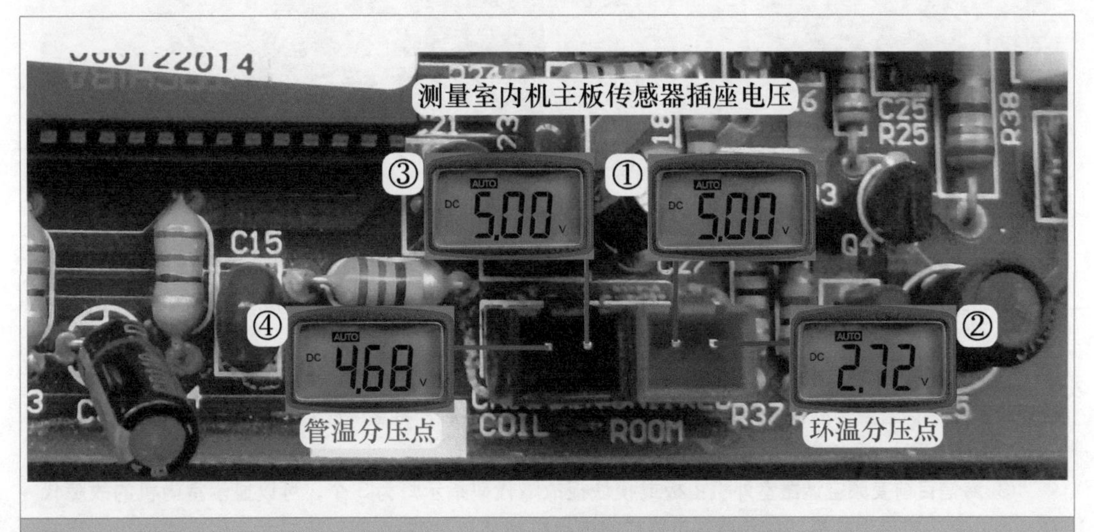

图 6-41　测量室内机主板环温和管温传感器插座电压

3. 测量传感器阻值

拔下室内环温和室内管温传感器插头，见图 6-42，使用万用表电阻档，测量管温传感器阻值为 357Ω，环温传感器阻值约为 4kΩ，管温传感器阻值正常时应和环温传感器相等约为 5kΩ，根据测量结果判断管温传感器阻值变小损坏。

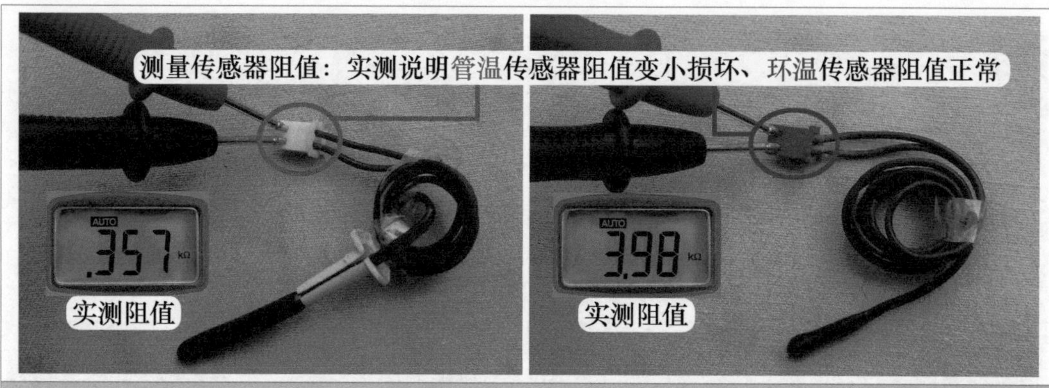

图 6-42 测量室内机环温和管温传感器阻值

➡ 维修措施：见图 6-43 左图，更换室内管温传感器。

应急措施：由于室内管温传感器安装在蒸发器管壁上面，需要取下室内机上面板和蒸发器挡板才能更换，应急试机见图 6-43 右图，可将待更换的管温传感器探头插在室内机、室外机连接管道中的粗管（回气管）保温套内，并使探头紧靠粗管。

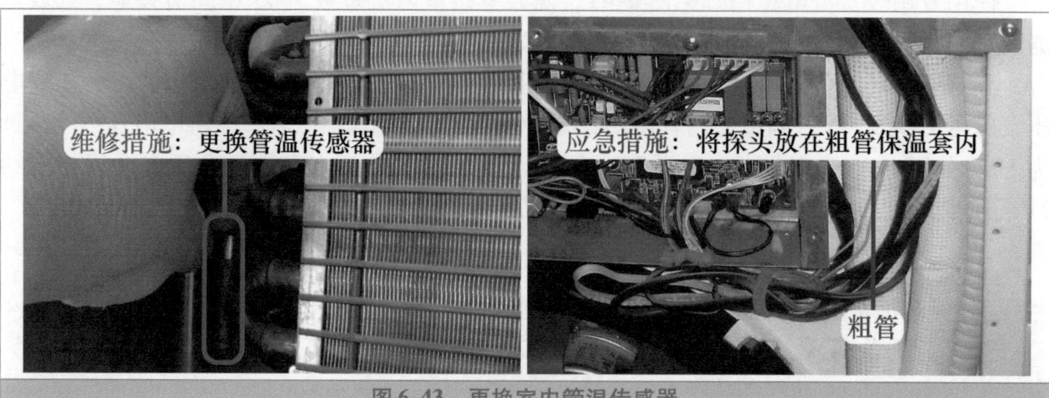

图 6-43 更换室内管温传感器

总 结：

① 定频空调器室内管温传感器阻值变大或变小损坏，通常表现为室内机主板不向室外机供电。如果输出交流电压，压缩机和室外风机运行，系统就开始制冷，由于传感器损坏不能正确检测蒸发器温度，会导致系统进入不正常的状态。

② 变频空调器室内机和室外机均设有电控系统，主板 CPU 通过通信电路传送信号，即使室内机出现故障如室内管温传感器损坏，室内机主板向室外机供电后，将温度信号和控制命令经通信电路传送至室外机 CPU，可控制压缩机和室外风机均不运行。

③ 海信目前变频空调器室外机主板或模块板故障代码指示灯为 3 个，可以显示室内机的故障代码，因此室内机出现故障（如传感器电路或室内风机损坏），均能在室外机显示，因此室内机出现故障时，室内机通常向室外机供电。

④ 海信早期变频空调器室外机故障代码指示灯通常只有 1 个，不能显示室内机的故障代码，当室内机出现故障时，室内机通常不向室外机供电，和定频空调器基本相同。

⑤ 从本例也可以看出，即使元器件出现相同的故障，不同时期的电控系统表现出的故障现象也不一样，在维修时需要注意。

四、室内风机线圈开路

➡ 故障说明：海信 KFR-26GW/27BP 挂式交流变频空调器，用遥控器开机后不制冷，室内风机和室外机均不运行。

1. 更换室内机主板

将空调器通上电源，使用遥控器开机，显示屏点亮，导风板打开，但室内风机和室外机均不运行。使用万用表直流电压档，测量通信电路电压在3V～15V～24V之间跳动变化，说明通信电路正常。

使用万用表电阻档，见图6-44，测量环温和管温传感器阻值均约为5kΩ，说明环温和管温传感器正常。分析故障由于室内风机和室外机均不运行，判断为室内机主板损坏，申请相同型号的主板更换后，上电试机故障依旧，说明原室内机主板正常。

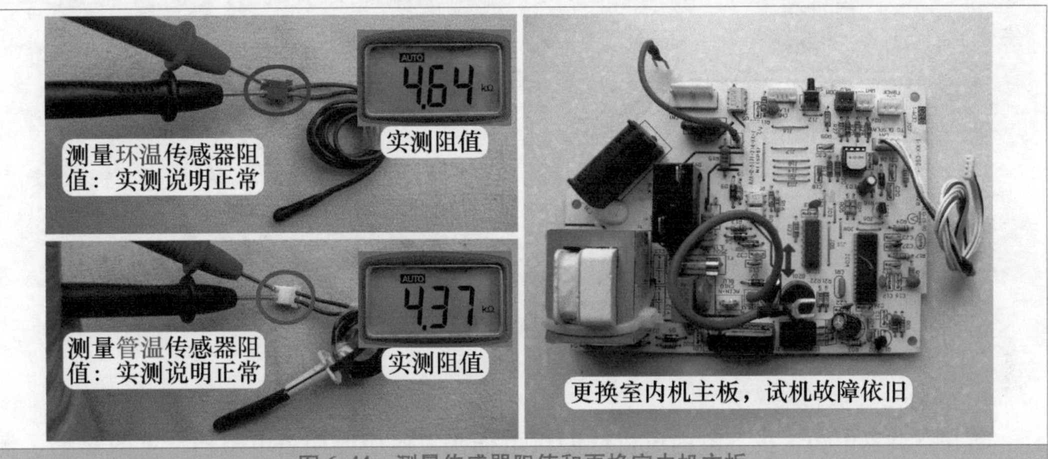

图6-44 测量传感器阻值和更换室内机主板

2. 测量室内风机线圈插座电压

由于室内风机也不运行，因此使用万用表交流电压挡，见图6-45，测量室内风机线圈插座电压，将空调器通上电源但不开机（即处于待机状态下），实测约为交流6V；使用遥控器开机后，室内风机线圈插座电压为交流220V，但此时室内风机仍不运行，判断室内机主板输出交流电压正常，应测量线圈阻值。

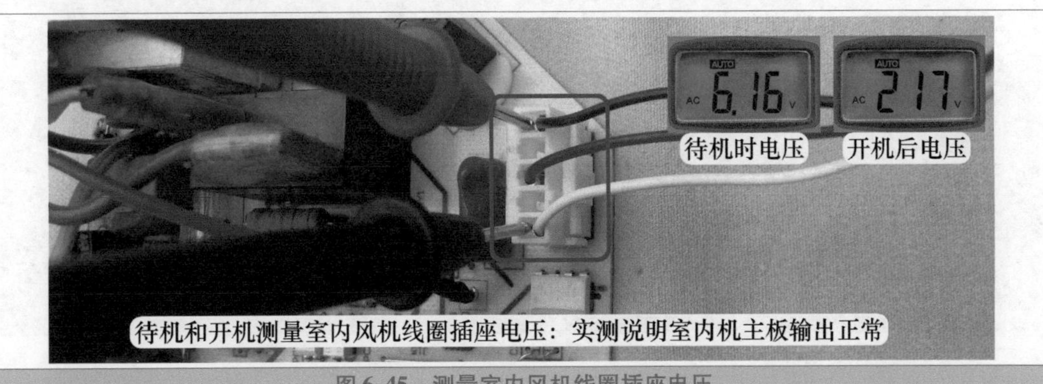

图6-45 测量室内风机线圈插座电压

➡ 说明：室内机 CPU 在接收不到室内风机（PG 电机）输出的霍尔反馈信号，约 10s 后停止驱动室内风机，此时线圈插座电压降至待机状态电压（约为交流 6V）。

3. 室内风机

见图 6-46，此机室内风机使用 PG 电机，型号为 YYW14-4，共有 2 组插头，分别为线圈供电插头和霍尔反馈插头，每组各有 3 根引线，电机铭牌标注有引线颜色的功能。

线圈供电插头：白线为公共端 C、黑线为运行绕组 R、红线为起动绕组 S。

霍尔反馈插头：棕线为供电 VCC 接直流 5V、黑线为霍尔信号输出 VOUT 通过电阻接 CPU 相关引脚、黄线为地 GND 接直流地。

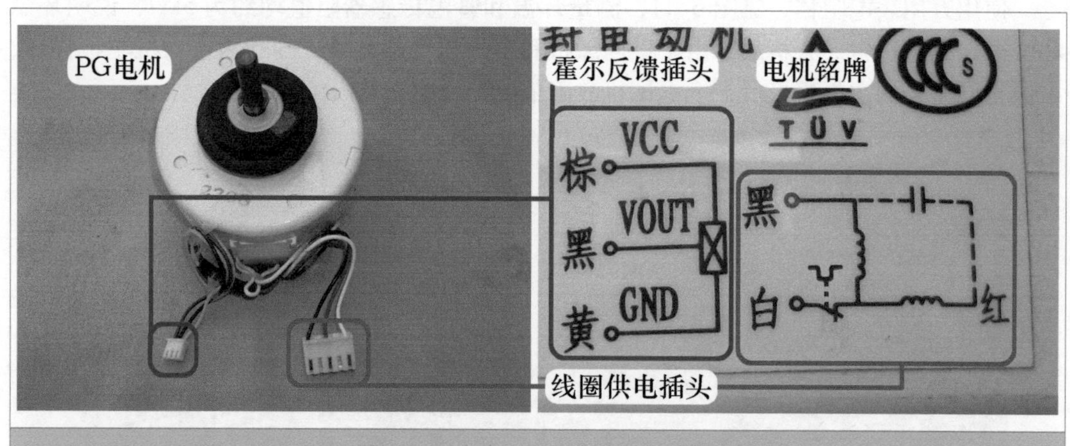

图 6-46 室内风机实物外形和铭牌

4. 测量室内风机线圈阻值

断开空调器电源，拔下室内风机线圈供电插头，使用万用表电阻档，见图 6-47，测量线圈阻值，实测公共端白线 C 和运行绕组黑线 R 阻值为 333Ω，而白线 C 和起动绕组红线 S 阻值为无穷大、黑线 R 和红线 S 阻值为无穷大，综合 3 次测量结果，说明起动绕组红线 S 开路损坏。

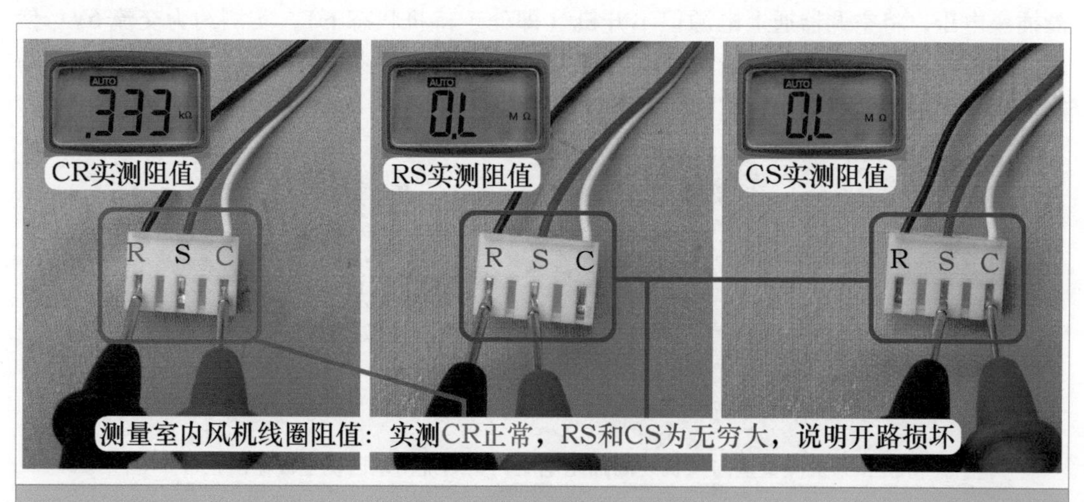

图 6-47 测量室内风机线圈阻值

➡ **维修措施**：更换室内风机。更换后用遥控器以制冷模式开机，室内风机运行，压缩机和室外风机也开始运行，手摸蒸发器逐渐变凉，空调器开始制冷，故障排除。

总 结：

本例在维修中走了弯路，因为室内风机和室外机均不运行，开始将故障点放到室外机不运行，更换室内机主板不起作用后才检查室内风机。普通定频空调器室内风机不运行，室外机也能运行很短的时间，变频空调器此点与定频空调器不一样，室内机主板 CPU 检测不到室内风机的转速反馈（霍尔信号），通过通信电路控制室外机不运行，由于没有掌握这一点，才在维修中走了弯路。

第七章 Chapter 7

室外风机和强电电路故障

第一节　室外风机电路故障

一、风机电容容量减小

➡ 故障说明：海信 KFR-26GW/27BP 挂式交流变频空调器，用户反映制冷效果差，长时间开机房间温度下降很慢。

1. 测量系统压力和电流

到室外机查看，手摸二通阀温度为常温、三通阀温度是凉的，在室外机三通阀检修口接上压力表，见图 7-1 左图，测量系统运行压力约为 0.55MPa，高于正常值 0.45MPa。

使用万用表交流电流档，见图 7-1 右图，在室外机接线端子处测量 1 号电源 L 相线，相当于测量室外机电流，实测约为 6A，也高于正常值约 4A，实测压力和电流均高于正常值，说明冷凝器散热系统有故障，应检查室外风机转速和冷凝器是否脏堵。

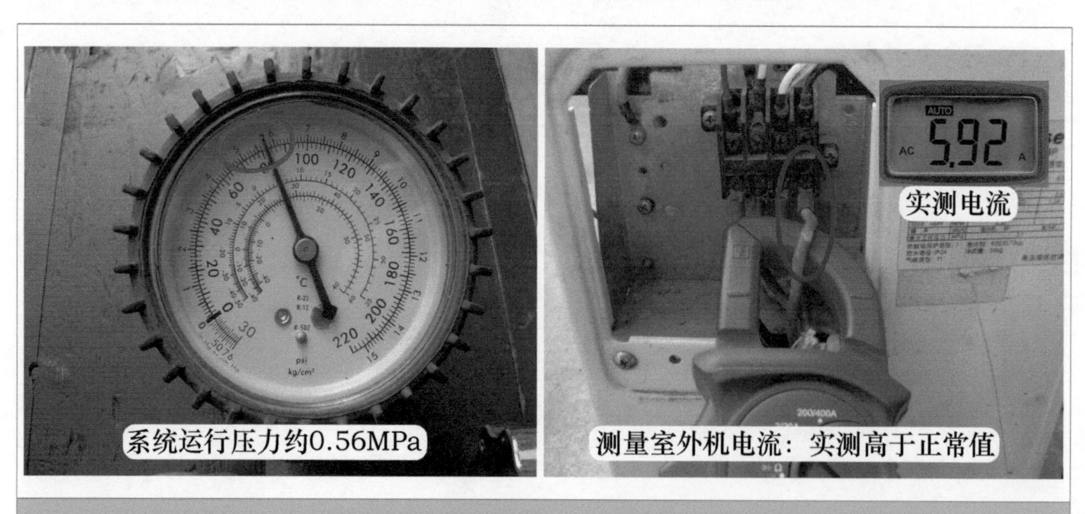

图 7-1　测量系统运行压力和电流

2. 查看冷凝器

观察冷凝器背面干净，并无毛絮或其他杂物，见图 7-2 左图，手摸冷凝器上部烫手、中部较热、最底部温度也高于室外温度较多，判断冷凝器散热不良，用手轻拍冷凝器背面，从出风口处几乎没有尘土吹出，排除冷凝器脏堵故障。

见图 7-2 右图，将手放在室外机出风口约 15cm 的位置，便感觉出风量很小，几乎感觉不到；将手靠近出风口时，才感觉到很弱小的风量，同时吹出的风很热，综合判断室外风机转速慢。

➡ 说明：室外风机驱动室外风扇（轴流风扇），风从出风口的边框送出，以约 45°的角度向四周扩散，如将手放到正中心，即使正常的空调器，也无风吹出。

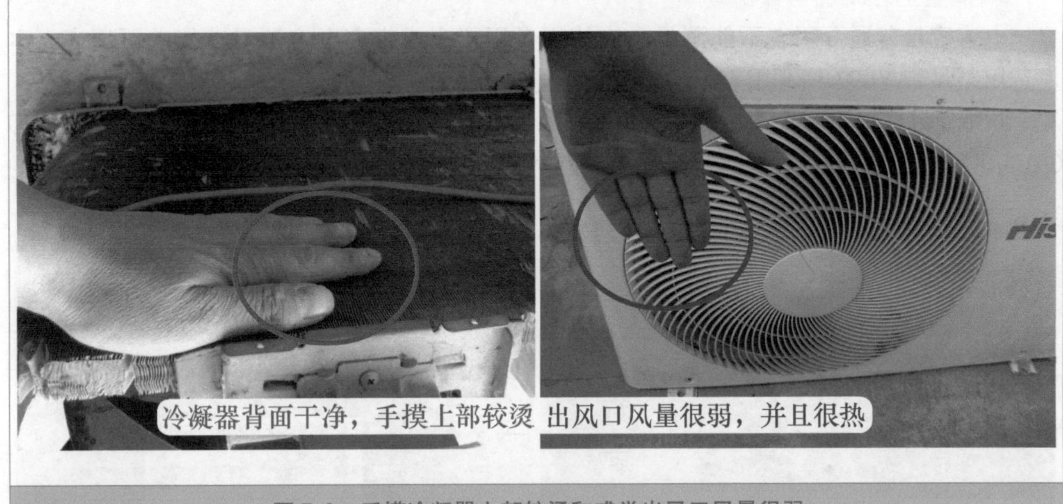

图 7-2　手摸冷凝器上部较烫和感觉出风口风量很弱

3. 测量室外风机电压

取下室外机外壳，见图 7-3，观察室外风机转速确实很慢，使用万用表交流电压档，测量室外风机电压，实测为交流 220V，说明室外机主板输出供电正常。

室外风机在供电电压正常的前提下转速慢，常见原因有线圈短路、电容容量变小、电机轴承缺油引起阻力大等。

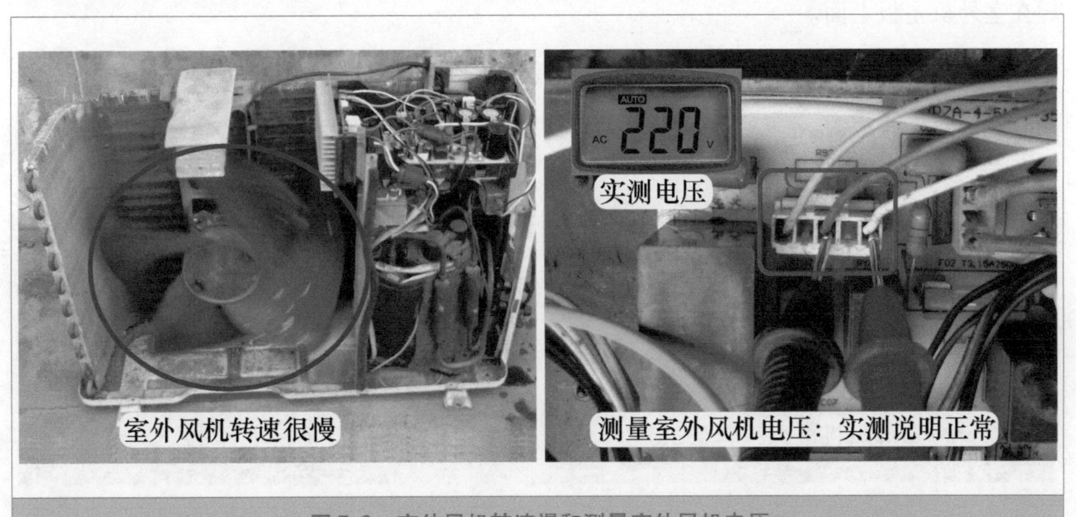

图 7-3　室外风机转速慢和测量室外风机电压

4. 测量室外风机电流

见图7-4左图，使用万用表交流电流档，钳头夹住室外风机公共端白线，测量室外风机电流，实测约为0.4A，和正常值基本接近，可排除线圈短路故障，因为室外风机线圈短路时电流高于正常值很多。

断开空调器电源，用手转动室外机风扇，感觉无阻力，转动很轻松，排除轴承因缺油而引起的滚珠卡死或阻力大故障，应检查室外风机电容。

5. 测量室外风机电容容量

电容容量普通万用表不能测量，应使用专用仪表或带有电容测量功能的万用表，本例选用某品牌VC97型万用表，将档位拨至电容测量。

拔下室外风机线圈插头，表笔接电容的2个引脚，见图7-4右图，显示值仅为35nF即0.035μF，还不到0.1μF，接近于无容量，而电容标称容量为3μF，说明电容接近无容量损坏。

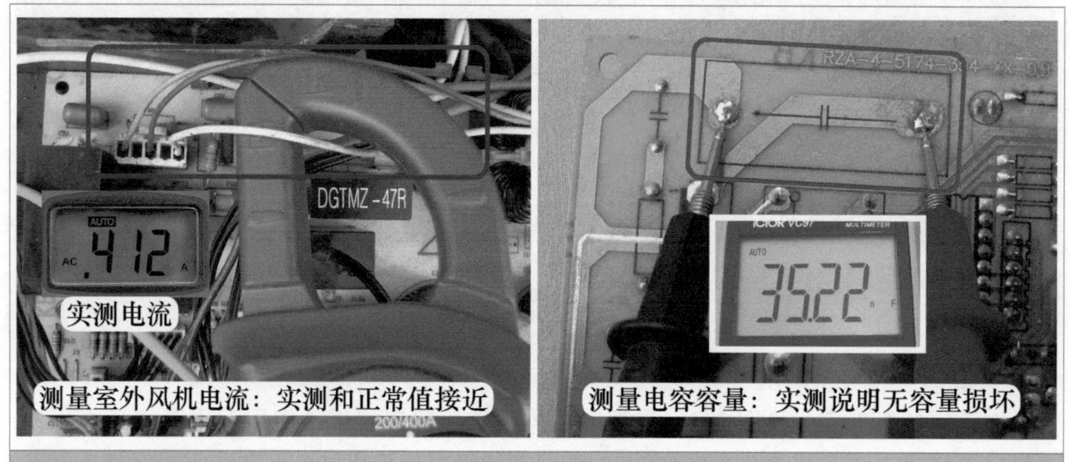

图7-4 测量风机电流和电容容量

➡ **维修措施**：见图7-5，更换室外风机电容，其使用引脚电容，容量为3μF，使用烙铁焊在室外机主板上面。

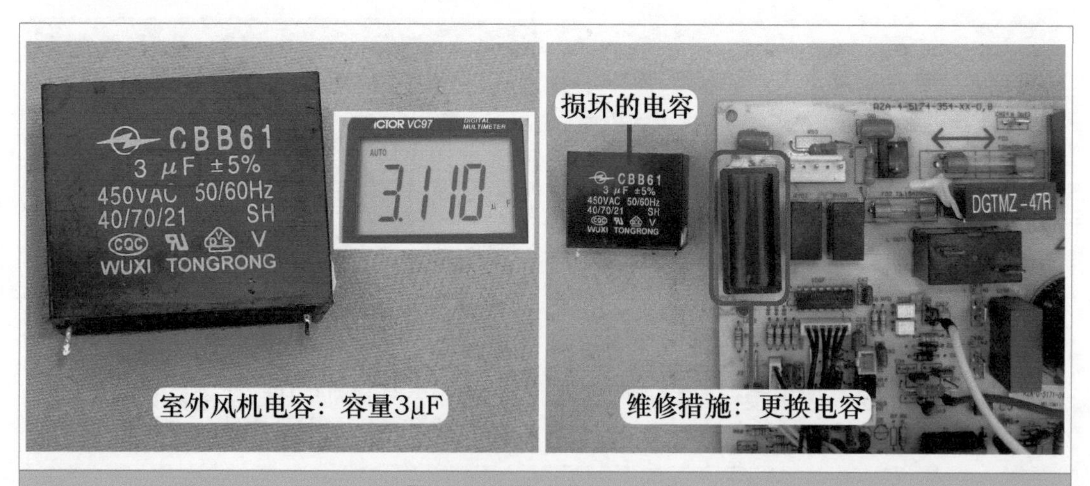

图7-5 更换室外风机电容

更换后上电开机，室外风机和压缩机开始运行，见图7-6左图，目测室外风机转速明显加快，在室外机出风口约60cm的位置即能感觉到明显风量。

使用万用表交流电流档，见图7-6右图，测量室外风机电流约为0.3A，比更换电容前下降约0.1A。

手摸冷凝器上部热、中部较温、下部接近室外温度，二通阀和三通阀温度均较凉，测量系统运行压力约0.45MPa，室外机运行电流约4.2A，室内机出风口温度较凉，并且房间温度下降速度比更换前明显加快，说明空调器恢复正常，故障排除。

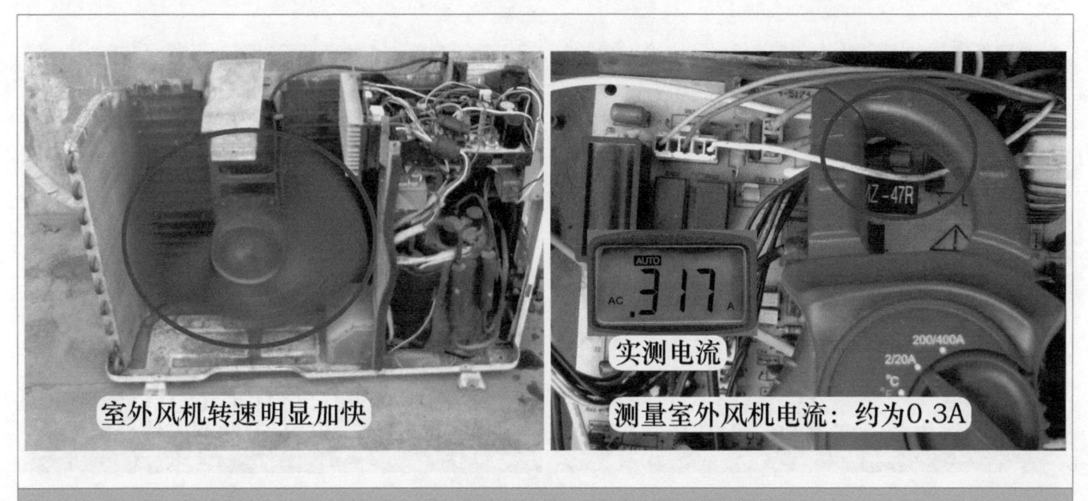

图7-6 室外风机转速加快和测量电流

总 结：

① 室外风机电容容量变小或无容量故障在实际维修中出现的概率很大，通常空调器使用几年之后，室外（内）风机电容容量均会下降，由于室外风机转速下降时用肉眼不容易判断，因此故障相对比较隐蔽，本例室外风机电容容量为3μF，如果容量下降至1.5μF，室外风机转速会下降，但单凭肉眼几乎很难判断。室外风机电容无容量时室外风机因无起动力矩而不能运行。

② 室外风机转速下降即转速慢时故障现象表现为：冷凝器温度高、室外机运行电流大、系统运行压力高、在室外机出风口感觉风量小且很热、二通阀不结露、制冷效果差。

③ 检修室外风机转速慢的故障时，为判断故障是由线圈短路还是电容容量小引起，测量室外风机电流可区分故障：电流很大为线圈短路，电流接近正常值为电容容量变小。

二、室外风机损坏

➡ 故障说明：海尔KFR-35GW/01（R2DB0）-S3挂式直流变频空调器，用户反映不制冷，开机一段时间以后显示F1代码，查看代码含义为模块故障。

1. 测量室外机电流和查看室外机主板

上门检查，使用遥控器开机，在室外机1号N端零线接上电流表测量室外机电流，室内机主板向室外机供电，约30s后电流由0.5A逐渐上升，空调器开始制冷，手摸室外机开始振动，且连接管道中的细管开始变凉，说明压缩机正在运行，用手在室外机出风口感觉无风吹出，说明室外风机不运行。

在室外机运行5min之后，见图7-7左图，测量电流约6A时，压缩机停止运行，查看室外机主板指示灯闪2次，代码含义为“模块故障”。

约3min后压缩机再次运行，但室外风机仍然不运行，手摸冷凝器烫手，判断室外风机或室外机主板单元电路出现故障，应先检查室外风机的供电电压是否正常，因室外机主板表面涂有一层薄薄的绝缘胶，应使用万用表的表笔尖刮开涂层，见图7-7右图，以便万用表测量。

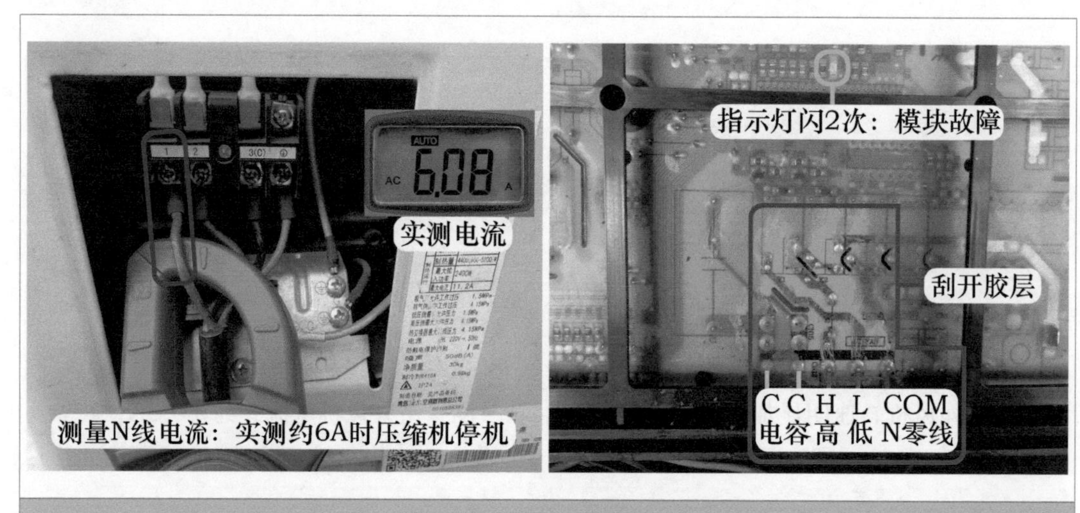

图7-7 测量室外机电流和室外风机电路

2. 测量室外风机供电

使用万用表交流电压档，见图7-8，黑表笔接零线N端、红表笔接高风端子测量电压，实测约为220V；黑表笔不动接N端、红表笔改接低风端子测量电压，实测仍约为220V，说明室外机主板已输出供电，排除供电电路故障。

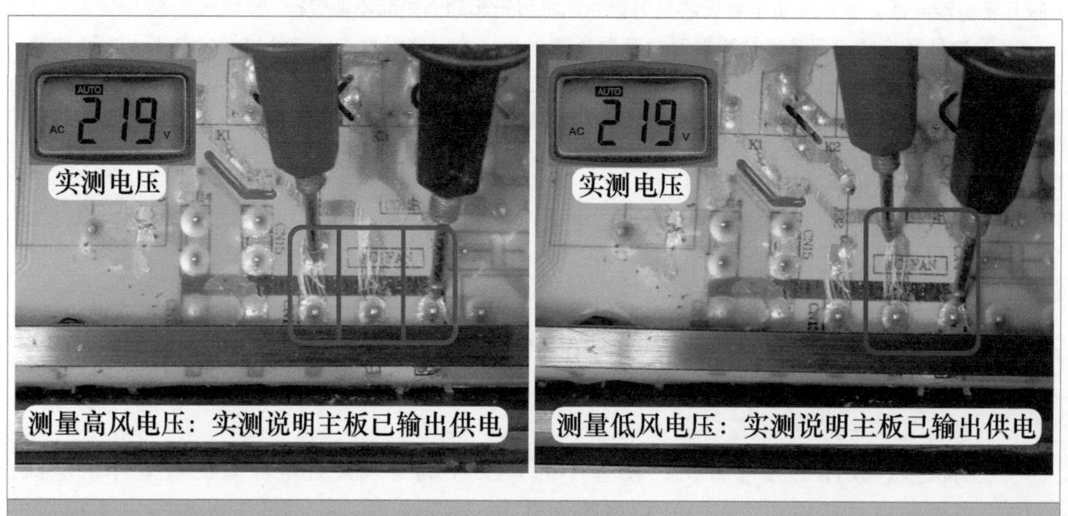

图7-8 测量室外风机高风和低风电压

3. 用手拨动风扇

由于风机电容损坏也会引起室外风机不能运行的故障，见图 7-9，用手摸室外风扇时，感觉没有振动；再用手拨动室外风扇，仍不能运行，从而排除风机电容故障。

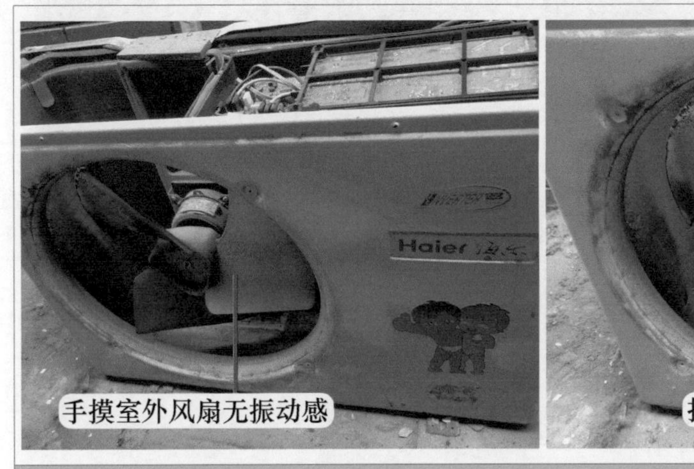

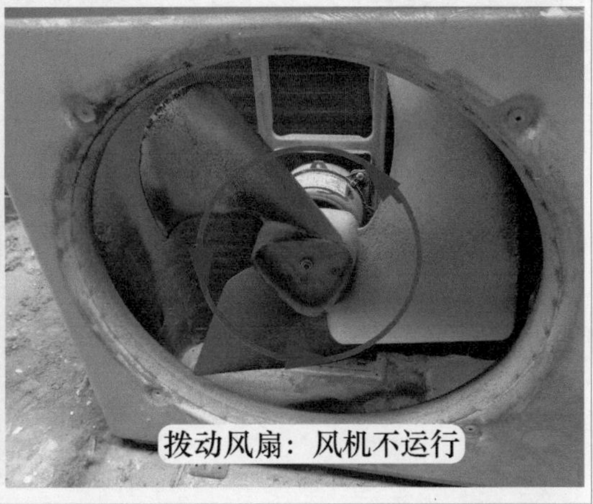

图 7-9 手摸室外风扇和拨动风扇

4. 测量室外风机阻值

断开空调器电源，见图 7-10，使用万用表电阻档，测量室外风机引线阻值，结果见表 7-1，测量公共端接零线 N 的白线和高风抽头黄线阻值为无穷大，白线和低风抽头的黄线阻值也为无穷大，说明室外风机内部的线圈开路损坏，可能为白线串接的温度保险开路。

表 7-1 测量室外风机线圈阻值

红表笔-黑表笔	白线-黄线 N-L 公共-低风	白线-黑线 N-H 公共-高风	白线-棕线 N-C 公共-电容	白线-蓝线 （内部相通）	黄线-黑线 L-H 低风-高风	黄线-棕线 L-C 低风-电容	黑线-棕线 H-C 高风-电容
结果	无穷大	无穷大	无穷大	无穷大	166Ω	174Ω	339Ω

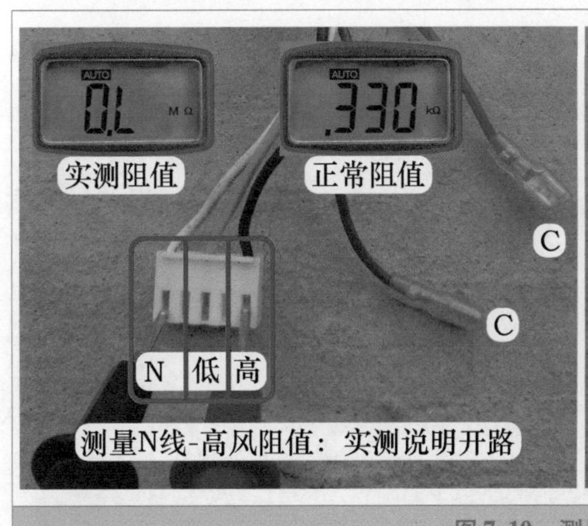

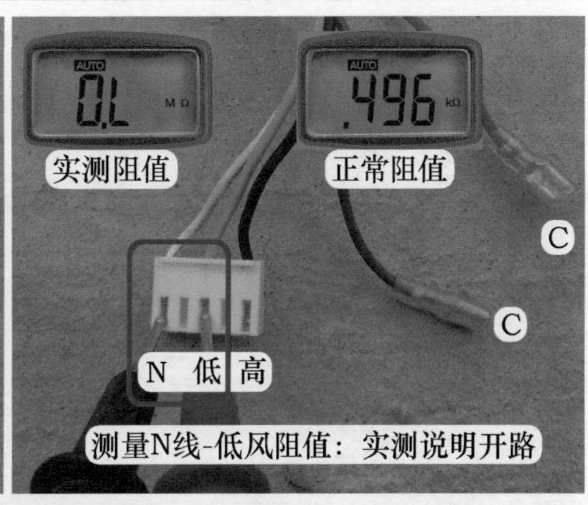

图 7-10 测量线圈阻值

➡ **维修措施**：见图7-11，更换室外风机。更换后上电开机，压缩机和室外风机均开始运行，制冷恢复正常。

图7-11　更换室外风机

三、直流电机线束磨断

➡ **故障说明**：海尔KFR-72LW/62BCS21柜式全直流变频空调器，用户反映不制冷，要求上门维修。

1. 查看室外机代码和室外风机不运行

上门检查，使用万用表交流电流档，钳头卡在为空调器供电的断路器（俗称空气开关）上的相线引线，上电使用遥控器开机，室内风机运行，最高电流约0.7A，说明室外机没有运行。到室外机检查，压缩机和室外风机均不运行，见图7-12左图，查看室外机主板指示灯闪9次，查看代码含义为“室内直流风机异常”。

断开空调器电源，待3min后再次上电开机，电子膨胀阀复位后，压缩机起动运行，但约5s后随即停机，见图7-12右图，室外风机始终不运行，室外机主板指示灯闪9次报出故障代码，同时室内机未显示故障代码。

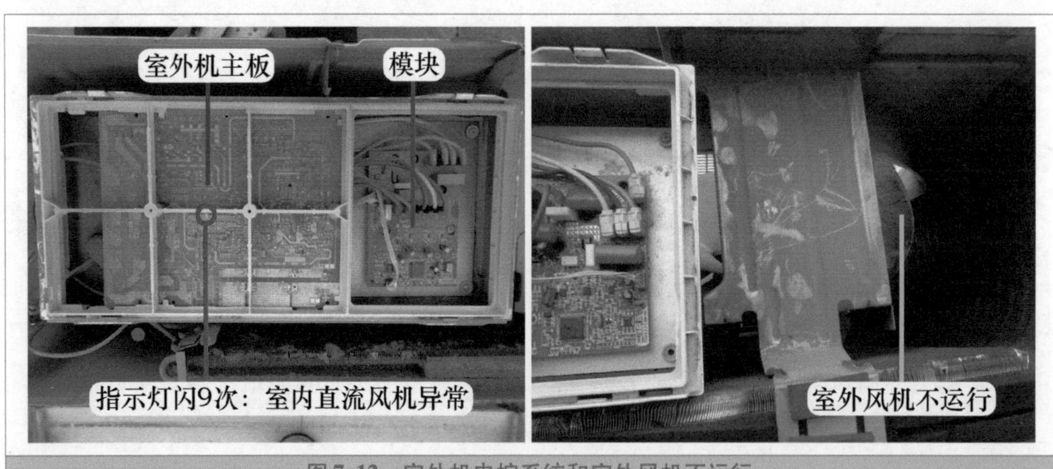

图7-12　室外机电控系统和室外风机不运行

2. 门开关和更换室内机主板

到室内机检查，掀开前面板，由于门开关保护，室内风机停止运行，排除方法见图 7-13 左图，用手将门开关向里按压到位后，再使用牙签顶住，使其不能向外移动，门开关触点一直处于闭合状态，CPU 检测前面板处于关闭的位置，控制室内风机运行，才能检修空调器。

本机室内风机（离心电机）使用直流电机，共设有 5 根引线，红线为直流 300V 供电、黑线为地线、白线为直流 15V 供电、黄线为驱动控制、蓝线为转速反馈。

使用万用表直流电压档，黑表笔接黑线地线、红表笔接红线测量 300V 电压，实测约为 300V；红表笔接白线测量 15V 电压，实测为 15V，2 次测量说明供电正常。

在室内风机运行时，黑表笔不动依旧接黑线地线、红表笔接黄线测量驱动电压，实测约 2.8V，红表笔接蓝线测量反馈电压，实测约 7.5V。使用遥控器关机，室内风机停止运行，红表笔接黄线测量驱动电压，实测为 0V；红表笔接蓝线测量反馈电压，同时用手慢慢转动室内风扇（离心风扇），实测为 0.2V ~ 15V ~ 0.2V ~ 15V 跳动变化，实测说明室内风机正常，故障为室内机主板损坏。

申请同型号室内机主板更换后，见图 7-13 右图，重新上电试机，依旧是室内风机运行正常，压缩机运行 5s 后停机，室外风机不运行，室外机主板指示灯依旧闪 9 次报出代码，仔细查看故障代码本，发现闪 9 次故障代码含义包括"室外直流风机异常"，即闪 9 次代码的含义为室内或室外直流风机异常。

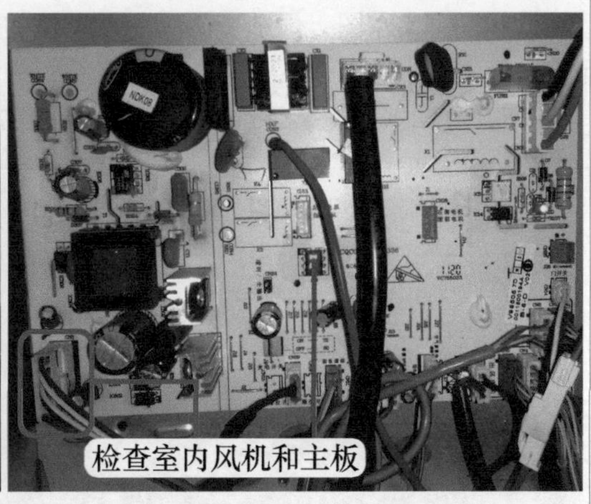

图 7-13　卡住门开关和检查室内机

3. 测量室外风机

再次到室外机检查，本机室外风机使用直流电机。使用万用表直流电压档，见图 7-14 左图，黑表笔接室外机插头中的地线黑线、红表笔接红线测量 300V 电压，实测为 304V 说明正常；黑表笔不动、红表笔接白线测量 15V 电压，实测约为 15V，说明室外机主板已输出直流 300V 和 15V 电压。

首先接好万用表表笔，见图 7-14 右图，即黑表笔不动依旧接黑线地线、红表笔接黄线测量驱动电压，然后重新上电开机，电子膨胀阀复位结束后，压缩机开始运行，同时黄线驱动电压由0V迅速上升至6V，再下降至约3V，最后下降至0V，但室外风机始终不运行，约5s后压缩机停机，室外机主板指示灯闪9次报出代码。

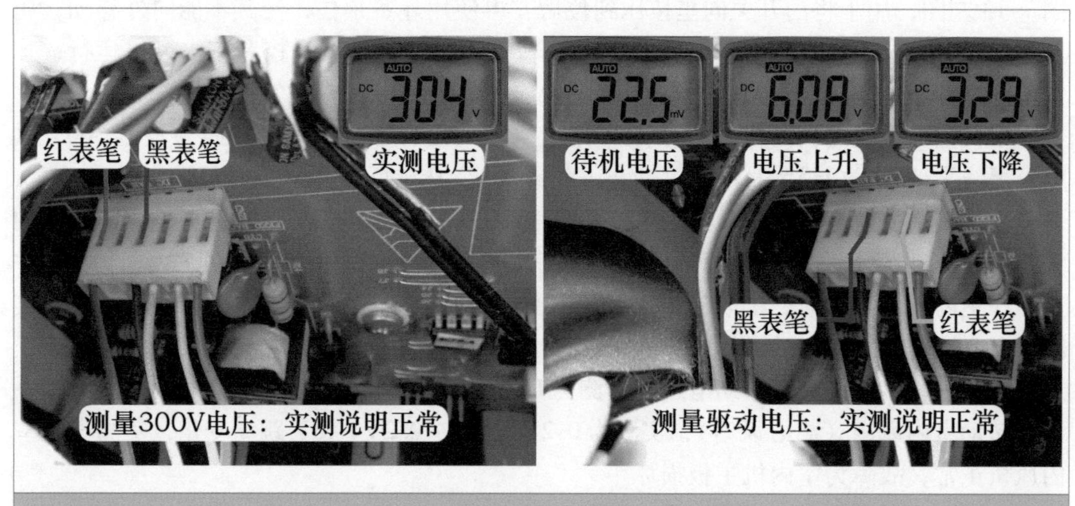

图7-14 测量室外风机供电和驱动电压

4. 查看室外机引线磨断

室外机主板已输出直流300V、15V的供电电压和黄线驱动电压，但室外风机仍不运行，用手拨动室外风扇，以判断是否因轴承卡死造成的堵转时，感觉有异物卡住室外风扇，见图7-15左图，仔细查看为室外风机的连接线束和室外风扇相摩擦，目测已有引线断开。

断开空调器电源，仔细查看引线，见图7-15右图，发现为15V供电的白线断开。

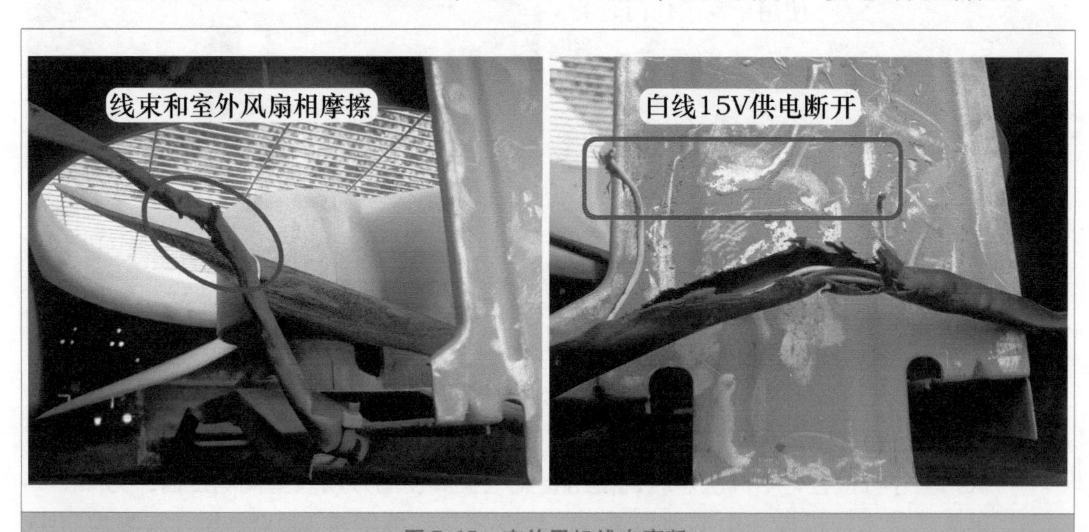

图7-15 室外风机线束磨断

➡ **维修措施**：见图7-16，连接白线，使用绝缘胶布包好接头，再将线束固定在相应位置，使其不能移动。再次上电开机，电子膨胀阀复位结束后，压缩机运行，约1s后室外风机也开始运行，长时间运行不再停机，制冷恢复正常。

在室外风机运行时，使用万用表直流电压档，黑表笔接黑线地线、红表笔接红线测量电压为300V，红表笔接白线测量电压为15V，红表笔接黄线测量电压为4.3V，红表笔接蓝线测量电压为9.9V。

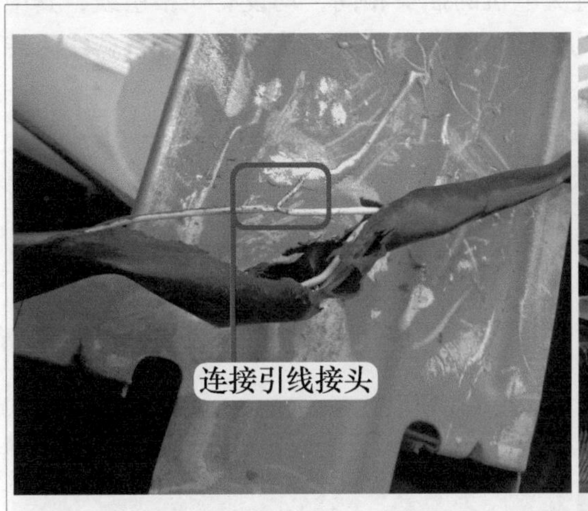

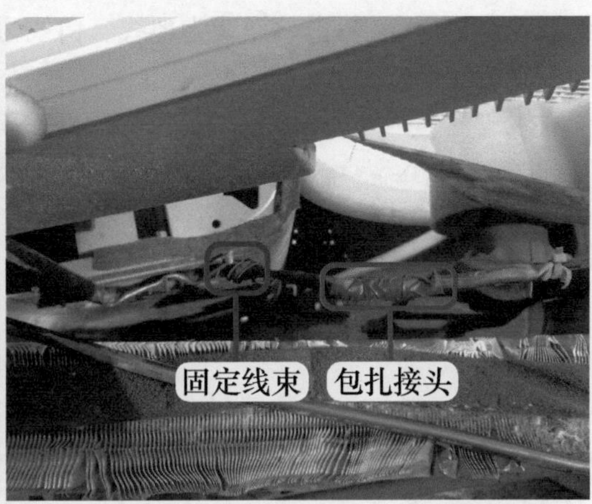

图7-16 连接引线接头和固定线束

总 结：

① 本例在维修时走了弯路，查看故障代码时不细心以及太相信代码内容。代码本上“室内直流风机异常”的序号位于上方，查看室外机指示灯闪9次时，在室内风机运行正常、室外风机不运行的前提下，判断室内风机出现故障，以至于更换室内机主板仍不能排除故障时，才再次认真查看故障代码本，发现室外机指示灯闪9次也代表“室外直流风机异常”，才去检查室外风机。

② 本例在压缩机运行、室外风机不运行，未首先检查室外风机的原因是，首次接触此型号的全直流变频空调器，误判为室外风机不运行是由于冷凝器温度低、室外管温传感器检测温度低才控制室外风机不运行，需要管温传感器温度高于一定值后才控制室外风机运行。但实际情况是压缩机运行后立即控制室外风机运行，不检测室外管温传感器的温度。

③ 本例室外风机线束磨损、引线断开的原因为，前一段时间维修人员更换压缩机，安装电控盒时未将室外风机的线束整理固定，线束和室外风扇相摩擦，导致15V供电白线断开，室外风机内部电路板的控制电路因无供电而不能工作，室外风机不运行，室外机CPU因检测不到室外风机的转速反馈信号，停机进行保护。

四、直流电机损坏

➡ 故障说明：卡萨帝（海尔高端品牌）KFR-72LW/01B（R2DBPQXFC）-S1柜式全直流变频空调器，用户反映不制冷。

1. 查看室外机主板指示灯和直流电机插头

上门检查，使用遥控器开机，室内风机运行但不制冷，出风口为自然风。到室外机检查，压缩机和室外风机均不运行，取下室外机外壳和顶盖，见图7-17左图，查看室外机主板指示灯闪9次，查看代码含义为“室外或室内直流电机异常”。由于室内风机运行正常，判断故障在室外风机。

本机室外风机使用直流电机，用手转动室外风扇，感觉转动轻松，排除轴承卡死引起的机械损坏，说明故障在电控部分。

见图 7-17 右图，室外直流电机和室内直流电机的插头相同，均设有 5 根引线，其中红线为直流 300V 供电、黑线为地线、白线为直流 15V 供电、黄线为驱动控制、蓝线为转速反馈。

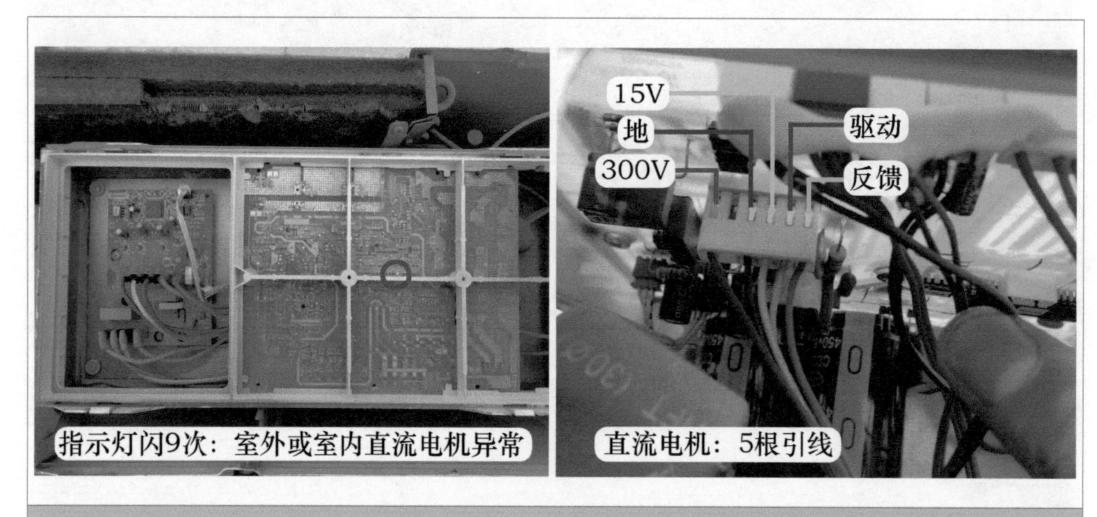

图 7-17 室外机主板指示灯闪 9 次和室外直流电机引线

2. 测量 300V 和 15V 电压

使用万用表直流电压档，见图 7-18 左图，黑表笔接黑线地线、红表笔接红线测量 300V 电压，实测为 312V，说明主板已输出 300V 电压。

见图 7-18 右图，黑表笔不动依旧接黑线地线、红表笔接白线测量 15V 电压，实测约为 15V，说明主板已输出 15V 电压。

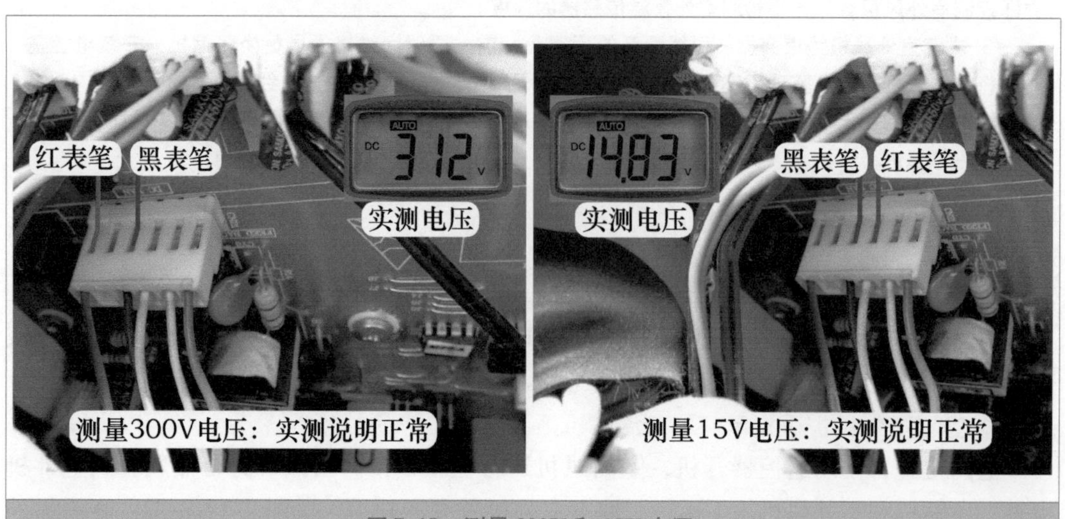

图 7-18 测量 300V 和 15V 电压

3. 测量反馈电压

见图 7-19，黑表笔不动依旧接黑线地线、红表笔接蓝线测量反馈电压，实测约 1V，慢慢用手拨动室外风扇，同时测量反馈电压，蓝线电压约为 1V ~ 15V ~ 1V ~ 15V 跳动变化，说明室外风机输出的转速反馈信号正常。

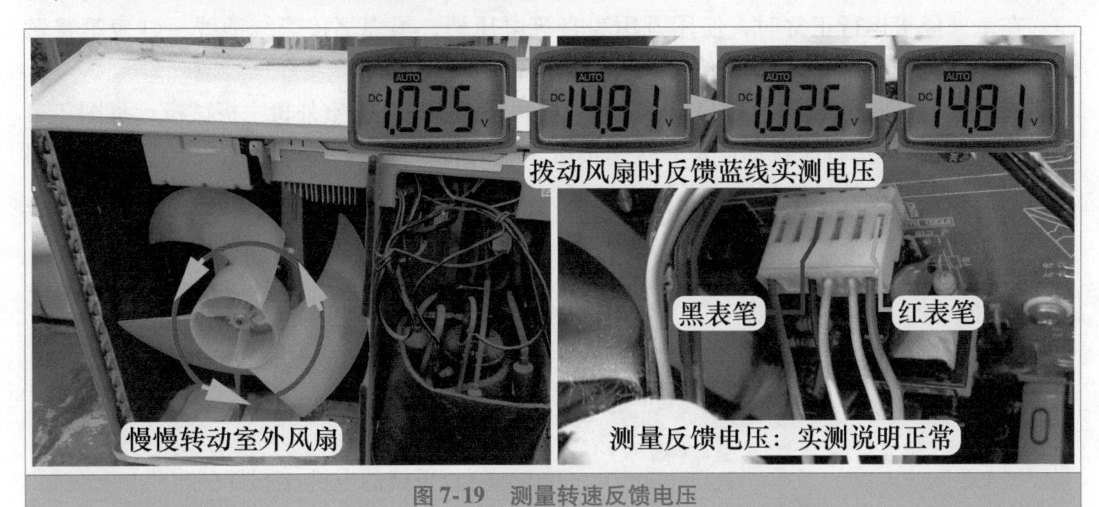

图 7-19　测量转速反馈电压

4. 测量驱动电压

将空调器重新上电开机，见图 7-20，黑表笔不动依旧接黑线地线、红表笔接黄线测量驱动电压，电子膨胀阀复位后，压缩机开机始运行，约 1s 后黄线驱动电压由 0V 上升至 2V，再上升至 4V，最高约为 6V，再下降至 2V，最后变为 0V，但同时室外风机始终不运行，约 5s 后压缩机停机，室外机指示灯闪 9 次报出故障代码。

根据上电开机后驱动电压由 0V 上升至最高约 6V，同时在直流 300V 和 15V 供电电压正常的前提下，室外风机仍不运行，判断室外风机内部控制电路或线圈损坏。

➡ 说明：由于空调器重新上电开机，室外机运行约 5s 后即停机保护，因此应先接好万用表表笔，再上电开机。

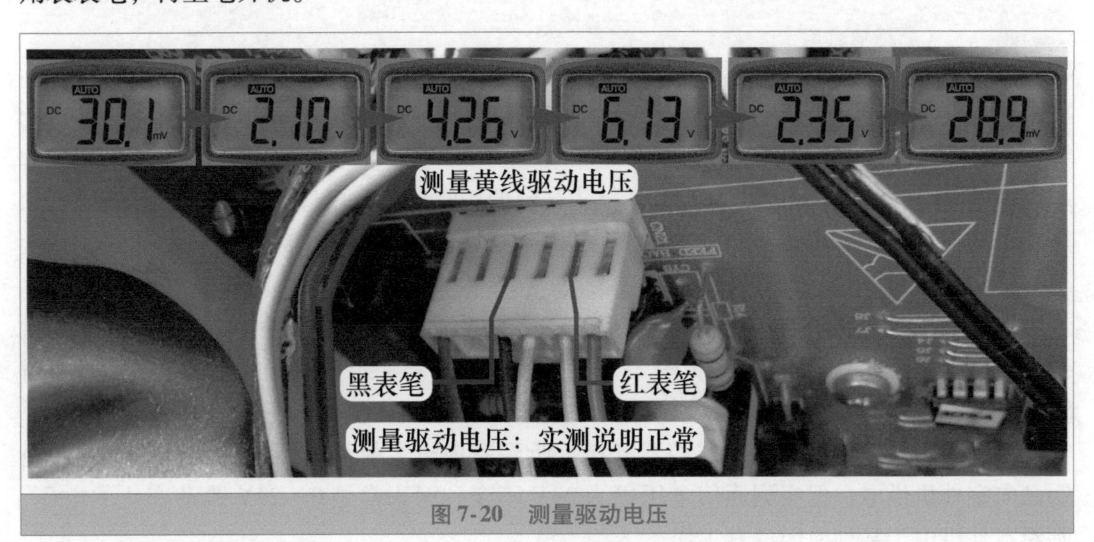

图 7-20　测量驱动电压

➡ 维修措施：本机室外风机由松下公司生产，型号为EHDS31A70AS，见图7-21，申请同型号电机将插头安装至室外机主板，再次上电开机，压缩机运行，室外机主板不再停机保护，也确定室外风机损坏，经更换室外风机后上电试机，室外风机和压缩机一直运行不再停机，制冷恢复正常。

在室外风机运行正常时，使用万用表直流电压档，黑表笔接黑线地线、红表笔接黄线测量驱动电压为4.2V，红表笔接蓝线测量反馈电压为10.3V。

➡ 说明：本机如果不安装室外风扇，只将室外风机插头安装在室外机主板试机（见图7-21左图），室外风机运行时抖动严重，转速很慢，且时转时停；将室外风机安装至室外机固定支架，再安装室外风扇后，室外风机运行正常，转速较快。

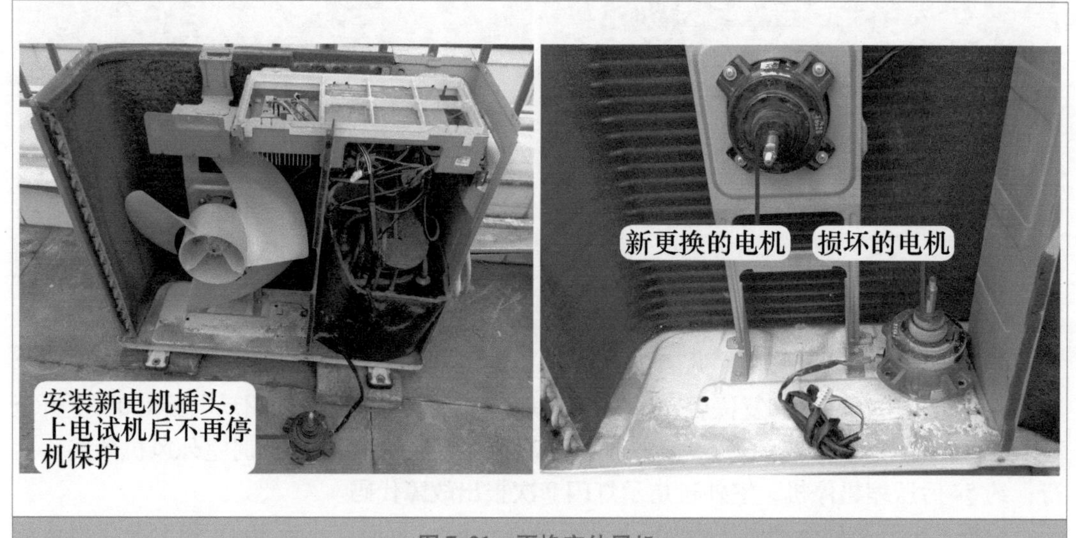

图7-21 更换室外风机

第二节 室外机强电电路故障

一、20A熔丝管开路

➡ 故障说明：海信KFR-60LW/29BP柜式交流变频空调器，用遥控器开机后室外风机和压缩机均不运行，空调器不制冷。

1. 测量室内机接线端子电压

取下室内机进风格栅和电控盒盖板，将空调器通上电源但不开机（即处于待机状态），使用万用表直流电压档，见图7-22，黑表笔接2号零线N端子、红表笔接4号通信SI端子测量电压，实测为24V，说明室内机主板通信电压产生电路正常。

万用表的表笔不动，使用遥控器开机，听到室内机主板继电器触点闭合的声音，说明已向室外机供电，但实测通信电压仍为24V不变，而正常是0~24V跳动变化的电压，判断室外机由于某种原因没有工作。

图 7-22　测量室内机接线端子通信电压

2. 测量室外机接线端子电压

到室外机检查，见图 7-23 左图，使用万用表交流电压档测量接线端子上 1 号 L 相线和 2 号 N 零线电压为交流 220V，使用万用表直流电压档测量 2 号 N 零线和 4 号通信 SI 线电压为直流 24V，说明室内机主板输出的交流 220V 和通信 24V 电压已送到室外机接线端子。

见图 7-23 右图，观察室外机电控盒上方设有 20A 熔丝管（俗称保险管），使用万用表交流电压档，黑表笔接 2 号端子 N 零线、红表笔接熔丝管输出端引线测量电压，正常为 220V，而实测为 0V，判断熔丝管出现开路故障。

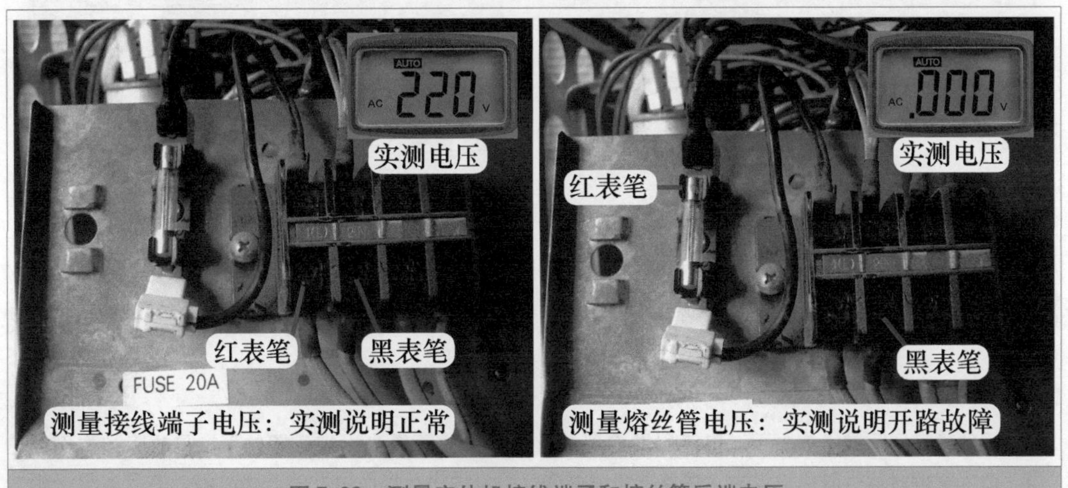

图 7-23　测量室外机接线端子和熔丝管后端电压

3. 查看熔丝管

断开空调器电源，取下熔丝管，见图 7-24 左图，发现一端焊锡已经熔开，烧出一个大洞，使得内部熔丝与外壳金属脱离，表现为开路故障。

正常熔丝管接口处焊锡平滑，焊点良好，见图 7-24 右图，也说明本例熔丝管开路为自然损坏，不是由于过电流或短路故障引起。

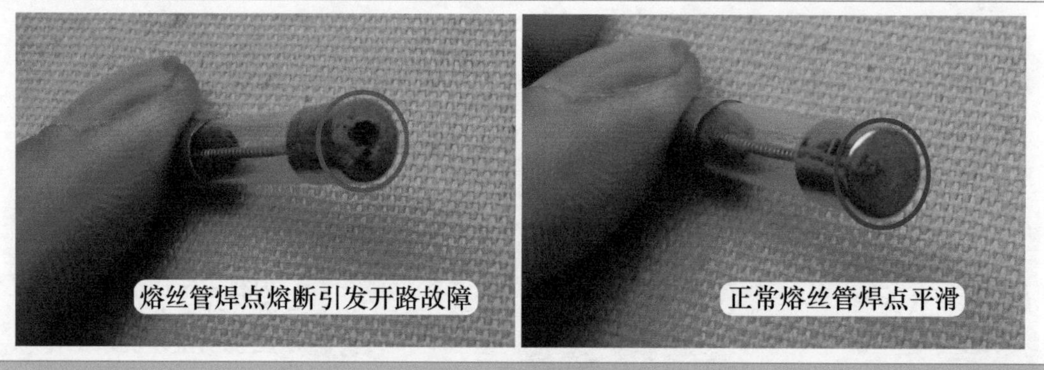

图 7-24　损坏的熔丝管和正常的熔丝管

4. 应急试机

为检查室外机是否正常，应急为室外机供电，见图 7-25 左图，将熔丝管管座的输出端子引线拔下，直接插在输入端子上，这样相当于短接熔丝管，再次上电开机，室外风机和压缩机均开始运行，空调器制冷良好，判断只是熔丝管损坏。

➡ 维修措施：更换熔丝管，见图 7-25 右图，更换后上电开机，空调器制冷恢复正常，故障排除。

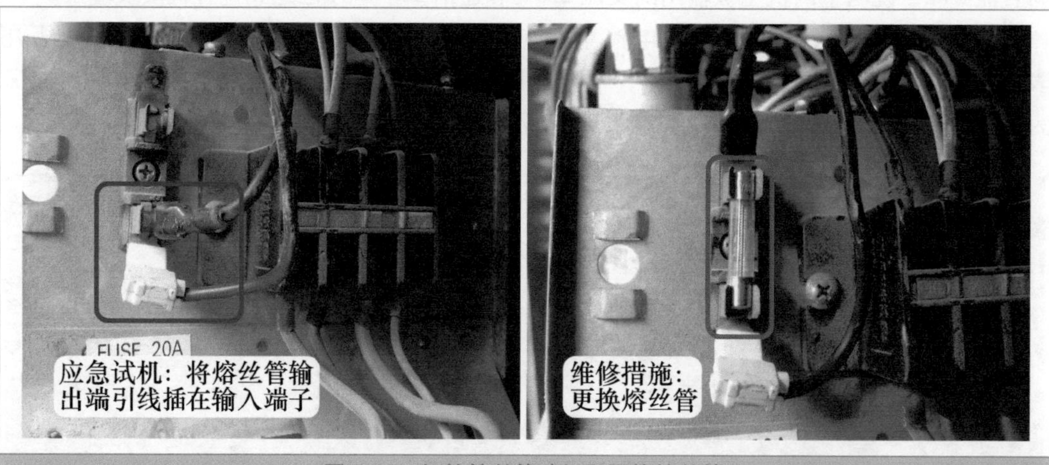

图 7-25　短接熔丝管试机和更换熔丝管

总　结：

熔丝管在实际维修中由于过电流引发内部熔丝开路的故障很少出现，熔丝管常见故障如本例故障，由于空调器运行时电流过大，熔丝发热使得焊口部位焊锡开焊而引发的开路故障，并且多见于柜式空调器，也可以说是一种通病，通常出现在使用几年之后的空调器。

二、PFC 板 IGBT 开关管短路

➡ 故障说明：海信 KFR-50LW/27BP 柜式交流变频空调器，用遥控器开机后，室内风机

运行，但室外风机和压缩机均不运行，一段时间后室内机显示“通信故障”的代码。使用万用表直流电压档，在室内机接线端子处测量通信电压，待机状态和开机状态实测均为直流24V，初步判断故障在室外机。

1. 测量室外机接线端子电压和直流300V电压

使用万用表交流电压档，见图7-26左图，测量室外机接线端子上1号L端和2号N端电压，实测为220V，说明室内机主板已向室外机供电。

取下室外机外壳，见图7-26右图，使用万用表直流电压档测量滤波电容上的直流300V电压，正常为300V，实测为0V，说明室外机电控系统有故障。

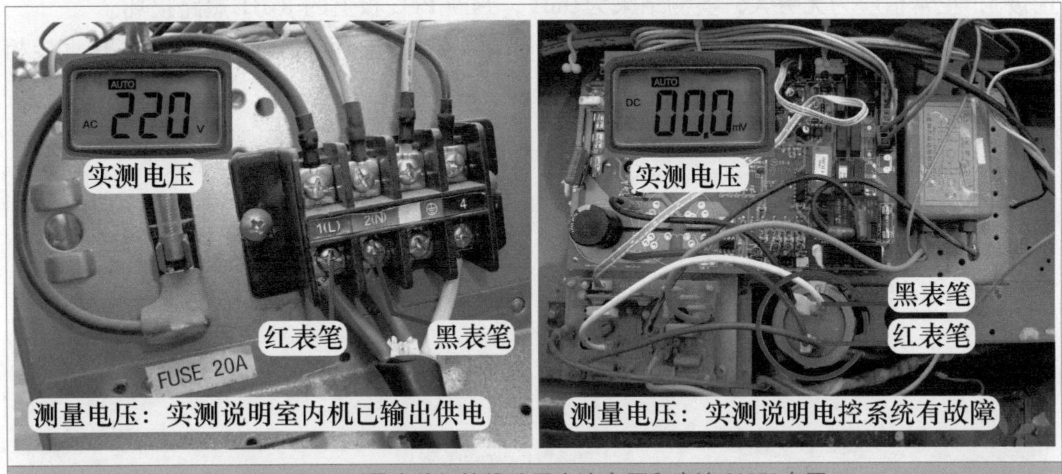

图7-26　测量室外机接线端子交流电压和直流300V电压

2. 手摸PTC电阻温度和测量电容阻值

见图7-27左图，用手摸室外机主板上的PTC电阻，感觉烫手，判断电控系统有短路故障。

断开空调器电源，使用万用表直流电压档，测量滤波电容电压仍为直流0V。见图7-27右图，使用万用表电阻档，测量滤波电容2个端子阻值，实测约为0Ω，确定电控系统存在短路故障。

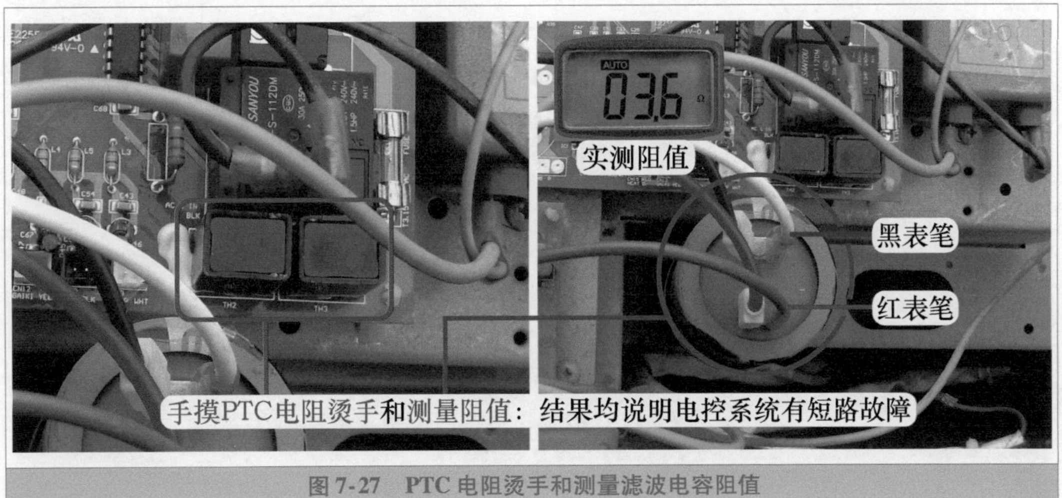

图7-27　PTC电阻烫手和测量滤波电容阻值

3. 测量模块和 PFC 板

见图7-28左图，拔下室外机主板上直流300V的正极和负极引线、压缩机线圈的3个引线，使用万用表二极管档，测量正极输入（P）、负极输入（N）、U、V、W共5个端子，符合正向导通、反向截止的二极管特性，判断模块正常。由于模块和开关电源电路共同设计在一块电路板上，且模块PN端子和开关电源集成电路并联，如果集成电路击穿，则测量模块P和N端子时应为击穿值，这也间接说明开关电源电路正常。

拔下PFC板上的所有引线，见图7-28右图，使用万用表二极管档，黑表笔接CN06端子（DC OUT_－，连接滤波电容负极），红表笔接CN05（DC OUT_＋，连接滤波电容正极），正常值应为无穷大，实测结果为0mV，判断PFC板上的IGBT短路损坏。

➡ 说明：此机室外机主板正极输入和模块P端直接相连，负极输入和模块N端直接相连，主板上没有专门的P端子和N端子。

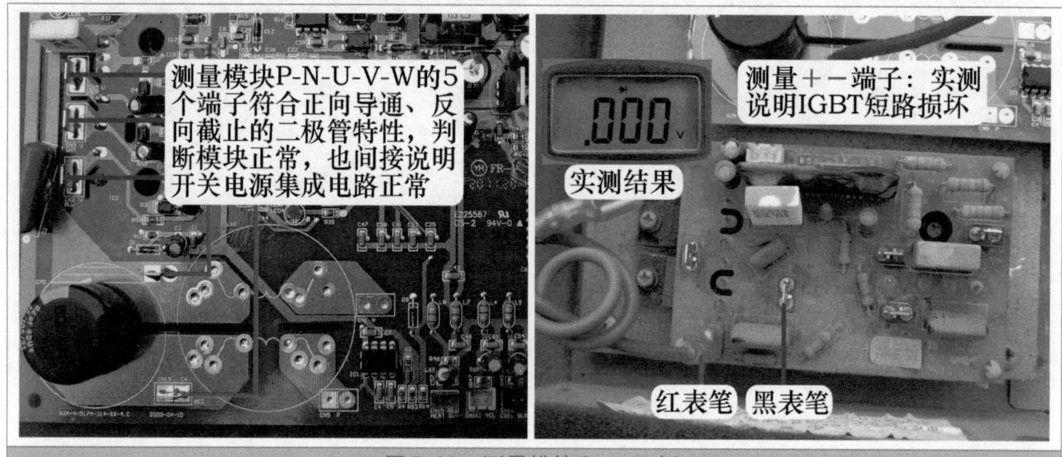

图7-28　测量模块和PFC板

➡ 维修措施：见图7-29，更换PFC板。将空调器通上电源，用遥控器开机后室内机主板向室外机供电，室外机主板上开关电源电路立即工作，指示灯点亮，压缩机和室外风机开始运行，故障排除。

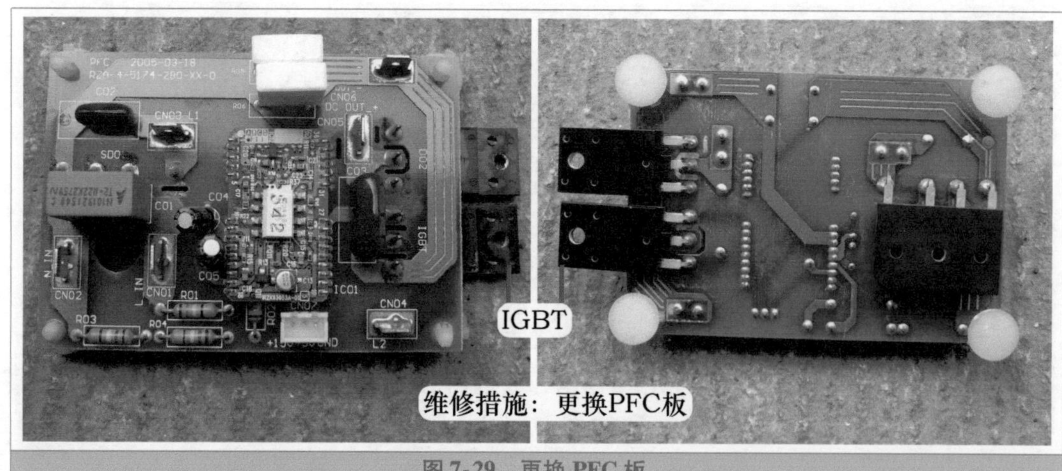

图7-29　更换PFC板

三、模块 P-N 端子击穿

➡ 故障说明：海信 KFR-2601GW/BP 挂式交流变频空调器，用遥控器以制冷模式开机，“电源、运行”灯亮，室内风机运行，但室外风机和压缩机均不运行，室内机指示灯显示故障代码为“通信故障”，使用万用表交流电压档，测量室内机接线端子上 1 号相线 L 端子和 2 号零线 N 端子电压为交流 220V，说明室内机主板已输出交流电源，由于室外风机和压缩机均不工作，室内机又报出“通信故障”的代码，因此应检查室外机。

1. 测量直流 300V 电压和室外机主板输入电压

使用万用表直流电压档，见图 7-30 左图，黑表笔接主滤波电容负极、红表笔接正极测量直流 300V 电压，正常为 300V，实测为 0V，判断故障部位在室外机，可能为后级负载短路或前级供电电路出现故障。

向前级检查，使用万用表交流电压档，见图 7-30 右图，测量室外机主板输入端电压，正常为 220V，实测为 220V，说明室外机主板供电正常。

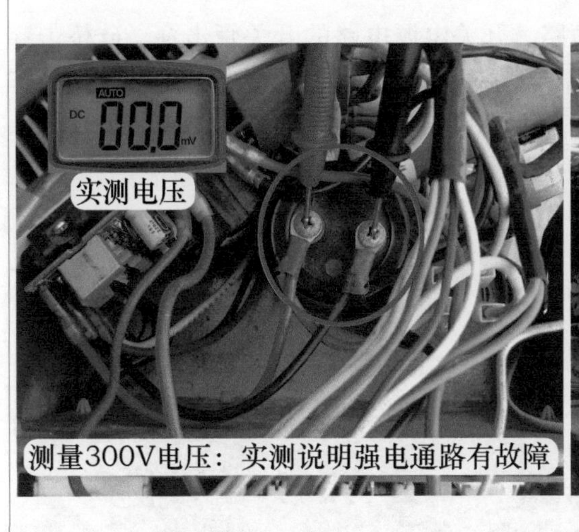

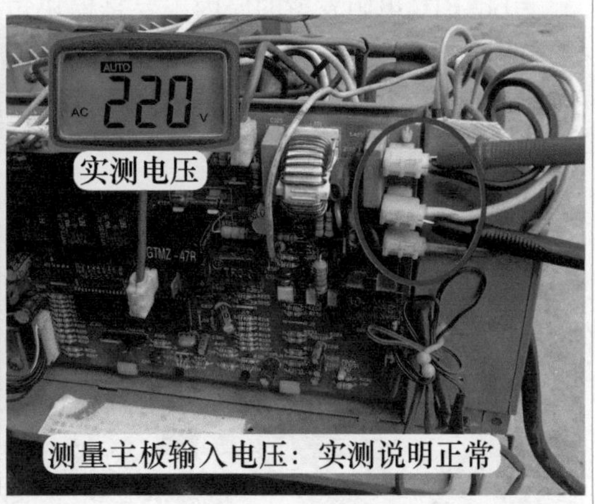

图 7-30 测量直流 300V 和室外机主板输入端电压

2. 测量硅桥输入端电压和手摸 PTC 电阻

使用万用表交流电压档，见图 7-31 左图，黑表笔和红表笔接硅桥的 2 个交流输入端子测量电压，正常为交流 220V，实测为 0V，判断直流 300V 电压为 0V 的原因由硅桥输入端无交流供电引起。

室外机主板输入电压交流 220V 正常，但硅桥输入端电压为 0V，而室外机主板输入端到硅桥的交流输入端只串接有 PTC 电阻，初步判断其出现开路故障，见图 7-31 右图，用手摸 PTC 电阻表面，感觉很烫，说明后级负载有短路故障。

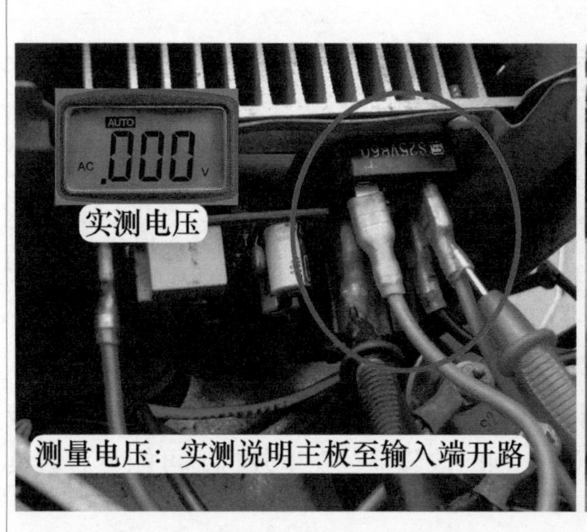

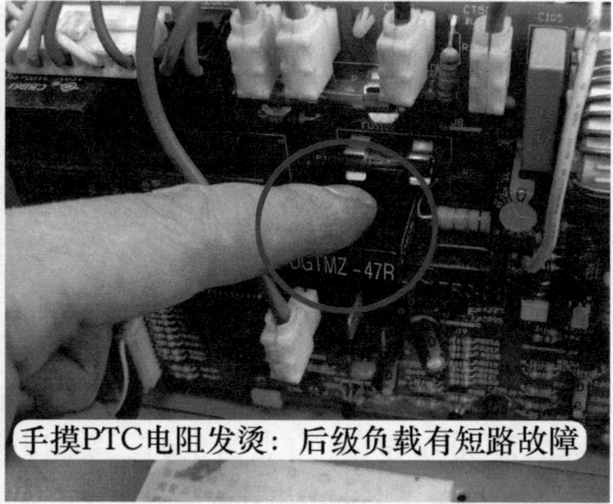

图7-31　测量硅桥交流输入端电压和手摸PTC电阻

3. 断开模块P-N端子引线

引起PTC电阻发烫的原因主要是模块短路、开关电源电路的开关管击穿、硅桥击穿等。见图7-32，拔下模块上P端红线和N端蓝线，再次上电开机，使用万用表直流电压档测量直流300V电压已恢复正常，初步判断模块出现短路故障。

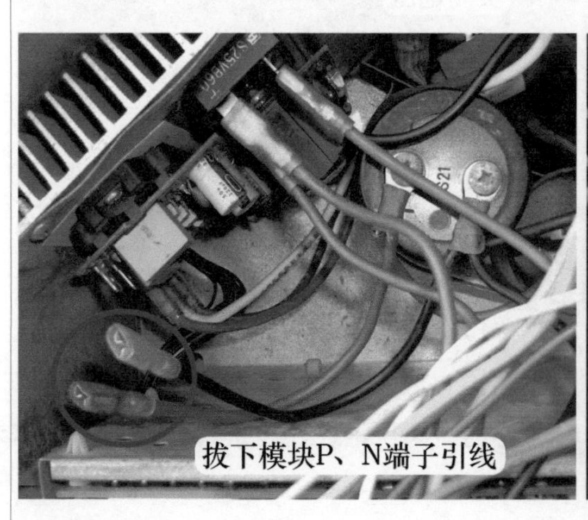

图7-32　拔下模块P-N端子引线和测量直流300V电压

4. 测量模块

使用万用表二极管档，见图7-33，测量P、N端子，模块正常时应符合正向导通、反向截止的特性，但实测正向和反向均为58mV，说明模块P、N端子已短路。

➡ 说明：此处为使用图片清晰，将模块拆下测量；实际维修时模块不用拆下，只需要将模块P、N、U、V、W共5个端子的引线拔下，即可测量。

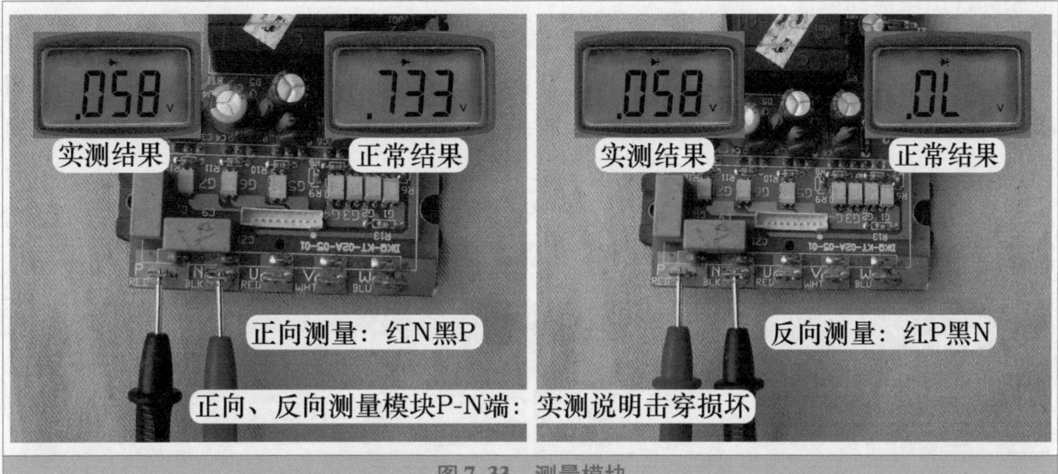

图 7-33　测量模块

➡ 维修措施：更换模块，见图 7-34，再次上电开机，室外风机和压缩机均开始运行，空调器开始制冷，使用万用表直流电压档测量直流 300V 电压已恢复正常。

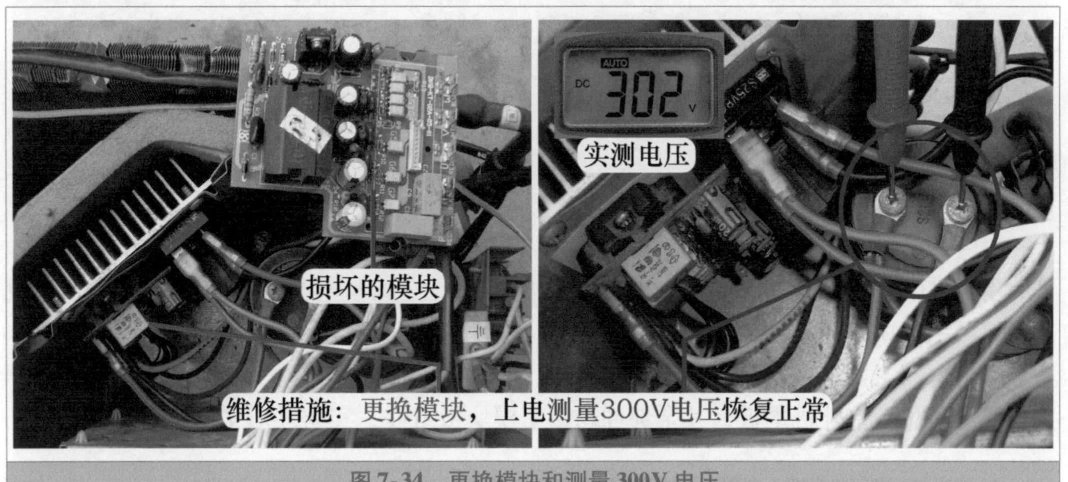

图 7-34　更换模块和测量 300V 电压

总 结：

本例模块 P、N 端子击穿，使得室外机上电时因负载电流过大，PTC 电阻过热，阻值变为无穷大，室外机无直流 300V 电压，室外机主板 CPU 不能工作，室内机 CPU 因接收不到通信信号，报出“通信故障”的故障代码。

四、模块板组件 IGBT 开关管短路

➡ 故障说明：卡萨帝（海尔高端品牌）KFR-72LW/01S（R2DBPQXF）-S1 柜式全直流变频空调器，用户反映正在使用时断路器（俗称空气开关）忽然跳闸，后将断路器合上，再将空调器通上电源，开机后室内机显示正常，但不再制冷，约 4min 后显示“E7”代码，查看代码含义为通信故障。根据正在使用时断路器跳闸断开，初步判断室外机强电

电路部件出现短路故障。

1. 测量直流300V电压

上门检查，用遥控器开机，室内风机运行，但吹自然风，空调器不制冷。到室外机检查，取下室外机上盖和电控盒盖板，见图7-35左图，查看室外机主板上直流300V电压指示灯不亮。

使用万用表直流电压档，见图7-35右图，黑表笔接滤波电容负极、红表笔接正极，测量300V电压，实测约为0V，说明强电通路有开路或短路故障。

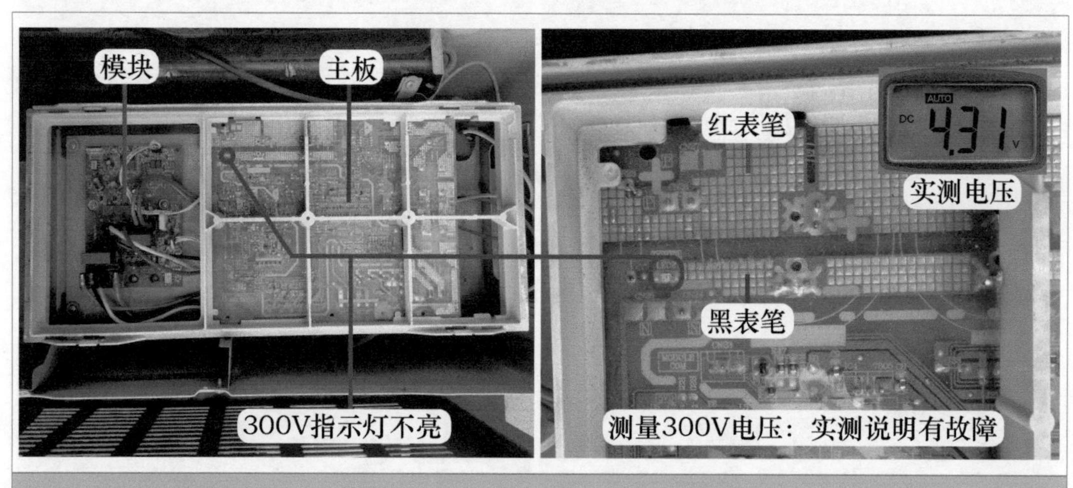

图7-35　300V指示灯不亮和测量电压

2. 手摸PTC电阻和模块板反面元件

本机PTC电阻位于主板边缘，为防止触电，断开空调器电源，迅速用手摸PTC电阻表面，见图7-36左图，感觉温度很高，说明强电电路元件有短路故障。

强电电路主要由硅桥、模块、PFC电路（IGBT开关管）、开关电源电路等组成，开关电源电路位于室外机主板，其余部件均位于模块板组件，实物外形见图7-36右图。

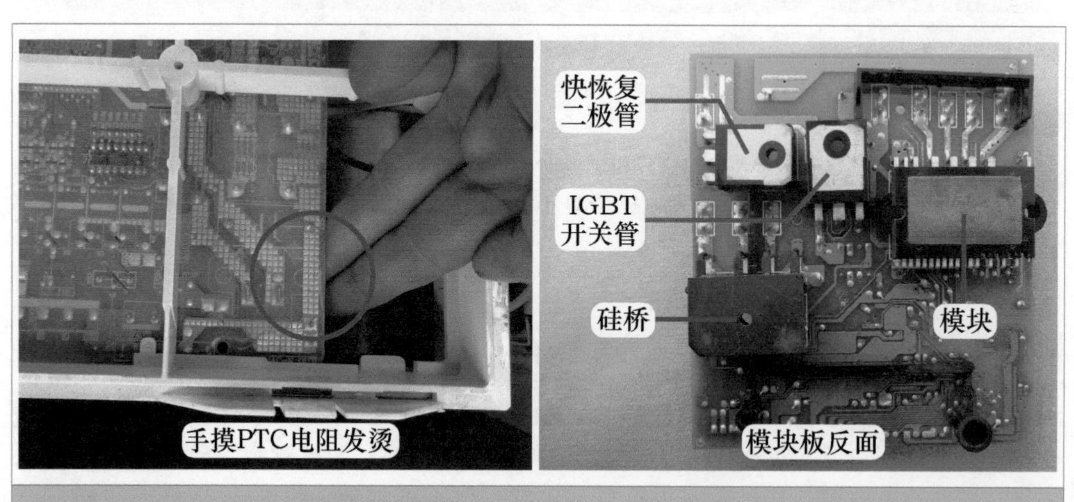

图7-36　手摸PTC电阻温度和模块板反面

3. 测量模块端子

拔下模块板组件上的所有引线，使用万用表二极管档，首先测量模块的 5 个端子即 P、N、U、V、W。

见图 7-37，红表笔接模块 N 端、黑表笔接 P 端，实测为 368mV；红表笔不动依旧接 N 端，黑表笔接 U、V、W 端时，实测均为 394mV，根据实测结果说明模块正常。

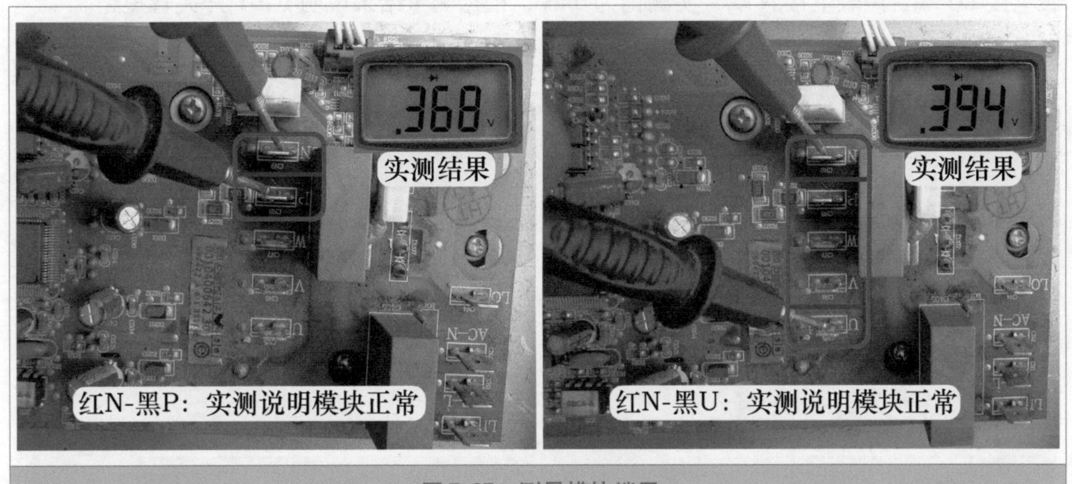

图 7-37 测量模块端子

4. 测量硅桥端子

硅桥直流输出的负极经 5W10mΩ（0.01Ω）无感电阻接 IGBT 开关管负极，再经过 1 个 5W10mΩ 无感电阻接模块的 N 端子，模块板组件未设计硅桥负极端子，因此测量硅桥时接模块 N 端子相当于接硅桥的负极端子，测量硅桥时依旧使用万用表二极管档。

见图 7-38，红表笔接模块 N 端、黑表笔接 AC N（零线输入端），实测为 482mV；红表笔接模块 N 端不动、黑表笔接 LI（硅桥正极输出），实测为 858mV，根据实测结果说明硅桥正常。

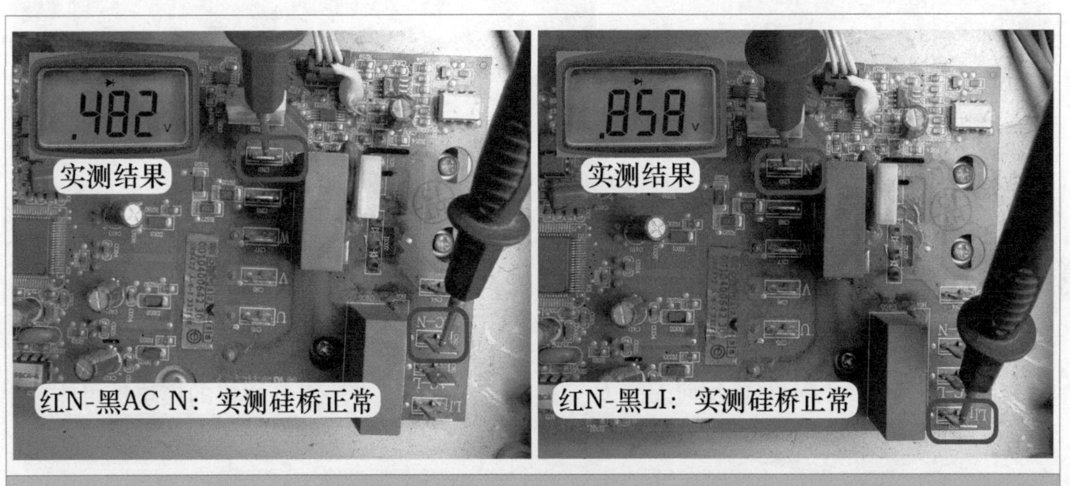

图 7-38 测量硅桥端子

5. 测量 IGBT 开关管端子

IGBT 开关管集电极接 300V 电压正极 LO（经滤波电感接硅桥正极 LI）、发射极经电阻接模块 N 端。

测量 IGBT 开关管时依旧使用万用表二极管档，见图 7-39，红表笔接模块 N 端（相当于接 IGBT 发射极）、黑表笔接 LO 端（相当于接 IGBT 集电极），实测为 0mV，表笔反接即红表笔接 LO 端、黑表笔接 N 端，实测仍为 0mV，根据测量结果说明 IGBT 开关管短路。

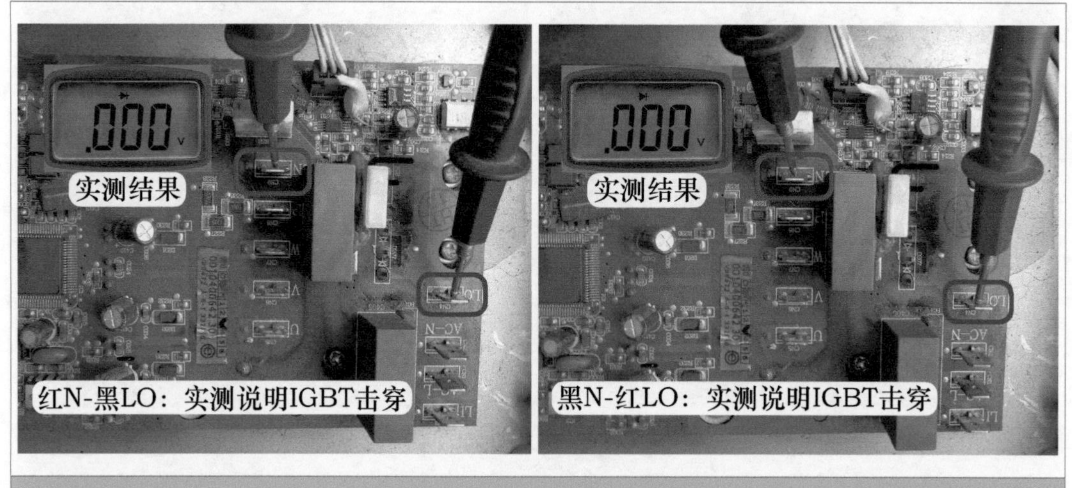

图 7-39 测量 IGBT 开关管端子

➡ 维修措施：由于暂时没有同型号的 IGBT 开关管配件更换，维修时申请同型号的模块板组件，见图 7-40 左图，使用万用表二极管档，红表笔接模块 N 端子、黑表笔接 LO 端子实测为 386mV，当表笔反接红表笔接 LO 端子、黑表笔接 N 端子实测为无穷大。

见图 7-40 右图，经更换模块板组件后上电开机，室外机主板 300V 指示灯点亮，随后压缩机和室外风机运行，制冷恢复正常，故障排除。

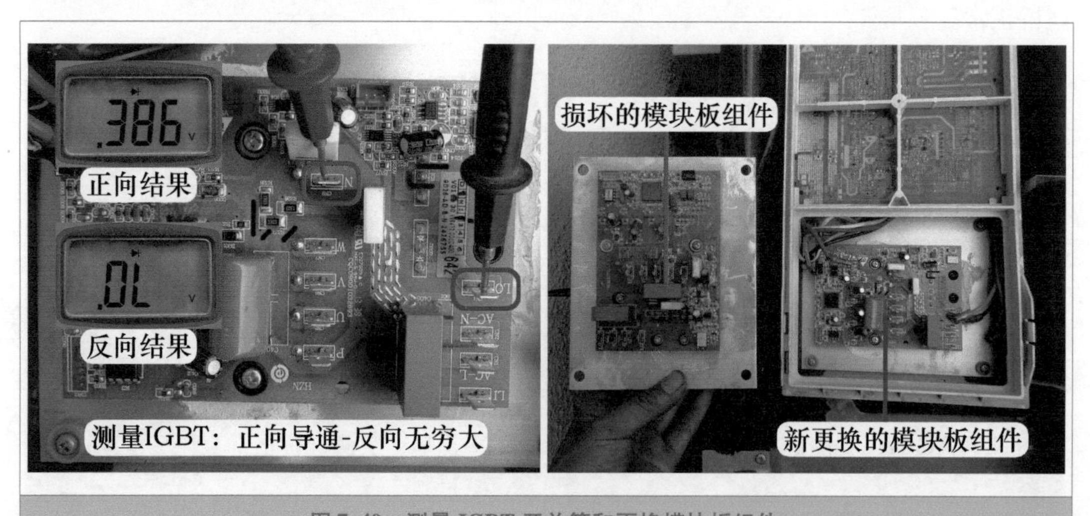

图 7-40 测量 IGBT 开关管和更换模块板组件